南水北调泵站工程技术培训教材

南水北调泵站
辅机系统及金属结构设备检修

NANSHUIBEIDIAO BENGZHAN
FUJI XITONG JI JINSHU JIEGOU SHEBEI JIANXIU

南水北调东线江苏水源有限责任公司　编著

河海大学出版社
HOHAI UNIVERSITY PRESS
·南京·

图书在版编目(CIP)数据

南水北调泵站辅机系统及金属结构设备检修 / 南水北调东线江苏水源有限责任公司编著. -- 南京：河海大学出版社，2021.4

南水北调泵站工程技术培训教材

ISBN 978-7-5630-6897-5

Ⅰ. ①南… Ⅱ. ①南… Ⅲ. ①南水北调—水利工程—泵站—辅机—设备检修—技术培训—教材 ②南水北调—水利工程—泵站—金属结构—设备检修—技术培训—教材 Ⅳ. ①TV675

中国版本图书馆 CIP 数据核字(2021)第 049746 号

书　　名	南水北调泵站辅机系统及金属结构设备检修
书　　号	ISBN 978-7-5630-6897-5
责任编辑	金　怡
责任校对	卢蓓蓓
装帧设计	徐娟娟
出版发行	河海大学出版社
地　　址	南京市西康路 1 号(邮编:210098)
电　　话	(025)83737852(总编室)　(025)83722833(营销部)
经　　销	江苏省新华发行集团有限公司
排　　版	南京布克文化发展有限公司
印　　刷	江苏凤凰数码印务有限公司
开　　本	787 毫米×1092 毫米　1/16
印　　张	14.625
字　　数	342 千字
版　　次	2021 年 4 月第 1 版
印　　次	2021 年 4 月第 1 次印刷
定　　价	88.00 元

《南水北调泵站工程技术培训教材》编委会

《南水北调泵站辅机系统及金属结构设备检修》编写组

主　　编：袁连冲

执行主编：刘　军

副 主 编：李松柏　吴大俊　袁建平　雍成林　施　伟

编写人员：林建时　蒋兆庆　杨登俊　林　亮　沈广彪　江　敏　王从友　孙　涛　乔凤权　孙　毅　张鹏昌　范雪梅　刘　尚　刘佳佳　辛　欣　严再丽　曹　虹　潘月乔　张金凤　骆　寅　邱　宁　付燕霞　李亚林　张　帆

目 录
CONTENTS

第一章　电气设备检修

第一节　电气设备的作用及组成

电气设备是指直接用于生产、变换、输送、疏导、分配和使用电能的设备。

泵站电气设备主要由变压器、断路器(或称开关)、隔离开关、自动开关、接触器、刀开关、母线、输电线路、电力电缆、电抗器、电动机、避雷器、电压互感器、电流互感器、直流装置、励磁装置、保护装置及变频器等组成。

第二节　电气设备检修前的准备工作

电气设备种类繁多,功能、作用不尽相同,但在维修养护中所遵循的要求基本一致。电气设备检修前工作负责人主要做好以下几方面工作。

一、制定设备检修实施方案

(1) 查阅所要检修设备的有关档案,包括设备图纸、安装使用说明书和与检修有关技术资料。

(2) 掌握所要检修设备的运行、维修及缺陷情况,了解重点检查项目及特殊工作内容。

(3) 根据设备状况确定检修性质及检修要求,制定设备检修实施方案,其中包括检修的技术工艺、质量标准、进度、安全和组织措施等。

(4) 组织检修人员熟悉图纸、检修项目,学习检修工艺规程、安全技术措施、质量标准及检修中的注意事项。

二、工器具、材料准备

(1) 检修工具、专用工具、安全用具和试验仪器准备齐全,并经检查、试验合格,指定专人保管、登记。

(2) 根据检修内容清点、检查和采购所需的备品件、易损件、密封件和工器具等。

三、落实安全措施

(1) 明确检查维修设备,规划好布置图,设置围栏及警示牌。

(2) 注意与带电设备保持安全距离。

(3) 办理工作票，对参加维护检修的人员进行安全和技术交底。

(4) 检查工作票所载的安全措施是否齐全，核对安全措施是否全部落实。

(5) 检查所要检查维修的设备是否已经隔离，交、直流控制电源是否已经断开，并且已做好相应安全措施。

第三节　油浸式变压器检修

一、油浸式变压器的作用及组成

1. 作用

变压器是电力系统中最主要设备之一，在泵站电力变压器的作用是将高电压变为不同等级的电压供主机组、辅助设备和照明等负荷用电需要。

电压等级一般主要有 110 kV/10 kV，35 kV/10 kV，10 kV/0.4 kV；冷却方式一般为自然冷却和强制风冷。油浸式变压器外形如图 1-1 所示。

(a) 自然冷却

(b) 强制风冷

图 1-1　油浸式变压器外形图

2. 组成

变压器主要由器身、油箱、冷却装置、保护装置、出线装置等组成，其中器身包括铁芯、绕组、绝缘套管、调压装置和引线等；油箱包括本体及其附件储油柜、闸阀等；冷却装置包括散热器、风扇等；保护装置包括压力释放装置、气体继电器、测温元件、呼吸器等。油浸式变压器结构如图 1-2 所示。

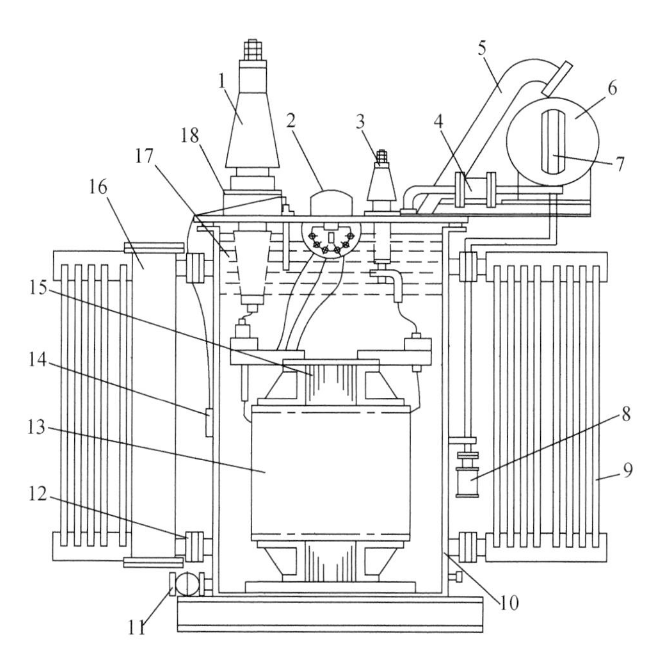

1—高压套管；2—调压开关；3—低压套管；4—气体继电器；5—防爆管；6—储油柜；7—油位计；8—呼吸器；9—散热器；10—油箱；11—事故放油阀；12—截止阀；13—绕组；14—温度计；15—铁芯；16—净油器；17—变压器油；18—升高座。

图 1-2 油浸式变压器结构图

3. 主要部件的作用

(1) 铁芯

铁芯是变压器的磁路部件，又作为变压器的机械骨架。为了提高导磁性能，减少交变磁通在铁芯中引起的损耗，变压器的铁芯均采用高磁导率、低损耗的冷轧硅钢片叠装而成。电力变压器的铁芯一般都采用心式结构，其铁芯可分为有绕组部分的铁芯柱和连接两个铁芯柱部分的铁轭两部分。绕组套装在铁芯柱上，铁轭使铁芯柱之间的磁路闭合。

(2) 绕组

绕组是变压器的电路部件，用来传输电能，一般分为高压绕组和低压绕组。绕组结构形式可分为同芯式和交叠式两种。同芯式绕组是将高压绕组和低压绕组同芯地套装在铁芯柱上。为了绝缘方便，低压绕组紧靠着铁芯，高压绕组则套装在低压绕组的外面，两个绕组之间留有油道。

(3) 油箱

油箱是油浸式变压器的外壳，变压器铁芯和绕组均装在充满变压器油的油箱内，油箱用钢板焊接而成。在运行中变压器绕组和铁芯会产生热量，对容量较大的变压器，在油箱壁的外侧装散热器增加散热面积;对大容量变压器,还可采用强迫冷却的方法,如用风扇吹冷变压器等以增强散热效果。

(4) 储油柜

储油柜也称储油柜,是一种油保护装置,由钢板焊成的桶形容器,其水平安装在油箱盖上,用管子与油箱相连,储油柜一侧装有油位计。当变压器油的体积随着温度膨胀和缩小时,储油柜起着储油和补油的作用。同时由于装了储油柜使变压器油与空气的接触面积减少了,减缓了油的劣化速度和水分的吸收。

(5) 变压器油

变压器油是一种矿物油,具有很好的绝缘性能。变压器油有两个作用。

① 在变压器绕组与绕组、绕组与铁芯及油箱之间起绝缘作用,提高绕组的绝缘强度。

② 对变压器铁芯和绕组起散热作用,变压器油受热后产生对流,可以将绕组及铁芯的热量带到油箱壁和散热器,再由油箱壁和散热器将热量散发到空气中去。

(6) 气体继电器

气体继电器也称瓦斯继电器,是变压器主要保护装置,其装在变压器的油箱和储油柜间的管道中,内部有一个带磁力干簧触点的浮筒和一块能带动磁力干簧触点的挡板。当变压器发生故障,产生的气体聚集在气体继电器上部,油面下降,浮筒下沉,接通干簧触点而发出轻瓦斯信号。当变压器发生严重故障,油流冲破挡板,挡板偏转时带动另一组干簧触点接通,发出重瓦斯信号并跳闸,切除变压器的电源。

(7) 压力释放装置

压力释放装置是变压器的一种保护部件,作用是在变压器发生内部严重故障时,使变压器油箱不致因压力过大而变形爆炸。压力释放装置有防爆管和压力释放器两种,防爆管用于小型变压器,压力释放器用于大、中型变压器。

(8) 分接开关

分接开关也称调压开关,是变压器调整变压比的部件。在电力系统,为了使变压器的输出电压控制在允许变化范围内,变压器的原绕组匝数要求在一定范围内调节,因而原绕组一般备有抽头,称为分接头。利用分接开关与不同接头连接,可改变原绕组的匝数,达到调节电压的目的。分接开关分为有载调压分接开关和无载调压分接开关,大部分用户均采用无载调压分接开关的变压器。为了连接方便,减少分接头开关引出线和导体截面,变压器分接头一般从高压侧抽头。

(9) 绝缘套管

绝缘套管的作用是将变压器绕组线圈引线端头从油箱中引出,并使引线与油箱绝缘。油浸式变压器绝缘套管有多种结构,电压低于 1 kV 采用瓷质绝缘套管,电压在 10～35 kV采用充气或充油套管,电压高于 110 kV 采用电容式套管。

(10) 测温装置

测温装置用于监测变压器的油面温度和绕组温度。小型的油浸式变压器用水银温度计监测油面温度。较大的变压器用压力式温度计监测油面温度,部分变压器同时设有监测绕组温度的温度计。为远程监控需要,现变压器一般配有电阻式温度计,以便能够远距离测量温度。

二、油浸式变压器检修周期

小修：一般每年一次。

大修：一般在10年及以上进行。

状态检修：推荐计划检修和状态检修相结合的检修策略，变压器检修项目应根据运行情况和状态评价结果进行动态调整。当出现以下情况时应考虑大修。

(1) 运行中的变压器承受出口短路后，经综合诊断分析，考虑大修。

(2) 箱沿焊接的变压器或制造厂另有规定者。若经过试验与检查并结合运行情况，判定有内部故障或本体严重渗漏油时，可进行大修。

(3) 运行中的变压器，当发现异常状况或经试验判明有内部故障时，应进行大修。

(4) 设计或制造存在共性缺陷的变压器可进行有针对性大修。

三、油浸式变压器检修项目

1. 小修项目

变压器小修指在停电状态下对变压器箱体及组、部件进行的检修，主要项目如下。

(1) 处理已发现的缺陷。

(2) 放出储油柜积污器中的污油。

(3) 检修油位计，包括调整油位。

(4) 检修冷却风扇，必要时清洗冷却器管束。

(5) 检修安全保护装置。

(6) 检修油保护装置(包括净油器、吸湿器)。

(7) 检修测温装置。

(8) 检修调压装置、测量装置及控制箱，并进行调试。

(9) 检修全部阀门和放气塞，检查全部密封装置，处理渗漏油。

(10) 清扫套管和检查导电接头(包括套管将军帽)。

(11) 检查接地系统。

(12) 清扫油箱和附件，必要时进行防锈处理。

(13) 按有关规程规定进行测量和试验。

2. 大修项目

变压器大修指在停电状态下对变压器本体排油、吊罩(吊芯)或进入油箱内部进行检修及对主要组、部件进行解体检修的工作，主要项目如下。

(1) 绕组、引线装置的检修。

(2) 铁芯、铁芯紧固件(穿芯螺杆、夹件、拉带绑带等)、压钉、压板及接地片的检修。

(3) 油箱、磁(电)屏蔽及升高座的解体检修，套管检修。

(4) 冷却系统的解体检修，包括冷却器、风扇等。

(5) 安全保护装置的检修及校验，包括压力释放装置、气体继电器、控制阀等。

(6) 油保护装置解体检修，包括储油柜、吸湿器、净油器等。

(7) 测温装置的校验，包括压力式温度计、电阻温度计、棒形温度计等。

(8) 操作控制箱的检修和试验。

(9) 无载分接开关或有载分接开关的检修。

(10) 全部阀门和放气塞的检修。

(11) 全部密封胶垫的更换。

(12) 必要时对器身绝缘进行干燥处理。

(13) 变压器油的处理。

(14) 清扫油箱并喷涂油漆。

(15) 检查接地系统。

(16) 大修后试验和试运行。

四、油浸式变压器检修工艺及质量标准

1. 开工前准备工作

(1) 查阅档案了解变压器的运行状况、遗留缺陷和历年电气试验报告。

(2) 工作负责人了解重点检修项目及特殊工作内容。

(3) 技术人员制定检修的技术、安全、组织措施。

(4) 组织检修人员熟悉图纸,学习检修工艺规程、检修项目、进度、安全技术措施、质量标准及检修中的注意事项。

(5) 检修工具、专用工具、安全用具和试验仪器已准备齐全,经检查、试验合格,并指定专人保管、登记。

(6) 根据检修内容检查备品备件是否齐全、合格。

(7) 检修场地已划分,工作区已建立,绘制布置图,设置围栏及警示牌。

(8) 脚手架搭设完毕且经验收合格。

(9) 如在室外进行检修,应做好防雨、防潮、防尘和消防措施,同时应注意与带电设备保持安全距离,准备充足的施工电源及照明,安排好储油容器、吊车、滤油机、拆卸附件的放置地点和合理的消防器材布置等。

(10) 办理工作票,对参加检修人员进行安全和技术交底。

(11) 检查工作票所载的安全措施是否齐全,核对安全措施是否全部落实。

(12) 检查设备高、低压出线是否已经隔离,并且已做好相应安全措施。

(13) 对变压器本体油进行取样,测试耐压、含气、微水、色谱和介质损耗因素等,并做好记录。

(14) 检查渗漏油部位并做出标记。

2. 变压器引出线拆线

(1) 拆除主变高压侧引线,如图 1-3 所示,拆除后满足电气试验距离并固定好,防止摆动;拆除高压引线的同时要保护好高压套管瓷瓶,防止工具或其他部件砸伤瓷裙。

(2) 拆除主变低压套管软连接线或引线。

(3) 拆除主变中性点引出线。

3. 变压器检修前电气试验(大修项目)

试验项目如下。

图 1-3　变压器引线拆除现场图

(1) 测量绕组的绝缘电阻和吸收比或极化指数。

(2) 测量绕组连同套管一起的泄漏电流。

(3) 测量绕组连同套管一起的 $\tan\delta$。

(4) 本体及套管中绝缘油的试验。

(5) 测量绕组连同套管一起的直流电阻(所有分接头位置)。

(6) 套管试验。

(7) 测量铁芯对地绝缘电阻(有外引线时)。

(8) 必要时可增加其他试验项目(如特性试验、局放试验等),以供大修后进行比较。

4. 变压器器身解体检修(大修项目)

1) 变压器吊罩

(1) 拆除与本体连接的所有二次线,二次线做好标记并记录,以备恢复。

(2) 将变压器油放至距离本体箱顶 150～200 mm 位置,连同储油柜内油一同放净,注意一定不要露出线圈,防止绕组受潮。

(3) 拆除变压器储油柜及气体继电器,将储油柜放到枕木上并封堵各连接管口,以备检修。气体继电器送专业检测机构试验。

(4) 打开低压套管手孔盖拆除变压器内部连接,拆除并吊下低压套管,将变压器本体连接和低压套管用堵板封堵好,防止雨水和杂物进入变压器本体内部。

(5) 拆除变压器高压侧及中性点套管及引线,用白布带系好引线,随着起吊套管慢慢放入白布带,把引缆放入变压器内部,封堵好高压套管安装孔,防止雨水和杂物进入,把套管放在套管架子上固定并用塑料布包好套管下部,把均压球外包裹的绝缘纸放到干燥箱内干燥。

(6) 拆除压力释放阀,并用堵板封堵连接口。压力释放阀送交专业检测机构校验。

(7) 器身温度应不低于周围环境温度,否则应采取对器身加热措施,如采用真空滤油机循环加热,使器身温度高于周围空气温度 5 ℃以上。

(8) 变压器放油,用真空滤油机从变压器下部放油阀放油,将冷却器内油一同放净。

(9) 排油结束后,拆除无载分接开关操作杆并做好相序标志和原始位置标志并记录,用塑料布和白布包好防止受潮,并拆除变压器钟罩螺丝。

(10) 将冷却器进出口阀门关闭,逐个拆除冷却器并放到预先准备好的枕木上,用堵板封堵各个冷却器进出口及冷却器与变压器本体的连接口,防止杂物及湿气进入变压器和冷却器内部。

(11) 找正吊车吊钩位置,找好钟罩重心,缓慢吊起 100~200 mm,钟罩四角各拴一根拉绳,以调节钟罩方向,钟罩缓缓上升离开器身后放在预定位置,如图 1-4 所示。

图 1-4　钟罩拆除现场图

2) 器身检查

(1) 一般要求

①器身暴露在空气中的时间规定:从变压器放油开始到变压器抽真空为止,当空气中的相对湿度小于 65%时,最长时间为 16 小时;当空气中的相对湿度为 65%~75%时,最长时间为 12 小时。

②器身检查人员应穿连体服,戴干净手套,鞋上包白布,人员身上除衣服外不应带任何小件物品,所携带工具应统一编号并由专人记录。

③如对户外变压器进行解体检修,不得在有风沙、下雨、下雪天气进行,室外应有防尘设施,如搭建临时棚子。

④检查器身时,不得将梯子搭在导线夹、引线及其他绝缘件上。对于带有绝缘的引线不得随意弯折,特别应注意引线斜稍的位置,应尽量保持原装配位置。

⑤器身检查的同时可配合试验人员同时进行器身的试验项目。

⑥检查变压器器身内和油箱底部是否有杂质及油泥,可用合格的绝缘油清洗。

(2) 器身检查内容

①所有螺栓应紧固并有防松措施,绝缘螺栓应无损坏,防松绑扎完好。

②铁芯应无变形,铁轭与夹件间的绝缘垫应良好,铁芯应无多点接地;拆开接地线后,铁芯对地绝缘应良好;打开夹件与铁轭接地片后,铁轭螺杆与铁芯、铁轭与夹件、螺杆与夹

件间的绝缘应良好；当铁轭采用钢带绑扎时，钢带对铁轭的绝缘应良好；打开铁芯屏蔽接地引线，检查屏蔽绝缘应良好；打开夹件与线圈压板的连线，压板绝缘应良好；铁芯拉板及铁轭拉带应紧固，绝缘良好。记录所测数据。

③绝缘围屏绑扎牢固，围屏上所有线圈引出处的封闭应良好；能见的绕组部分应无异常，如图 1-5 所示。

图 1-5　绝缘围屏绑扎外形图

④引出线绝缘包扎牢固，无破损、拧弯现象，引出线绝缘距离应合格，固定牢靠，其固定支架应紧固，引出线的裸露部分应无毛刺或尖角，焊接应良好。

⑤电压切换装置各分接头与线圈的连接应紧固，各分接头表面清洁、接触紧密、弹力良好，用 0.05 mm×10 塞尺检查应不能塞入，转动接点应正确地停留在各个位置上，且与指示器所指位置一致，切换装置的拉杆、分接头、小轴、销子等应完整无损，转动盘应动作灵活、密封良好。

5. 变压器检修中的电气试验（大修项目）

大修过程中应配合吊罩（或器身）检查，进行有关试验，试验项目如下。

(1) 测量变压器铁芯对夹件、穿芯螺栓（或拉带），钢压板及铁芯电场屏蔽对铁芯，铁芯下夹件对油箱的绝缘电阻。

(2) 必要时测量无载分接开关的接触电阻及其传动杆的绝缘电阻。

(3) 必要时做套管电流互感器的特性试验。

(4) 必要时单独对套管进行额定电压下的 $\tan\delta$ 测量、局部放电和耐压试验（包括套管油）。

(5) 组、部件的特性试验。

(6) 非电量保护装置的校验。

6. 变压器附件的检修

1) 高压、低压及中性点套管的检修

(1) 检查高压、低压及中性点套管将军帽处密封，高压套管外形如图 1-6 所示。

(2) 检查高压、低压及中性点套管与变压器升高座连接处及本身有无渗漏。

(3) 检查高压、低压及中性点套管瓷瓶表面有无裂痕、放电痕迹。

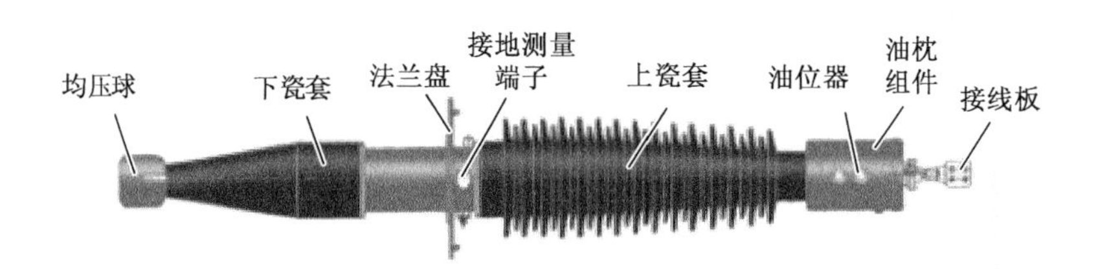

图 1-6 高压套管外形图

(4) 高压套管油位观察窗清晰,油位正常,若需补油,应采用原标号的合格油实施真空注油。

(5) 油纸电容型套管的接地测量端子(或称末屏)小套管密封良好,末屏接地可靠,无放电、损坏、渗漏现象。通过外引接地的结构应避免松开末屏引出端子的紧固螺母打开接地片,防止端部转动造成损坏。弹簧式结构应注意检查内部弹簧是否复位灵活,防止接地不良。通过压盖弹片式结构应注意检查弹片弹力,避免弹力不足。压盖式结构应避免螺杆转动,造成末屏内部连接松动损坏。套管末屏外形如图 1-7 所示,套管末屏弹簧回弹接地结构如图 1-8 所示。

图 1-7 套管末屏外形图

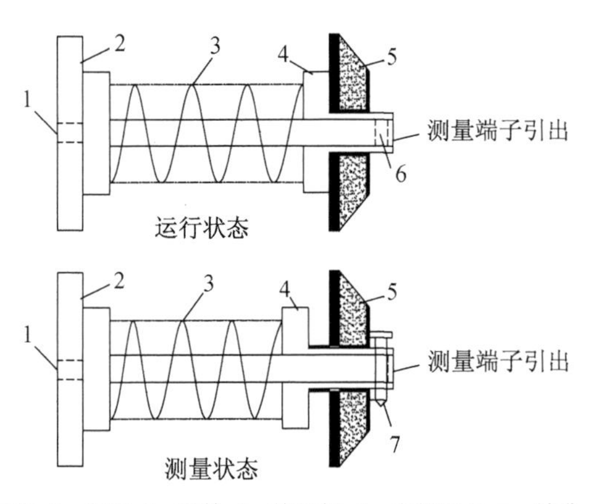

1—地屏引线;2—底座;3—弹簧;4—接地帽;5—中部法兰;6—销孔;7—销子。

图 1-8 套管末屏弹簧回弹接地结构示意图

(6) 高压套管均压环位置准确,固定可靠,无伤痕、裂纹。

(7) 检查各导电结合面螺栓紧固，无发热变色、灼伤痕迹。

(8) 清洁高压、低压及中性点套管表面污迹、灰尘。

2) 电流互感器的检查

(1) 检查高压升高座内 CT 出线端子盒，检查接线是否松动、标识是否完整。

(2) 检查 CT 端子盒密封情况，密封应良好。

(3) 拆卸接线时，一定要做好标识，待试验完毕后易恢复。

(4) 升高座各结合面无渗漏油。

3) 散热器的检修

(1) 散热器外观无伤痕、变形，焊缝无开裂、无渗漏油；对渗漏点进行补焊处理时采用气焊或电焊，要求焊点准确，焊接牢固，严禁将焊渣掉入散热器内。

(2) 清扫外表面，应无锈蚀、油垢，漆膜完整或镀锌层完好。油垢严重时可用金属洗净剂(去污剂)清洗，然后用清水冲净晾干，清洗时管接头应可靠密封，防止进水；散热器内部清洗应使用合格的变压器油进行循环冲洗。

(3) 检修后进行密封渗漏试验，用盖板将接头法兰密封，充油(气)进行试漏。片式散热器，正压 0.05 MPa、时间 2 h；管状散热器，正压 0.1 MPa、时间 2 h。

(4) 检查风扇电机叶片无松动、变形，如有损坏应修复或更换。

(5) 风扇电机检修。

(6) 检查风扇电机接线盒密封应良好。

(7) 风机在安装就位固定后进行调试，拨动叶轮转动应灵活，通入 380 V 交流电源，运行 5 min 以上。转动方向正确，运转应平稳、灵活，无转子扫膛、叶轮碰壳等异声，三相电流基本平衡，和其他相同风机的工作电流基本相同。

4) 吸湿器的检修

(1) 拆除吸湿器顶部固定螺丝，从变压器上取下吸湿器。

(2) 旋下油封罩，清理并更换合格的变压器油。

(3) 旋下中心螺杆螺帽，取下上法兰盘，倒出失效的吸附剂。

(4) 取下玻璃管，检查有无破损，并清理干净。

(5) 更换密封胶垫，放正玻璃管，倒入直径不小于 3 mm 的吸附剂，上部留有 1/5～1/6高度的空气隙。

吸附剂有白色硅胶和变色硅胶。白色硅胶是普通硅胶，受潮后仍然是白色，也可经干燥处理后反复使用。变色硅胶原理是利用二氯化钴所含结晶水数量不同而呈现不同颜色。二氯化钴含六个分子结晶水时呈粉红色，含有两个分子结晶水时呈紫红色，不含结晶水时呈蓝色。硅胶受潮变色后，经干燥处理又变成蓝色，可反复使用。吸附剂可置入烘箱干燥，干燥温度从 120 ℃升至 160 ℃，时间 5 h。为了显示吸附剂受潮情况，一般采用变色硅胶。白色硅胶的吸湿器如图 1-9 所示，变色硅胶的吸湿器如图 1-10 所示。

(6) 放正密封垫，装回上法兰盘，上下对齐后，用力适当地紧固中心螺杆螺帽，使得玻璃管上下结合面密封不透气。

(7) 旋上油封罩，并装回吸湿器连管。

图 1-9 白色硅胶吸湿器外形图

图 1-10 变色硅胶吸湿器外形图

5）储油柜的检修

(1) 储油柜检修一般要求

①应先打开油位计接线盒将信号连接线脱开，放尽剩油后拆卸所有连接管道，保留并关闭连通气体继电器的碟阀，关闭的碟阀用封板密封。

②清理外表面灰尘、油污，锈蚀清除后重新漆化处理。

③检查储油柜下部沉积器，放少量油看是否有杂质和水分。

④储油柜各部不得有渗漏现象。

⑤更换所有密封胶垫。

(2) 胶囊式储油柜检修

①胶囊式储油柜应无老化开裂现象，密封性能良好。检修时可进行气压试验，压力为0.02～0.03 MPa，12 h 应无渗漏。

②胶囊密封式储油柜注油时没有将储油柜抽真空的，必须打开顶部放气塞直至冒油后立即旋紧放气塞，再调整油位。如放气塞不能冒油则必须将储油柜重新抽真空（储油柜抽真空必须是胶囊内外同时抽，最终胶囊内破真空而胶囊外不能破真空），以防止出现假油位。

胶囊式密封储油柜结构如图 1-11 所示。

(3) 隔膜式储油柜检修

①隔膜式储油柜检修时应拆卸各部连管，分解油箱中节法兰螺丝，卸下储油柜上节油箱，取出隔膜。检查储油柜内部，更换密封圈，在储油柜分解前可先充油检查隔膜密封性能。

②密封应良好无渗漏。检修时可进行充油（气）密封试验，压力 0.023～0.03 MPa，时间 12 h。

③隔膜式储油柜注油后应先用手提起放气塞，然后将塞拔出，缓慢将放气塞放下，必要时可以反复缓慢提起放下，待排尽气体后塞紧放气塞。

隔膜式储油柜如图 1-12 所示。

(4) 金属波纹式储油柜检修

①金属波纹节（管）应为不锈钢，密封可靠。金属波纹节（管）的焊缝应焊宽均匀、熔

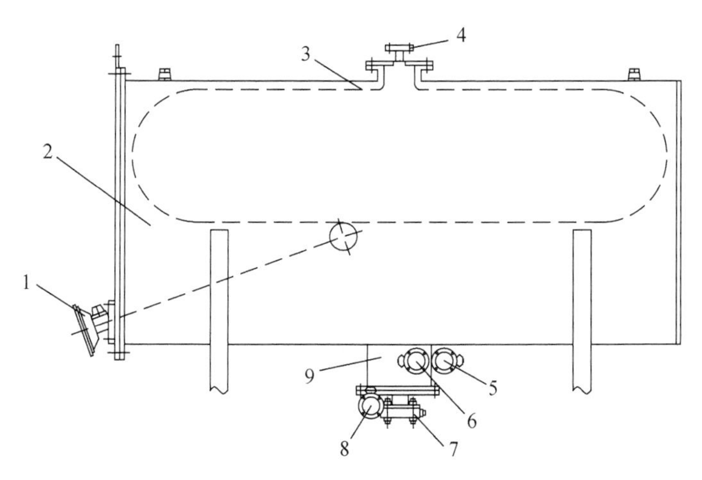

1—油位计；2—柜体；3—胶囊；4—吸湿器管路；5—注放油管路；6—排气管路；7—主油箱管路；8—排污油管路；9—集气盒。

图 1-11　胶囊式密封储油柜结构图

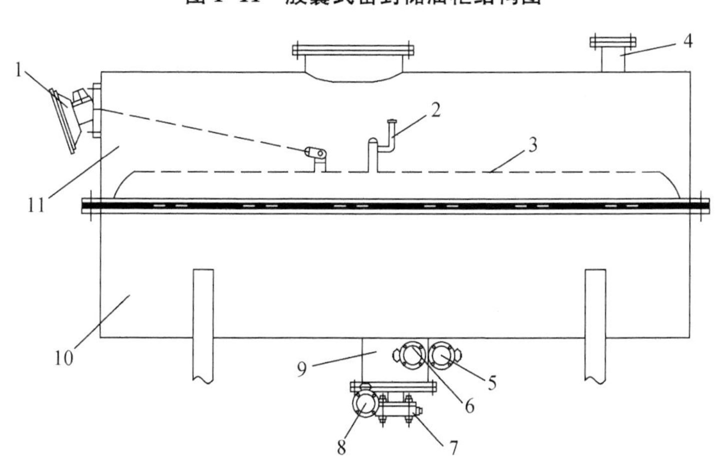

1—油位计；2—排气软管；3—隔膜；4—吸湿器管路；5—注放油管路；6—排气管路；7—主油箱管路；8—排污油管路；9—集气盒；10—下节柜体；11—上节柜体。

图 1-12　隔膜式储油柜结构图

透，无虚焊和严重氧化现象，波纹表面不允许有划伤和硬褶。

②在限定体积时耐受油压 0.02～0.03 MPa，时间 12 h 应无渗漏。

③金属波纹式储油柜注油时打开放气塞，待排尽气体后关闭放气塞。

金属波纹式储油柜如图 1-13 所示。

（5）管式油位计检修

①排净小胶囊内的空气，检查玻璃管、小胶囊、红色浮标是否完好。温度油位标示线指示清晰并符合图 1-14 要求。

②复装时应先在玻璃管内放入红球浮标，连接好小胶囊和玻璃管，将玻璃管连通小胶囊注满合格的绝缘油，观察无渗漏后将油放出，注入 3 到 4 倍玻璃管容积的合格绝缘油，排尽小胶囊中的气体即可。

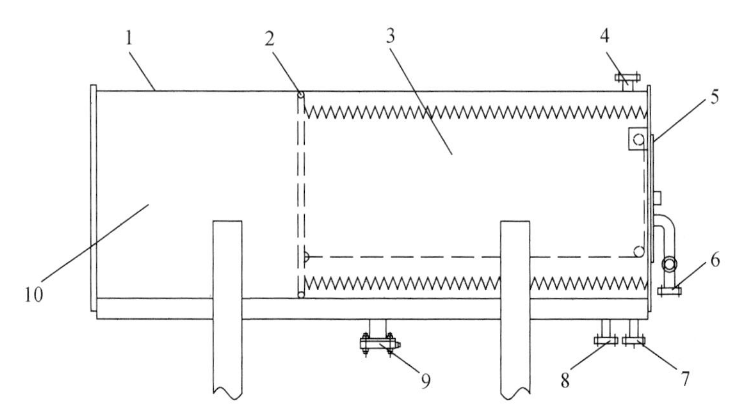

1—柜体;2—滚轮;3—金属波纹膨胀器;4—排气管路;5—油位计;6—吸湿器管路;7—注放油管路;8—排污管路;9—主油箱管路;10—变压器油。

图 1-13 金属波纹式储油柜结构图

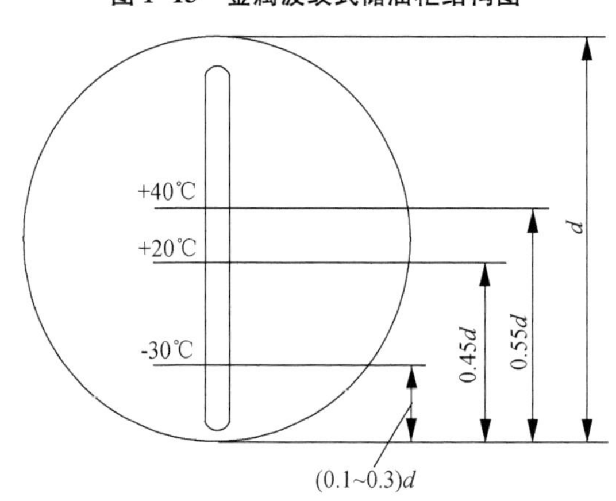

图 1-14 储油柜油位指示线示意

(6) 指针式油位计检修

①拆卸表计时应先将油面降至表计以下,再将接线盒内信号连接线脱开,松开表计的固定螺栓,松动表计将其与内部连杆脱开,取出连杆和浮筒,防止损坏。

②检查油位计进线端子盒密封是否良好,油位计内部是否清洁、干净。

③油位计外观完好,密封及绝缘良好,连杆灵活无卡涩,表计转动正常,油位计复零,并检查油位计的油位接点。摆动连杆,摆动 45°时指针应从"0"位置到"10"位置或与表盘刻度相符,否则应调节限位块,调整后将紧固螺栓锁紧,以防松脱。连杆和指针应传动灵活、准确。

油位计结构及外形图如图 1-15 所示。

④检查限位报警装置动作是否正确,最高最低油位报警正确。当指针在最低油位"0"和最高油位"10"时,限位报警信号动作应正确,否则应调节凸轮或开关位置。

⑤复装时应根据伸缩连杆的实际安装结点手动模拟连杆的摆动,观察指针的指示位置应正确,然后固定安装结点。否则应重新调整油位计的连杆摆动角度和指示范围。

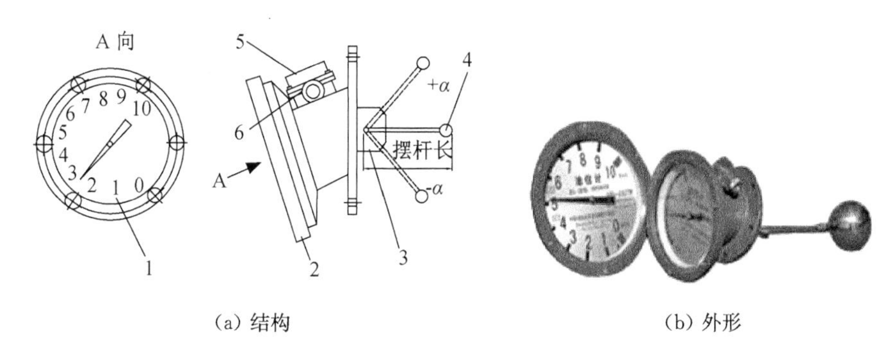

(a) 结构　　(b) 外形

1—表盘;2—表体;3—转动部分;4—浮球部分;5—报警部分;6—出线口。

图 1-15　油位计结构及外形图

6）无载分接开关的检修

(1) 检查动、静触头外观有无退火、变色、变形、灼损、碳化、油垢积聚等现象。对脏物、油垢,可用抹布擦拭干净。触头烧毛时,可用 0 号砂布磨光,若烧损严重,接触面积明显减小,应更换。

无载分接开关结构及外形如图 1-16、图 1-17 所示。

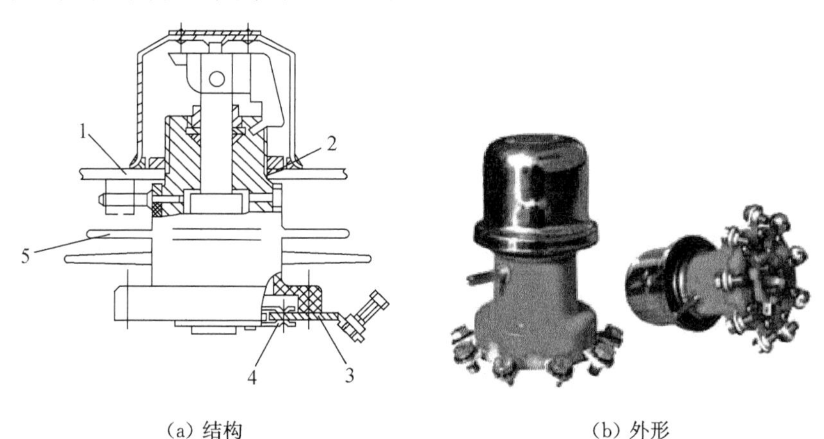

(a) 结构　　(b) 外形

1—变压器箱盖;2—箱盖开孔;3—静触头;4—动触头;5—隔离伞。

图 1-16　中小型变压器无载分接开关结构及外形图

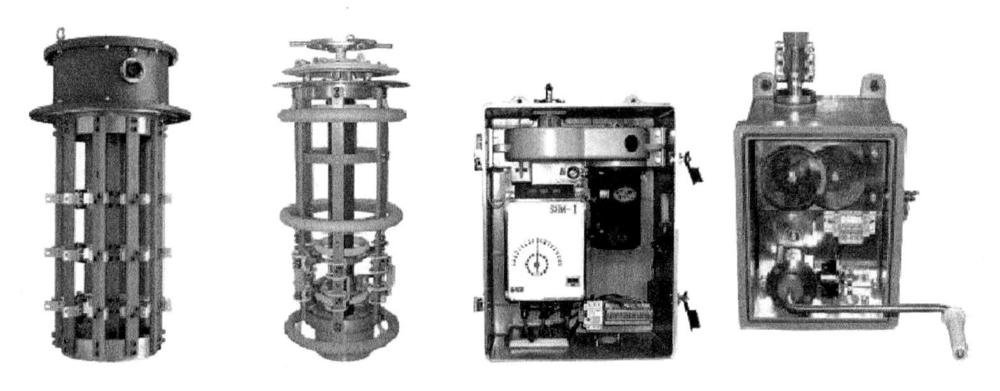

(a) 电动操作分接开关　(b) 手动操作分接开关　(c) 电动操作机构　(d) 手动操作机构

图 1-17　大型变压器无载分接开关外形图

(2) 检查调压开关各零部件是否完好无损，触头与引线、触柱与绝缘胶木是否松动。用手拉和压时，动触头压力是否足够和均匀，压力不足应调整或更换弹簧。反复转动调压开关，观察非运行挡位是否接触良好。

(3) 拆卸调压开关前，应对各线头及接线柱做好记号，以防重装或换新时接错线酿成事故。对新装或重新组装的调压开关，应认真检查接线是否正确，锁紧定位螺栓是否到位。在法兰及密封螺丝拧紧后，用扳手将调压开关向各个位置转动 4～6 次，以保证转动灵活和消除触头上的氧化膜。转动切换时应观察触头实际位置与手柄上的指示位置是否一致。然后，用双臂电桥测量各挡位触头间的接触电阻应小于 500 μΩ，使用 2 500 V 兆欧表测量触头间的绝缘电阻，6～10 kV 调压开关应大于 100 MΩ，大于等于 35 kV 调压开关应大于 200 MΩ。

(4) 调压开关检修、安装工作全部完毕后，应检查高压引线的线间距离及对地距离，并根据情况进行适当调整和加强绝缘措施。最后，用双臂电桥或直流电阻测试仪依次测量各挡位的直流电阻，并做好记录。为保证安全及减少工作量，应将运行挡位的直流电阻放在最后测量，合格后不要再改变调压开关的位置。

(5) 分接开关检修常见故障及处理。分接开关检修常见故障及处理见表 1-1。

表 1-1　分接开关检修常见故障及处理

现象	原因	处理方法
变压器箱盖上分接开关密封渗透油	1. 安装不当； 2. 密封材料质量不好或材料时间已久老化变质	1. 如箱盖与开关法兰盘处漏油，应拧紧固定螺母；如转轴与法兰盘或座套间漏油，应拆下定位螺栓等(根据操作机构的结构而定)，拧紧压缩密封环的塞子； 2. 用新的密封件予以更换
绕组直流电阻测量值不稳定或增大	1. 运行中长期无电流通过的定触头表面有氧化膜或油污以致接触不良； 2. 触头接触压力降低，触头表面烧损； 3. 绕组分接线与开关定触头的连接松动	1. 旋转开关转轴，进行 3～5 个循环的分接变换以清除氧化膜或污垢； 2. 更换触头弹簧，触头轻微烧损时，用砂纸磨光，烧损严重时应予更换； 3. 拧紧开关的所有紧固件
操作机构不灵，不能实现分解更换	1. 开关转轴与法兰盘或座套间密封过紧； 2. 触头弹簧失效，动触头卡滞； 3. 单相开关的操作杆下端槽口未插入开关转轴上端	1. 调整压缩密封环的塞子，使密封压缩适当，既不会漏油，又确保开关转轴转动灵活； 2. 更换弹簧并调整动触头； 3. 拆卸操作机构，重新安装好操作杆
有色谱分析发现 C_2H_2 微量升高，但无规律性，并无过热现象	单相开关操作杆下端槽型插口与开关转轴上端圆柱销间存在间隙，产生局部放电	拆卸操作机构，取出操作杆，检查其下端槽型插口，如发现该处有炭黑放电痕迹，应加装弹簧片，使其与开关转轴上端圆柱销保持良好接触

7) 气体继电器的检修

(1) 气体继电器的外部检查

①检查气体继电器外壳应完好，发现异常应进行处理或更换。气体继电器外形如图 1-18 所示。

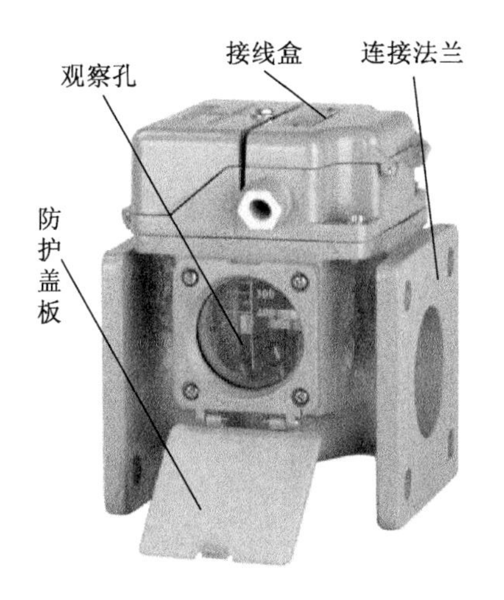

图 1-18 气体继电器外形图

②检查玻璃窗、密封垫是否完好，发现破损应更换，密封垫应使用耐油橡胶垫。

③检查放气阀操作是否灵活，底座密封垫是否完好，在常温下加压 0.15 MPa，持续 30 min 应无渗漏。发现异常应更换处理，密封垫应使用耐油橡胶垫。

④检查探针操作是否灵活，按下探针并突然放开应返回原始位置，发现异常应处理。

⑤检查接线柱及瓷套管是否完好，接线柱固定螺母应拧紧。

(2) 气体继电器的内部检查

①取出继电器芯子，拆去绑扎带，检查探针头与挡板挡头距离不小于 2 mm。检查所有紧固螺钉是否松动，整个芯子支架各焊接处应牢固。气体继电器内部结构如图 1-19 所示。

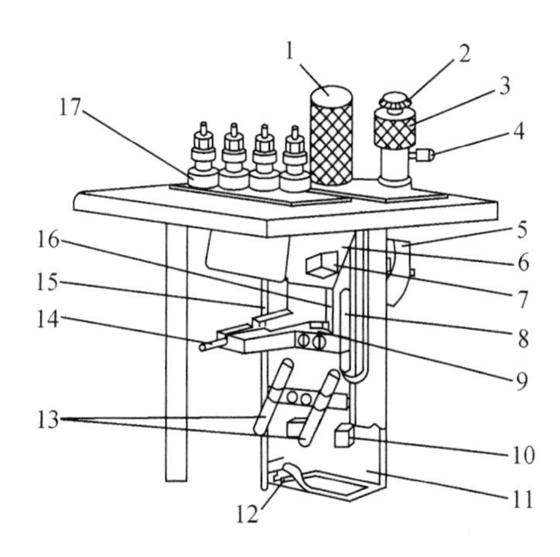

1—探针罩；2—顶针；3—放气阀；4—气嘴；5—重锤；6—开口杯；7—磁铁；8—干簧触头(信号)；9—弹簧；10—磁铁；11—挡板；12—螺杆；13—干簧触头(跳闸)；14—调节杆；15—支架；16—探针；17—出线套管。

图 1-19 气体继电器结构图

②检查作用于信号的气体继电器开口杯各焊缝应无漏焊，开口杯转动应灵活，轴向活动范围为 0.3～0.5 mm。重锤旋动应灵活，固定螺母时应配弹簧垫圈。

③检查开口杯永久磁铁在框内不应松动。检查作用于信号的气体继电器干簧管接点

引线连接是否牢靠，干簧管插入抱箍夹紧时不应松动。

④检查作用于跳闸的气体继电器挡板转动是否灵活，轴向活动范围为 0.3～0.5 mm。挡板永久磁铁在框内不应松动。检查作用于跳闸的气体继电器干簧接点引线连接是否牢靠，干簧管接点插入抱箍夹紧时不应松动。

(3) 气体继电器的动作可靠性检查

①作用于信号和跳闸的气体继电器动作时，必须保证干簧接点可动长片接触面对准永久磁铁吸合面，严禁反装，动作行程终止时，干簧接点应保持在永久磁铁吸合面的中间位置，两者之间应有 0.5～1 mm 的距离，否则应进行调整。

②作用于信号的气体继电器干簧接点引线应接在"信号"接线柱。作用于跳闸的气体继电器两个干簧接点应改为并联，接在"跳闸"接线柱。用电池灯泡检查干簧接点应可靠接通。

(4) 气体继电器安装及气体继电器保护整组检验

①将检验合格的气体继电器安装在变压器本体与储油柜之间的导油管路中，保持基本水平位置，连接管朝向储油柜方向应有 1%～1.5%的升高坡度，要特别注意使继电器上箭头指向储油柜侧。

②打开导油管上的油阀，使继电器充油。打开顶盖上放气阀，拧松顶针，让空气排出，直至排气嘴冒油为止，拧紧顶针关闭放气阀。

③在注满油并连通油路的情况下进行检查，打开气体继电器的探针罩，用手按压探针时应该发出重瓦斯信号，松开时应该恢复原状。从放气阀压入 200～250 mL 气体，应该发出轻瓦斯信号，将气排出后应该恢复原状。否则应处理或更换气体继电器。

8) 净油器的检修

(1) 检查各部件应完整无损、无渗漏，并清洗滤网。

(2) 大修时，解体净油器，发现吸收剂受潮变色应进行更换或再生。

净油器外形如图 1-20 所示。

图 1-20　净油器外形图

9）压力释放阀的检修

（1）检修项目

①开启动作是否灵敏，如有卡堵现象应排除。

②密封胶圈是否已老化、变形或损坏。

③零部件是否变形或损坏。

④信号开关动作是否灵活。

压力释放阀外形如图 1-21 所示。

图 1-21 压力释放阀外形图

（2）压力释放阀故障及处理

压力释放阀故障及处理见表 1-2。

表 1-2 压力释放阀故障及处理

序号	故障现象	可能原因	处理方法
1	阀渗漏	1. 油箱压力长期处于阀的密封压力与开启压力之间造成渗漏(此现象少见)； 2. 阀运行期较长密封圈老化； 3. 密封圈的密封面有异物； 4. 零部件损坏	1. 检查变压器温度消除隐患； 2. 更换密封圈； 3. 清除异物，更换密封圈； 4. 更换损坏的零部件
2	信号开关无控制信号输出	1. 控制线路连接异常或接触不良及开路； 2. 信号开关有卡阻现象	1. 检查接线，重新连接； 2. 检查信号开关接点动作及接触情况
3	阀不动作	1. 阀的闭锁装置未拆除； 2. 压力未达到开启压力； 3. 油箱及阀有漏气	1. 将阀的闭锁装置拆除； 2. 用压力表检测油箱压力值，判断是否达到开启压力； 3. 检测油箱及阀的密封性

10）温度计的检修

（1）从油箱上取下变压器温度计，经热工仪表校验合格后，方能安装；在装入温包前先向其座管内注入少量变压器油，然后装入并旋紧上部螺丝；油面温度计外形如图 1-22 所示，绕组温度针外形如图 1-23 所示。

（2）信号温度计安装在变压器油箱上，垫以胶垫，固定牢固，以防震动松落。

（3）温度计与温包管之间的毛细管不得扭折弯曲敷设，其圆弧半径不得小于75 mm，每段固定距离不得小于 300 mm。

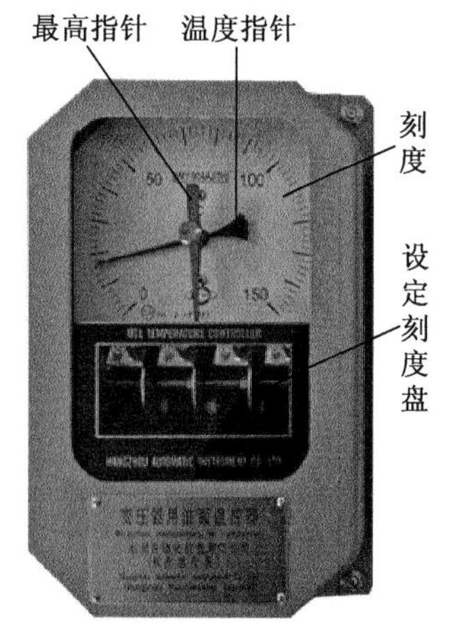

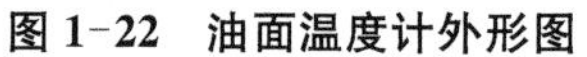

图 1-22　油面温度计外形图

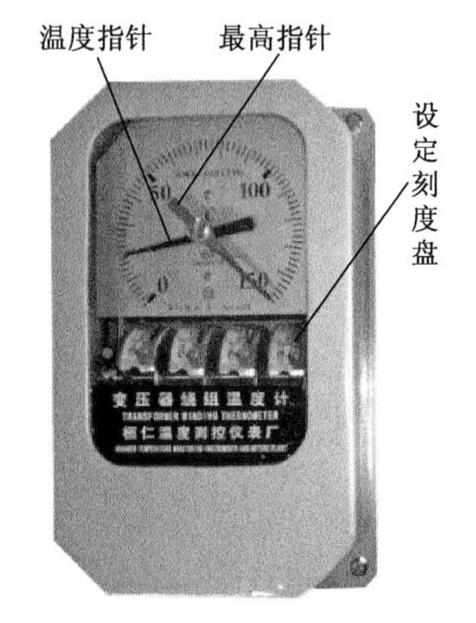

图 1-23　绕组温度计外形图

(4) 变压器温度计的安装宜在大修即将结束、变压器上部无较大工作量时进行。

11) 变压器油的处理

(1) 在放油结束后吊罩检查期间，即可用真空滤油机对放出的变压器油进行滤油处理，直至化学和电气的各项指标均符合要求。

(2) 变压器油应使用相同牌号、同一厂家的产品，如需要补充不同牌号的变压器油，应先做混合试验，合格后方可使用。

12) 器身的干燥

(1) 用真空热油循环冲洗器身，直至器身绝缘性能符合要求。

(2) 当利用油箱加热不带油干燥时，箱壁温度不超过 110 ℃，箱底温度不超过 100 ℃，绕组温度不超过 95 ℃。带油干燥时，上层油温不超过 85 ℃，热风干燥时，进风温度不超过 100 ℃。

(3) 干燥过程中应注意升温速度，以每小时 10～15 ℃为宜。

(4) 每 2 h 测量铁芯、绕组、油箱等各部分的温度及真空度、绕组的绝缘电阻。

(5) 在保持温度不变的情况下，110 kV 及以下的变压器绕组绝缘电阻持续 6 h 不变，且无凝结水析出，即认为干燥终结。

7. 变压器组装(大修项目)

(1) 装配前应确认所有组、部件均符合技术要求，已彻底清理，外观清洁，无油污和杂物，并用合格的变压器油冲洗与油直接接触的组、部件。

(2) 结合本体检修更换所有密封件。

(3) 装配时，应按图纸进行，确保各种电气距离符合要求，各组、部件装配到位，固定牢靠。同时应保持油箱内部的清洁，禁止有杂物掉入油箱内。

(4) 变压器内部的引线、分接开关连线等不能过紧，以免运行中由于振动或热胀冷缩拉损。

(5) 所有连接或紧固处均应用锁母或并帽紧固。

(6) 回扣钟罩时,起吊后应当拉绳确定钟罩方位,使其平稳地缓缓下落,不可碰撞器身任何部位。

(7) 用沾酒精的白布将箱沿和放密封条地方的油污擦拭干净,用半液态密封胶把胶条固定在下油箱的沿上,用 8 号铁丝弯成卡子卡住胶条,在接口拐弯处一定要卡好,接口处卡子要在两侧螺栓少许紧固后再撤出,接口处接头不可错位。

(8) 钟罩下到距油箱 100 mm 左右时,用临时导杆对孔或用铁钎子对孔。钟罩下到距油箱 30 mm 左右时,将合格螺栓插入孔中,钟罩接触到胶条时将卡子抽出,四面对称均匀地旋紧螺栓,初紧后由一位有经验的工人将全部螺栓复紧。

8. 附件回装

(1) 按原位置原相别复装分接开关连杆,检查分接开关连杆是否已插入分接开关轴。

(2) 升高座安装。用沾酒精的白布清洗密封胶垫和沟槽,用半液态密封胶将胶垫固定在沟槽里,按升高座的 A、B、C 标志对号入座,升高座下法兰外边沿和油箱上联结升高座的法兰边沿上,有对位标记"X";以此标记对正,穿上螺栓并均匀对称地紧固。

(3) 高压套管安装。安装前应检查油面是否正常,将导线电杆内孔和均压球内清理干净。套管吊起后,将其对正升高座缓慢下落,同时通过导入套管里的 10 号铁丝(或布带)将引线拉入套管,打开油箱观察孔,设专人监视引线拉入情况。引线应力锥应进入套管均压球(或称均压罩)内,以防止引线根部的应力锥扭曲,引线应力锥与套管均压球位置外形如图1-24所示。将套管法兰与升高座法兰胶垫清理干净,均匀对称拧紧螺栓,引线端头与套管顶部接线柱连接处应擦拭干净接触紧密,高压套管与引出线接口的密封波纹盘结构安装应严格按制造厂的规定进行。套管顶部结构的密封垫应安装正确、密封良好,套管油标应面向外侧。

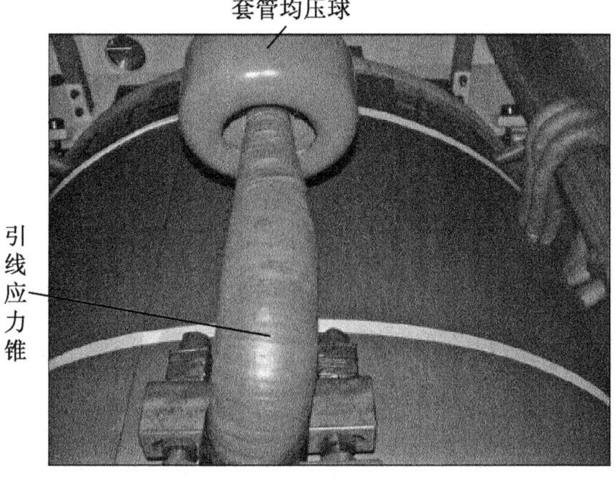

图 1-24　引线应力锥与套管均压球位置外形图

(4) 低压升高座的安装,方法与高压升高座相同,低压引线螺栓紧固宜用呆扳手或梅花扳手。

(5) 气体继电器安装前应拆去芯内绑扎带,检查开口杯处及挡板活动应灵活,接点接触良好,箭头指向储油柜。

(6) 按原位置依次安装冷却器、压力释放阀、净油器、吸湿器、温度计及附件等。冷却器安装完成后,打开进出口阀门。

9. 真空注油

1) 110 kV 及以上的变压器必须真空注油。在抽真空时,必须将在真空下不能承受机械强度的附件,如储油柜、安全气道等与油箱隔离。

2) 管路连接好后,启动真空泵,在 1 h 内均匀提高变压器内真空度,使真空度逐渐达到 80 kPa(残压 21.3 kPa)维持 1 h,如无异常,则将真空度逐渐加到 101.2 kPa(残压 0.13 kPa)维持 1 h,检查油箱有无变形与异常现象。如果未见异常,在抽真空状态下注油,注油过程应使真空度维持在 101.2 kPa(残压 0.13 kPa),油面离油箱顶盖约 200 mm 时停止注油,注油后应继续保持真空,110 kV 变压器保持时间不少于 4 h。

3) 注油时,注入油的油温宜高于器身温度,油应以每小时 3~5 t 的速度匀速注入变压器内。

4) 变压器二次注油(补油)时,需经储油柜补油,严禁将油从下部油箱阀注入。

(1) 胶囊式储油柜补油

①打开储油柜上部排气孔,经注油管将油注入储油柜,直至排气孔出油,再关闭注油管和排气孔。

②从储油柜排油管排油,此时空气经吸湿器自然进入储油柜胶囊内部,至油位计指示正常油位为止。

(2) 隔膜式储油柜补油

①注油前应首先将油位计调整至零位,然后打开隔膜上的放气塞,将隔膜上部的气体排除,再关闭放气塞。

②由注油管向隔膜下部注油达到比指定油位稍高位置后,再次打开放气塞充分排除隔膜上部的气体,直到向外溢油为止,调整达到指定油位。检查如发现储油柜下部集气盒油标指示有空气时,应用排气阀进行排气。

(3) 内油式波纹储油柜补油

打开排气管下部阀门和储油柜下部主连管阀门,从注油管补油。注油过程中,时刻注意油位指针位置,边注油边排气。当排气管内有稳定的油流出时,关闭排气口阀门,将油注到油位指示值与变压器实测平均油温值相对应的位置。

10. 变压器整体密封试验(大修项目)

1) 静油柱法

在变压器箱盖或储油柜上加压,压力标准为 0.035 MPa,保持 12 h 无渗漏。或者在变压器箱盖及储油柜上加装一个垂直的吊罐,35~110 kV 变压器油柱高度 2 m,加压时间24 h;油柱高度从拱顶(或箱盖)算起。加压 24 h 后变压器无渗漏油现象,则该试验合格。

2) 静气压法

(1) 利用在变压器顶部充入高纯度氮气,给变压器各密封部位加压的方法来观察变压器是否渗漏。整体密封试验装置结构如图 1-25 所示。

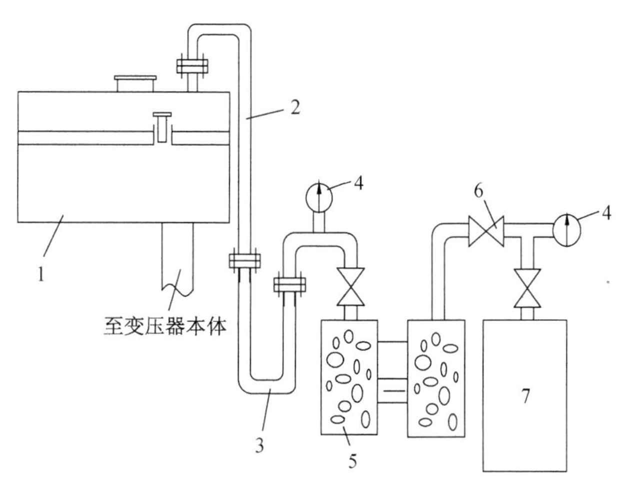

1—储油柜；2—变压器储油柜的呼吸管；3—胶管；4—压力表；5—硅胶；6—阀门；7—氮气瓶。

图 1-25 变压器整体密封试验装置结构

(2) 在储油柜顶部加入一定数量的高纯度氮气，使一定的氮气压力作用于储油柜里面的隔膜或油面，从而使变压器的各个密封部位都承受一定的压力，静置 24 h 后，观察气体的压力是否变化及各密封部位是否有渗漏。密封试验所承受的压力和持续时间见表 1-3。

(3) 注意在充入氮气时应控制氮气的流量和总压力值。

表 1-3 密封试验所承受的压力和持续时间

电压等级(kV)	油箱结构	施加压力(kPa)	施加时间(h)	试验结果
6,10	一般结构 波纹式油箱(315 kVA 以下) 波纹式油箱(400 kVA 以上)	40 20 15	12 12 12	剩余压力不得小于规定值的 70%
35	一般结构 密封式	50 76	24 24	无渗漏、损伤
66	油箱及储油柜	50	24	无渗漏、损伤
110	油箱及储油柜	50	36	无渗漏、损伤
220	油箱及储油柜	50	72	无渗漏、损伤
330	油箱及储油柜	30	24	无渗漏、损伤

11. 变压器修后电气试验

试验项目如下。

(1) 油中溶解气体色谱分析。

(2) 绕组直流电阻。

(3) 绕组绝缘电阻、吸收比或(和)极化指数。

(4) 绕组的 tanδ。

(5) 电容型套管的 tanδ 和电容值。

(6) 绝缘油试验。

(7) 交流耐压试验。

(8) 铁芯(有外引接地线的)绝缘电阻。

(9) 穿芯螺栓、铁轭夹件、绑扎钢带、铁芯、线圈压环及屏蔽等的绝缘电阻。

(10) 油中含水量、含气量。

(11) 绕组泄漏电流。

(12) 局部放电测量。

(13) 有载调压装置的试验和检查。

(14) 测温装置及其二次回路试验。

(15) 气体继电器及其二次回路试验。

(16) 整体密封检查。

(17) 冷却装置及其二次回路检查试验。

(18) 套管中的电流互感器绝缘试验。

(19) 相位检查。

12. 变压器大修后现场清理和整体检查

(1) 试验合格后,连接变压器高低压侧引线。

(2) 变压器本体、冷却器及附件等密封完好,无渗漏油。

(3) 变压器本体接地可靠。

(4) 变压器顶盖上无遗留杂物。

(5) 油箱本体上紧急放油阀在关闭位置。储油柜、冷却装置、压力释放阀及各油管路等油系统上的阀门均在打开位置。

(6) 变压器的储油柜和充油套管的油位正常,隔膜式储油柜的集气盒内应无气体。

(7) 进行各升高座、管路、散热器等所有放气点的排气,使其完全充满油,气体继电器内应无残余气体。

(8) 吸湿器内的吸附剂数量充足,无变色受潮现象,油封良好。

(9) 分接开关的位置应符合运行要求,有载分接开关的油位需略低于变压器储油柜的油位。

(10) 温度计指示正确,整定值符合要求。

(11) 冷却装置试运行正常。

(12) 进行冷却装置电源的自动投切和冷却装置的自动投入,进行工作、辅助、备用、故障停运等试验。

(13) 非电量保护装置应经调试整定,动作正确。

(14) 变压器表面刷防腐油漆,完善标识标牌。

(15) 拆除检修区域围栏及标示牌。

(16) 移除检修区域防雨布、枕木及橡胶垫。

(17) 拆除所有搭设的脚手架。

(18) 全面清扫检修设备。

(19) 终结工作票。

五、油浸式变压器大修后的验收

变压器在大修竣工后应及时整理记录、资料、图纸，提交竣工、验收报告，并按照验收规定组织现场验收。

1）向运行管理单位移交的资料

（1）现场干燥、检修记录。

（2）全部试验报告。

（3）变压器大修报告。

大修报告编写要求如下。

①基本要求

大修报告应由检修单位编写，其格式统一，填写齐全，记录真实，结论明确，并由有关人员签字后存档。

②主要内容

a. 设备基本信息和主要性能参数。如泵站名称、设备运行编号、产品型号、制造厂、出厂时间、投运时间、联结组别、空载损耗、负载损耗、阻抗电压和绝缘水平等。

b. 检修信息和主要工艺。如本次检修地点、检修原因、主要内容、检修时段、增补内容及遗留内容，检修后的设备及质量评价，以及对今后运行所做的限制或应注意的事项等。

c. 编写、审核、批准和验收信息。如验收时间及验收意见、报告的编写、审核、批准和验收人员等。

③其他内容

变压器检修过程中的检测、试验和施工信息，如施工的组织、技术、安全措施、检修记录表，以及修前、修后各类检测报告及组、部件检测报告和合格证等也视为大修报告的一部分一同存档。

2）验收项目

（1）检修记录、质量验收报告、试验报告等资料齐全，相关验收、试验结果符合规定要求。

（2）变压器本体及组、部件均安装良好，固定可靠，完整无缺，无渗油。

（3）变压器油箱接地可靠，与外部引线的连接接触良好。

（4）变压器的储油柜、充油套管和有载分接开关的油位正常，隔膜式储油柜的集气盒内应无气体。

（5）吸湿器内的吸附剂数量充足，无变色受潮现象，油封位置合格清晰，能看到正常呼吸作用。

（6）无励磁分接开关的位置应符合运行要求，有载分接开关动作灵活、正确，闭锁装置动作正确，控制盘、操作机构箱和顶盖上三者分接位置的指示应一致。

（7）温度计指示正确，整定值符合要求。

（8）变压器冲击试验，其声音、振动、温度、电气参数等正常。

六、油浸式变压器的试运行

变压器大修后试运行应按规定执行，并进行如下检查。

1. 大修后对 110 kV 变压器施加电压前，其静止时间应不小于 24 h。

2. 中性点直接接地的变压器在进行合闸时，中性点必须接地。

3. 气体继电器的重瓦斯必须投跳闸位置。

4. 大修后的变压器首次充电冲击合闸三次，应无异常。

5. 额定电压下的冲击合闸应无异常，励磁涌流不致引起保护装置误动作。

6. 变压器所有接合面不应有渗漏油现象，无异常振动或放电声音。

7. 跟踪比较试运行前后变压器油的色谱数据，应无变化。

8. 试运行时间不小于 24 h。

七、油浸式变压器常见故障及处理

1. 变压器声音异常

1）变压器发出很高而且沉重的“嗡嗡”声。

(1) 原因主要及处理方法如下。

①由过负荷引起，可根据电流表进行判断。

②查明过负荷原因，减少负荷。

2）变压器发出“叮叮当当”的敲击声或“呼……呼……”的吹风声以及“吱啦吱啦”像磁铁吸动小垫片的声音，而变压器的电压、电流和温度却显示正常，绝缘油的颜色、温度与油位也无大变化。

(1) 原因主要如下。

①可能有个别零件松动，如铁芯的穿芯螺丝夹得不紧。

②或有零件遗漏在铁芯上。

(2) 处理方法如下。

将变压器停止运行，进行检查。

3）变压器发出“咕噜咕噜”的开水沸腾声。

(1) 原因主要如下。

可能是绕组有较严重的故障，分接开关接触不良而导致局部点有严重过热，或变压器匝间短路，使其附近的零件严重发热而油气化。

(2) 处理方法如下。

将变压器立即停止运行，进行检修。

4）变压器发出“噼啪”或“吱吱”声，既大又不均匀。

(1) 原因主要如下。

可能是变压器内部接触不良，或绝缘有击穿现象。

(2) 处理方法如下。

将变压器停止运行，进行检修。

5）变压器发出“嘶嘶”或“哧哧”的声音。

(1) 原因主要如下。

可能是变压器高压套管存在脏污,在气候恶劣或夜间时,还可见到蓝色、紫色小火花。

(2) 处理方法如下。

应清理套管表面的脏污,再涂上硅油或硅脂等涂料。

6) 变压器发出“唧哇唧哇”像青蛙的叫声。

(1) 原因主要如下。

外部线路断线或短路。

(2) 处理方法如下。

立即停电,查明原因予以排除。

7) 变压器发出“轰轰”的声音。

(1) 原因主要如下。

低压侧线路发生接地或出现短路事故。

(2) 处理方法如下。

立即停电,查明原因予以排除。

8) 变压器发出连续、有规律的撞击或摩擦声,而各种测量表计指示和温度显示均无反应。

(1) 原因主要如下。

可能是因铁芯振动而造成变压器某些部件机械接触,或是静电放电而引起异常响声。

(2) 处理方法如下。

对运行无大危害,无须立即停止运行,可在计划检修时予以排除。

9) 变压器发出的声音较平常尖锐。

(1) 原因主要如下。

可能是电网发生单相接地或产生谐振过电压。

(2) 处理方法如下。

应该随时监测,如故障继续应停止变压器运行。

10) 变压器瞬间发出“哇哇”声或“咯咯”间歇声。

(1) 原因主要如下。

此时有大容量的动力设备启动,负荷变化较大,使变压器声音增大。

(2) 处理方法如下。

注意观察。

11) 变压器发出“噼啪”噪音,严重时会有巨大轰鸣声。

(1) 原因主要如下。

系统可能有短路或接地。

(2) 处理方法如下。

一般为短时故障,加强观察。

2. 变压器温度异常升高

变压器运行时在负荷、散热条件、环境温度都不变的情况下,温度不断升高。

1）原因主要如下。

①测温元件、引线、测温仪损坏。

②变压器绕组局部层间或匝间短路。

③变压器铁芯局部短路；夹紧铁芯用的穿芯螺丝绝缘损坏。

④因漏磁或涡流引起油箱、箱盖等发热。

2）处理方法如下。

①应首先查明并排除测温系统故障。

②如果确为变压器内部故障引起，应停止其运行，进行检修。

3. 储油柜或防爆管喷油爆炸

1）原因主要如下。

①匝间短路等导致局部过热使绝缘损坏；变压器进水使绝缘受潮损坏；雷击等过电压使绝缘损坏等导致内部短路。

②绕组导线焊接不良、引线连接松动等因素在大电流冲击下可能造成断线，断点处产生高温电弧使油汽化促使内部压力增高。

喷油爆炸是变压器内部短路电流和高温电弧使变压器油迅速汽化，而继电保护装置又未能及时切断电源，使故障较长时间持续存在，箱体内部压力持续加大，高压油气从防爆管或箱体或其他强度薄弱处喷出造成的事故。

2）处理方法如下。

应停止运行，进行检修。

4. 油色显著变化和严重漏油

1）原因主要如下。

①绝缘油在运行时可能与空气接触，并逐渐吸收空气中的水分和碳粒，从而降低绝缘性能，油色变暗。

②运行中受到振动、外力冲撞，使变压器焊缝开裂或密封件失效，以及油箱锈蚀严重而破损等造成严重漏油。

2）处理方法如下。

①进行油的化验，检验油中是否存在水分和碳粒；如油中含水分和碳粒而绝缘强度降低，易引起绕组与外壳击穿，应及时更换变压器油。

②变压器发生严重漏油，油位计已看不到油位，应立即停止运行，查明原因，进行补漏和加油。

5. 绝缘瓷套管出现闪络和爆炸

1）原因主要如下。

①套管密封不严，因进水或潮气浸入使绝缘受潮而损坏。

②电容式套管绝缘分层间隙存在内部形成的游离放电。

③套管表面积垢严重，以及套管上有较大的碎片和裂纹，在大雾或小雨时均可能造成套管闪络和爆炸事故。

2）处理方法如下。

①发现套管有裂纹或碰伤应及时更换。

②套管上的尘埃应定期予以清除。

6. 变压器油箱上有“吱吱”放电声，电流表指针随声音发生摆动，瓦斯保护发出信号，油的闪点降低

1）原因主要如下。

①分接开关触头弹簧压力不足，使有效接触面积减少，或触头弹簧严重磨损等引起分接开关烧毁。

②分接开关接触不良，经受不起短路电流的冲击而发生故障。

③切换分接开关时，由于分接头位置切换错误，引起开关烧坏。

④相间距离不够，或绝缘材料性能降低，在过电压作用下短路。

2）处理方法如下。

①停电进行检查。

②测量分接头的直流电阻，若分接头直流电阻不平衡，是个别触头烧坏；若完全不通，电流是分接头全部烧坏。分接头烧坏时，应及时更换。

7. 变压器着火

1）原因主要如下。

①套管出现破损和闪络，油溢出后在顶部燃烧。

②变压器内部故障，使外壳或散热器破裂，燃烧的油溢出。

2）处理方法如下。

①立即将故障的变压器停电切出，并及时向上级汇报。

②拉开着火变压器两侧的隔离开关，并断开变压器冷却装置电源。

③若变压器的油溢出后在其顶盖上着火，应打开变压器下部放油阀放油，使油面低于着火处。

④若因为变压器的内部故障引起着火，应禁止放油，防止变压器发生爆炸。

⑤变压器灭火应使用二氧化碳灭火器、1211 灭火器。

⑥变压器灭火时，应穿绝缘靴，戴绝缘手套，注意不得将液体喷到带电设备上。

8. 三相电压不平衡

1）原因主要如下。

①三相负载不平衡引起中性点位移。

②系统发生铁磁谐振。

③绕组局部发生匝间和层间短路。

2）处理方法如下。

①三相电压不平衡时，应先检查三相负荷情况。

②对 Δ/Y 接线的三相变压器，如三相电压不平衡，且电压超过 5 V 以上则可能是变压器有匝间短路，须停电处理。

③对 Y/Y 接线的变压器，在轻负荷时允许三相对地电压相差 10%，在重负荷的情况下要力求三相电压平衡。

第四节　干式变压器检修

一、干式变压器的作用及组成

1. 作用

干式变压器是泵站用于将高电压改变为泵站低压设备或部分泵站主电机所需电压等级的电器设备，其电压等级一般主要有 35 kV/10 kV，35 kV/0.4 kV，10 kV/0.4 kV，绝缘等级为 F 级，强制风冷。

另有用于励磁装置的隔离变压器。

2. 组成

干式变压器主要由铁芯、绕组、调压装置、冷却风扇、绝缘子、绝缘套管、温控装置和护罩组成。

干式变压器外形如图 1-26 所示。

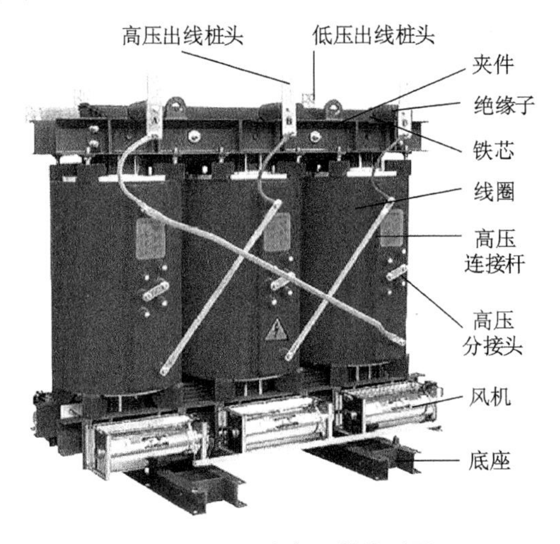

图 1-26　干式变压器外形图

二、干式变压器检修周期

小修：每年一次。

大修：实施状态检修。干式变压器结构简单，大修只有在发生故障，经综合判断确认必须和经解体大修可修复时进行。

三、干式变压器检修项目

1. 小修项目

(1) 变压器外观检查、清理和维修。

(2) 铁芯检查。

(3) 线圈检查。

(4) 绝缘子检查、清理。

(5) 一二次进出引线、设备接地、工作接地检查和维修。

(6) 电压调节连接片检查。

(7) 通风散热系统检查、清理和维修。

(8) 变压器测温检查、测试。

(9) 安全防护检查和维修。

(10) 预防性试验。

2. 大修项目

(1) 小修项目内容。

(2) 变压器解体进行故障处理，如线圈更换或穿芯螺杆绝缘处理等。

干式变压器大修需根据设备损坏程度确定，如需修复，因工艺复杂需要专用材料、工具、加工设备及施工技术能力等，泵站现场不具备检修条件，需由专业制造厂实施，在此不做叙述。

四、干式变压器检修工艺流程及质量标准(小修)

干式变压器检修工艺流程及质量标准如表1-4所示。

表1-4 干式变压器检修工艺流程及质量标准(小修)

序号	项目	检修工艺流程	质量标准
1	检查、清理和维修	检查、清理变压器本体、外壳	变压器外表整洁完好，无锈蚀、损坏
2	铁芯检查	1. 检查铁芯是否平整，绝缘漆膜是否脱落，叠片紧密程度； 2. 检查铁芯上下夹件、方铁、压板的紧固程度，并用扳手逐个检查各部位紧固螺栓； 3. 采用2 500 V绝缘摇表测量铁芯对夹件及地的绝缘电阻； 4. 用专用扳手紧固上下铁芯的穿芯螺栓并用2 500 V绝缘摇表测量穿芯螺杆对铁芯及对地绝缘电阻	1. 铁芯应平整，绝缘漆膜无脱落，叠片紧密，边侧的硅钢片不应翘起或成波浪状，铁芯各部无锈蚀、腐蚀痕迹；片间应无短路、搭接现象，接缝间隙符合要求； 2. 螺栓紧固，夹件上的正、反压钉和锁紧螺帽无松动，与绝缘垫圈接触良好，无放电烧伤痕迹； 3. 铁芯对夹件及地的绝缘电阻≥5 MΩ； 4. 穿芯螺栓紧固，穿芯螺杆对铁芯及对地绝缘电阻≥5 MΩ
3	线圈检查	1. 检查线圈形变及绝缘是否完好； 2. 检查高、低压线圈间风道是否通畅； 3. 检查线圈引线及接头是否完好； 4. 采用2 500 V绝缘摇表测量线圈绝缘电阻	1. 线圈无变形、倾斜、位移，绝缘无破损、变色及放电痕迹； 2. 高、低压线圈间风道无杂物堵塞，风道畅通； 3. 引线绝缘完好，无变形、变脆；引线无断股情况，接头表面平整、清洁、光滑无毛刺；引线及接头处无过热现象，引线固定牢靠； 4. 高压对低压及对地绝缘电阻≥300 MΩ，低压对地绝缘电阻≥100 MΩ
4	绝缘子、绝缘套管检查、清理	检查绝缘子、绝缘套管是否完好	绝缘子、绝缘套管表面整洁，固定牢靠，无破损、放电和碳化现象

续表

序号	项目	检修工艺流程	质量标准
5	电缆或母线引线、设备接地、工作接地等连接检查和维修	检查引线连接是否完好	引线连接完好、紧固，导电接触面无过热、灼伤痕迹，示温片完好
6	分接头电压调节连接片检查	1. 检查分接头电压调节连接片变比是否正确； 2. 连接是否完好	1. 分接头电压调节连接片变比位置正确； 2. 连接螺栓紧固、完好
7	通风散热系统检查、清理和维修	检查冷却风机运行是否正常	风机运转应正常，无异常振动、声响
8	测温系统检查、测试	1. 检查温度显示是否正确； 2. 检查温控是否正常可靠； 3. 检查信息传输是否正常	1. 温度显示正确； 2. 温控设定正确，动作准确可靠； 3. 信息传输正常
9	安全防护检查和维修	1. 检查外壳是否完整，封闭是否完好； 2. 电气安全防护装置是否完好	1. 外壳完好，封闭、封堵完好； 2. 电气安全防护装置完好
10	预防性试验	1. 高、低压线圈直流电阻测试； 2. 线圈绝缘电阻及吸收比测试； 3. 铁芯绝缘电阻测试； 4. 测温装置及其二次回路试验； 5. 线圈连同套管的交流耐压试验(仅限10 kV及以下干式变压器)	1. 高、低压线圈的直流电阻测试标准 ①1.6 MVA以上变压器，各相绕组电阻相互间的差别不应大于三相平均值的2%，无中性点引出的绕组，线间差别不应大于三相平均值的1%； ②1.6 MVA及以下的变压器，相间差别一般不大于三相平均值的4%，线间差别一般不大于三相平均值的2%； ③与以前相同部位测得值比较，其变化不应大于2%。 2. 用2 500 V绝缘电阻表测试：高压对低压及对地绝缘电阻≥300 MΩ，低压对地绝缘电阻≥100 MΩ。吸收比(10～30 ℃范围)$R_{60\,s}/R_{15\,s}$≥1.3或极化指数不低于1.5，与前一次测试结果相比应无明显变化； 3. 一般铁芯对夹件及地、穿芯螺杆对铁芯及地的绝缘电阻≥5 MΩ； 4. 密封良好，指示正确，测温电阻值应和出厂值相符，测量绝缘电阻采用2 500 V兆欧表，绝缘电阻一般不低于1 MΩ； 5. 1 min工频耐压试验电压为出厂试验电压的85%，更换线圈时试验电压为出厂电压

五、干式变压器常见故障及处理

1. 变压器声音异常

变压器正常运行时声音应是连续的“嗡嗡”声，当变压器运行声音不均匀、声音异常增大或有其他异常响声时，应立即进行检查处理。

(1) 变压器声音异常主要有以下原因。

①负荷变化较大，过负荷运行，系统短路或接地。

②铁芯紧固件穿芯螺栓松动。

③系统发生铁磁谐振。

(2) 处理方法如下。

①应立即查明原因予以排除，并及时向泵站负责人报告。

②检查是否存在过负荷运行、系统短路或接地现象。

③情况严重时可向泵站负责人汇报，停止变压器运行，进行故障处理。

2. 线圈绝缘电阻下降

(1) 线圈绝缘电阻下降主要有以下原因。

①绝缘子脏污并受潮。

②线圈脏污及受潮。

(2) 处理方法如下。

①绝缘子清理。

②对线圈进行清理和干燥处理。

3. 套管或绝缘子放电

(1) 套管或绝缘子放电主要有以下原因。

①绝缘件表面脏污。

②绝缘件表面有裂纹或老化。

③绝缘子(尤其为 35 kV 绝缘子)均压线接地线接触不良或开路。

(2) 处理方法如下。

①绝缘件表面清理。

②更换绝缘件。

③绝缘子均压线连接检查，如内部断线应更换。

4. 变压器温度异常升高

(1) 变压器温度异常升高主要有以下原因。

①测温装置故障或引线接触不良。

②风机故障或风机温度自动控制失灵。

③散热条件恶化。

④负荷变化较大，过负荷运行。

⑤变压器铁芯局部短路，夹紧铁芯用的穿芯螺丝绝缘损坏。

(2) 处理方法如下。

①检查测温装置工作是否正常，测温电阻引线是否接触不良。

②检查风机电机是否损坏,温控系统、温控整定值是否正常。

③检查变压器外部散热条件是否不良。

④检查变压器负荷是否正常。

⑤检查变压器铁芯是否发生局部短路,夹紧铁芯用的穿芯螺丝绝缘是否损坏。

5. 风机声音异常

(1) 风机声音异常主要有以下原因。

①风机固定松动。

②风叶松动。

③电机轴承损坏。

(2) 处理方法如下。

①检查和紧固风机螺栓。

②检查风叶是否松动。

③更换电机轴承。

第五节　GIS设备检修

一、GIS的作用及组成

GIS为气体绝缘金属全封闭开关设备英文缩写,在泵站一般使用110 kV电压等级的GIS,是泵站变电所中除主变压器以外的一次变配电设备,用以与主变压器一起作为泵站主电源。GIS采用SF_6气体作为绝缘介质,由断路器、母线、隔离开关、电压互感器、电流互感器、避雷器、电缆终端、接地开关、快速接地开关等高压电器组合而成,也称SF_6组合电器。GIS设备外形如图1-27所示,GIS设备结构如图1-28所示。

二、GIS的检修周期

GIS设备在投入运行后,维护检修工作量很少。一般情况下不推荐解体检查,除非有意外故障发生。

1. 小修:一般每年1次,在设备运行5～8年后做1次详细检查。

2. 大修:在达到制造厂规定使用年限或设备内部存在异常和出现故障时进行,其中使用年限可根据设备运行状况综合评价适当延长。

三、GIS检修项目

1. 小修项目

(1) 气室气压检查(应按照温度换算)。

(2) 密度继电器校验。

(3) 气室气体微水含量检查。

(4) 就地控制柜功能检查。

(a) 分箱式

(b) 共箱式

图 1-27　GIS 设备外形图

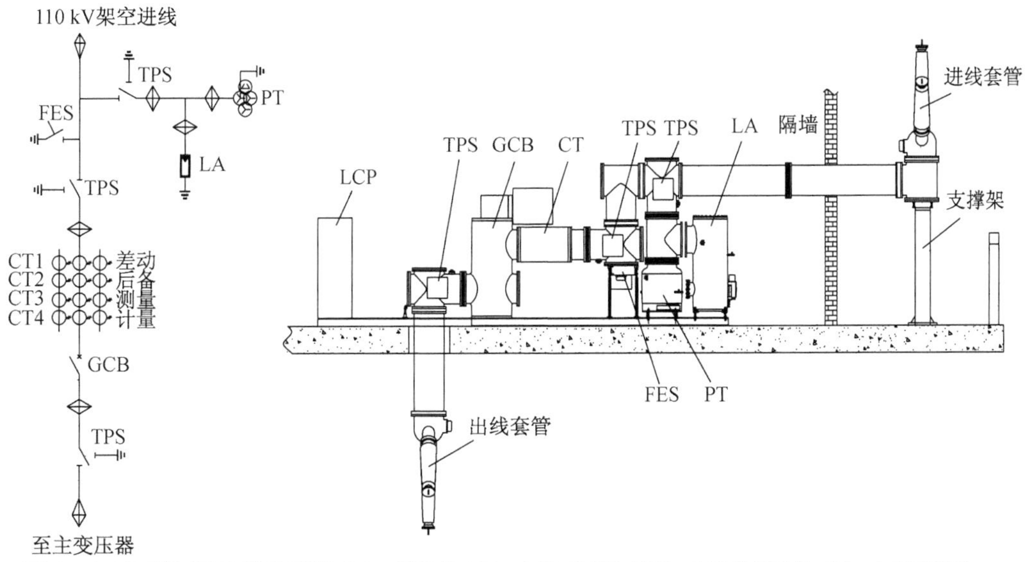

TPS—三工位开关(隔离/接地开关);LA—避雷器;PT—电压互感器;FES—快速接地开关;CT—电流互感器;GCB—断路器;LCP—集中控制柜。

图 1-28　GIS 设备结构图

(5) 远方控制以及保护联调。

(6) 二次回路绝缘检查。

(7) 隔离/接地开关、快速接地开关的手动操作。

(8) 操作机构外观检查,传动部位做一次润滑。

(9) 断路器特性参数试验。

(10) 一次回路电阻试验。

2. 大修项目

(1) 断路器的检查和检修。

(2) 隔离开关、接地开关、快速接地开关的检查和检修,包括手动操作。

(3) 母线的检查和检修。

(4) GIS 与电缆直接连接的检查和检修。

(5) GIS 与变压器直接连接的检查和检修。

(6) SF_6 气体系统的检查和检修,包括气室气压检查(应按照温度换算)、SF_6 气体密度继电器校验、气室气体微水含量检查。

(7) 汇控柜和二次元器件的检查和检修,包括就地控制柜功能检查、远方控制以及保护联调、二次回路绝缘耐受检查。

(8) 外壳、构支架、基础及接地连接的检查和检修。

(9) 辅助系统的检查和检修。

(10) 其他元件的检查和检修。

(11) 小修项目相关内容。

(12) 电气试验,包括断路器特性参数试验、一次回路电阻试验、一次回路工频耐受电压试验(选择)等。

四、GIS 检修工艺及质量标准

GIS 检修工艺及质量标准如表 1-5 所示。

表 1-5　GIS 检修工艺及质量标准

序号	检修项目	工艺内容	质量标准
1	外观检查	GIS 开关外观检查	1. 外观无异常; 2. 操作机构无松动、变形; 3. 连接处密封、紧固完好; 4. 接地线完整,连接良好; 5. 焊缝完整,无开裂; 6. 漆面完好
2	断路器本体检查	1. 断路器动、静主触头检查; 2. 断路器动、静引弧触头检查; 3. 断路器灭弧触头检查; 4. 断路器支持绝缘子检查; 5. 断路器绝缘拉杆检查; 6. 断路器电容器检查; 7. 断路器提升机构包括缓冲器检查; 8. 断路器插入式触头检查,断路器接触电阻检测; 9. 断路器筒体的清洁检查; 10. 断路器基座、支架、金属台板及分级屏蔽检查; 11. 吸附剂检查	1. 触头表面光洁,无毛刺,无烧伤痕迹,无严重磨损现象,否则必须更换; 2. 支持绝缘子表面光洁,无裂缝、闪络痕迹; 3. 绝缘拉杆表面光洁,无裂缝、闪络痕迹; 4. 电容器表面光洁,电容值符合制造商要求; 5. 机构动作灵活无卡涩现象,缓冲完好; 6. 触头接触符合制造商要求,触头不大于制造商规定值且不得大于设备出厂值的 120%; 7. 断路器筒体表面光洁,无毛刺; 8. 金属台板及屏蔽表面光洁,无变形; 9. 吸附剂无变色现象,无损坏
3	盆式绝缘子检查	1. 盆式绝缘子表面检查; 2. 盆式绝缘子触头检查	1. 绝缘子表面光洁,无裂缝、闪络痕迹; 2. 触头表面光洁,无毛刺、烧伤痕迹,无严重磨损现象
4	液压回路及部件的检查	1. 检查液压管道和管接头严密性; 2. 根据油泵的启动次数检查液压部件的严密性; 3. 检查滤油器或更换滤油网; 4. 检查电动泵及电动机; 5. 检查液压阀; 6. 检查液压回路中油的含气量; 7. 检测液压设定值	1. 操作机构液压管道和管接头无明显泄漏; 2. 电动机、油泵运行正常,无异常声响; 3. 断路器不动作时每天油泵的启动次数不超过 1 次; 4. 液压阀开关灵活,闭合可靠; 5. 油中的含气量不超过 1%(在大气压下按容积比计); 6. 液压设定值符合制造商要求

续表

序号	检修项目	工艺内容	质量标准
5	液压油检查	1. 检查油箱中的油位； 2. 检查油的清洁度及油的酸值、黏度等化学性质； 3. 必要时更换液压油	1. 油位在正常位置； 2. 油的标准符合制造商要求
6	隔离开关、接地开关、快速接地开关等本体检查	1. 触头检查； 2. 支持绝缘子检查； 3. 绝缘拉杆检查； 4. 传动机构检查； 5. 接触电阻检测	1. 触头表面光洁，无毛刺、烧伤痕迹，无严重磨损现象，接触可靠； 2. 支持绝缘子表面光洁，无裂缝、闪络痕迹； 3. 绝缘杆表面光洁，无裂缝、闪络痕迹； 4. 机构完好、灵活，传动无卡涩； 5. 接触电阻测量值不大于制造商规定值且不得大于设备出厂值的 1.2 倍
7	SF_6 压力检查	1. 断路器气室压力检查； 2. 其他气室压力检查	1. 断路器气室压力额定值为 0.6 MPa，并符合制造商要求； 2. 其他气室压力额定值为 0.40 MPa，并符合制造商要求。 注：压力额定值(20 ℃)按温度系数修正
8	SF_6 气体湿度检测(20 ℃)	1. SF_6 气体湿度检测； 2. 湿度超标的 SF_6 气体必须进行干燥处理	1. SF_6 气体在充入电气设备 24 h 后，方可进行试验； 2. SF_6 湿度：断路器气室<150 μL/L，其他气室<250 μL/L
9	气室气密性检查	断路器气室、其他气室的气密性检测试验及检漏处理	1. 包括法兰结合面及连接点； 2. 静止 5 h 以上后检漏； 3. 标准泄漏量<30 μL/L；年泄漏量≤0.5%；或按制造商要求
10	开关操作机构检查	1. 开关操作机构检查； 2. 分合闸操作试验	1. 机构完好、灵活，传动无卡涩； 2. 储能电机运行正常，无异常声响，电动、手动操作平稳，无卡阻现象； 3. 控制回路动作正常，连锁正确； 4. 分、合闸位置指示正确
11	二次电气部分的检查	1. 分、合闸线圈检测； 2. 辅助开关检测； 3. 信号、报警回路检测； 4. 控制回路检测； 5. 二次电气回路绝缘检测； 6. 电气柜内加热器及照明检测； 7. 电气接线端子紧度检查； 8. 分、合闸操作试验	1. 分、合闸线圈电阻符合制造商规定，分、合闸线圈动作灵活，无卡涩； 2. 辅助开关动作准确； 3. 信号、报警动作准确； 4. 操作控制正常，连锁正确； 5. 二次电气回路绝缘电阻不低于 2 MΩ； 6. 电气柜内不出现冷凝现象； 7. 电动、手动操作平稳，无卡阻现象

五、GIS 断路器的检修

1. GIS 断路器的小修

(1) 外观检查并记录。

(2) 清除GIS表面的灰尘和污垢。

(3) 气室的SF_6气压检查。

(4) 检查汇控柜是否有积露。

(5) 对外壳锈蚀部分进行防腐处理及补漆。

(6) 气室的SF_6气压检查与补气。

(7) 对断路器转动及传动部位做一次润滑,操动3次应正常。

(8) 每两年一次对断路器所有密封面定性检漏,用灵敏度不低于10^{-8}的六氟化硫检漏仪检漏,不应有漏点存在。

(9) 每年应进行一次SF_6气体湿度检测,检测结果对照水分-温度曲线,不应超过300 μL/L(20 ℃)。

(10) 其他项目,如绝缘、操作试验等可按有关规定定期进行,试验结果应符合相关标准。

2. GIS断路器的大修

1) 当出现下列情况时,SF_6断路器应返厂或在厂家技术人员指导下进行解体大修。

(1) 断路器运行时间已达到15年,经检查后存在严重影响设备安全运行的异常现象。

(2) 操作次数已达断路器所规定的机械寿命次数。

(3) 累计开断电流达到断路器所规定的累计开断数值。

(4) 经试验不合格需要解体大修。

2) 断路器本体的检修内容如下。

(1) 检查引弧触头烧损程度。

(2) 检查喷口烧损程度。

(3) 检查触指磨损程度。

(4) 检查并清洁灭弧室及其绝缘件。

(5) 更换吸附剂及密封圈。

(6) 检查调整相关尺寸。

(7) 检查闸间电阻及其传动部件(如有)。

(8) 检查并联电容器(如有)。

3. 隔离开关、接地开关和快速接地开关检查和检修

(1) 检查实际分合位置和触头磨损情况。

(2) 更换吸附剂及密封圈。

4. 操作机构检查和检修

(1) 检查连锁线圈、电机工作情况。

(2) 检查辅助开关、微动开关切换情况。

(3) 检查清洗气动机构,清洗电磁阀并检查操作阀,更换密封件。

(4) 检查轴、销、锁扣等易损部位,复核机构相关尺寸。

(5) 检查并补充转动、传动部位润滑油脂。

(6) 检查电机转子轴承及碳刷磨损情况。

(7) 检查机械限位尺寸。

(8) 检查快速接地开关操作机构弹簧缓冲器。

5. 汇控柜(箱)二次元器件的检查和检修

(1) 检查汇控柜(箱)密封情况,更换老化的箱门密封圈。

(2) 检查二次电缆封堵情况,更换老化开裂或脱落的封泥。

(3) 检查并清理汇控柜通风口。

(4) 检查切换开关、继电器、接触器、空气断路器、温湿度控制器、加热器、限位开关、端子排、指示灯、整流模块等并酌情更换。

6. 外壳、构支架、基础及接地连接检查和检修

(1) 检查外壳漆层。

(2) 检查伸缩节扭曲、拉伸或压缩尺寸有无在允许范围内。

(3) 检查各气室防爆膜有无锈蚀堵塞。

(4) 检查支架、构架及接地有无锈蚀变形或损坏。

(5) 检查设备基础有无沉降。

7. 其他元器件的检修

互感器、避雷器等检修按后述各自要求进行。

六、GIS 的试验

1. 密度继电器性能的检测

1) 结构

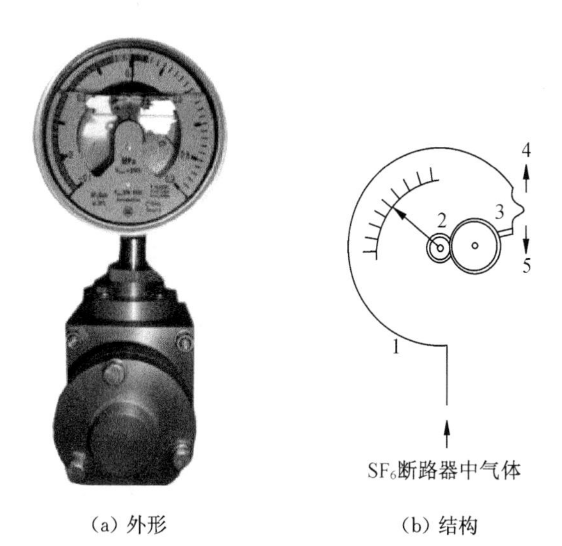

(a) 外形　　　　(b) 结构

1—弹性金属曲管;2—齿轮机构和指针;3—双层金属带;4—压力增大时的运动方向;5—压力减小时的运动方向。

图 1-29　GIS 气体密度继电器外形结构图

图 1-29 所示的 SF_6 气体密度继电器主要由弹性金属曲管、齿轮机构和指针、双层金属带等零部件组成,实际上是在弹簧管式压力表机构中加装了双层金属带而构成。空心的弹性金属曲管与断路器相连,内部空间与断路器中的 SF_6 气体相通,弹性金属曲管的

端部与起温度补偿作用的双金属带铰链连接，双层金属带与齿轮机构和指针机构铰链连接。

2）检测项目

（1）报警（补气）启动压力值。

（2）闭锁启动压力值。

（3）闭锁返回压力值。

（4）报警（补气）返回压力值。

所测得压力参数应符合制造厂的要求，测得压力应参照 SF_6 气体温度-压力曲线并将其修正到 20 ℃时的值。SF_6 气体压力及密度继电器整定值见表 1-6。

表 1-6　SF_6 气体压力及密度继电器整定值（20 ℃时表压）

名　称	数　值		备　注
	断路器气室	其他气室	
额定压力（MPa）	0.60	0.40	
补气压力（MPa）	0.52±0.015	0.35±0.015	↓
最低功能压力（MPa）	0.50±0.015	0.33±0.015	↓
过压报警（MPa）	0.65±0.015	0.45±0.015	↑

注：1. ↓表示在压力下降时测量，↑表示在压力上升时测量；
2. 其他气室压力亦有 0.50 MPa，以产品生产商规定为准。

2. SF_6 气体湿度检测

由水分仪测量 SF_6 气体中的水分含量。测量过程严格按照水分仪使用说明书进行。测量前，首先检查气室内 SF_6 气体压力是否为额定压力，测量应在充 SF_6 气体 24 h 后进行。

交接和大修后各气室 SF_6 气体湿度标准：断路器室（有电弧分解的气室）不大于 150 μL/L，运行中不大于 300 μL/L；其他设备内部（无电弧分解的气室）不大于 250 μL/L，运行中不大于 500 μL/L。

3. SF_6 气体检漏

用检漏仪检漏时，要求被测部分周围环境无风，同时不得有 SF_6 气体，如有需吹拂掉。所用仪器灵敏度不低于 10^{-8}，推荐使用 LF-1 型检漏仪。

检测方法：将准备检漏的部位表面清理干净，用检漏仪探枪在离被测点 1～2 mm 处缓慢移动，听报警响声或观看指针。

判断依据：探枪上的指针基本不动，说明密封良好；如果指针偏转较大，又怀疑产品表面局部残留有 SF_6 气体，可用风扇吹拂产品表面后继续测量，否则说明该处漏气率超标，应进行定量检漏或采取相应措施。

4. SF_6 气体分解产物检测

$SO_2 \leqslant 5$，$H_2S \leqslant 2$，$HF \leqslant 1^a$，$CO \leqslant 100^b$，（μL/L）。

5. 主回路电阻测量

GIS 设备检修安装完毕后，在元件调试之前应测量主回路电阻，以检查主回路中的连接和触头接触情况。采用直流压降法测量，测试电流不小于100 A，断路器合闸后测其回路电阻(含CT)<150 μΩ，合格后方可进行下面的试验。

6. 机械操作试验

必须对断路器、隔离开关和接地开关的机械特性进行调试，其主要项目如下。

(1) 电动/人力操作电气连锁，必须相互闭锁。

(2) 手动储能、手动分合闸操作各2次断路器无异常。

(3) 额定电压下，分合各25次：分—0.3 s—合分—180 s—合分各5个循环，断路器无异常。

(4) 85%和110%额定电压下，合闸操作各5次；30%额定电压下，分闸操作各3次，断路器不动作。

(5) 机械防跳试验5次。

(6) 85%和110%额定电压下，储能试验各3次，动作无异常，储能时间≤15 s。

7. 操作机构电动及电气连锁试验

(1) 断路器、隔离开关之间及接地开关的连锁：断路器处于合闸位置时，不允许分、合隔离开关，不允许不具备关合短路电流能力的接地开关进行合闸操作。

(2) 断路器、隔离开关之间的连锁：断路器先于隔离开关分闸，隔离开关先于断路器合闸，反之则不允许。

(3) 断路器、接地开关之间的连锁：接地开关处于合闸位置时，不允许断路器进行合闸操作。

(4) 隔离开关、接地开关之间的连锁：隔离开关处于合闸位置时，不允许接地开关进行合闸操作；接地开关处于合闸位置时，不允许隔离开关进行合闸操作。

8. 电流互感器的伏安特性试验

只对有继电保护要求的二次绕组进行试验。测量伏安特性时必须注意加压要平稳，如不平稳，应将电压平稳降至零然后再重新加压开始试验。

9. 电流互感器变比试验

变比测量时首先要对互感器铭牌所标注的变比、精度、容量与图纸进行校对。

10. 主回路耐压试验(必要时)

断开/拆除避雷器、电压互感器、架空线(或高压电缆)，电流互感器二次绕组短路并接地，各气室充额定SF_6气体，断路器、隔离开关合闸，接地开关分闸。先施加电压80 kV，10 min后降至零，然后做1 min工频耐压试验，不得有破坏性放电现象出现。

11. 局部放电试验

无典型放电图谱及异常放电现象。

12. 红外热成像仪检测

GIS及其出线套管连接部位表面温度无异常。

13. 其他元器件试验

互感器、避雷器等试验应按各自的标准进行。

七、GIS 常见故障检查及处理

1. 断路器不能电动合闸、分闸

1）原因主要如下。

（1）操作电源电压低。

（2）电气控制系统接触不良或元器件损坏。

（3）连锁回路闭锁。

（4）SF_6 气体压力低于闭锁压力值，机构不动作。

（5）操作机构电机过流保护动作。

（6）电动操作机构机械卡死或损坏。

2）处理方法如下。

（1）检查控制电压是否正常。

（2）检查控制回路，端子、线圈、开关接点等是否接触不良或损坏。

（3）检查连锁回路有无闭锁。

（4）检查 SF_6 气体压力，如过低，应查明原因，排除后补偿 SF_6 气体至额定压力。

（5）检查操作机构电机保护定值或重新率定。

（6）检查手动机构是否可以操作，闭锁杆是否处于闭锁状态。

2. 不能手动合闸

1）原因主要如下。

（1）合闸电磁铁机械故障。

（2）闭锁装置处于闭锁状态。

（3）操作机构损坏。

2）处理方法如下。

（1）合闸电磁铁调整或更换。

（2）释放闭锁。

（3）如操作机构损坏、变形，可进行修整或更换整台操作机构。

3. 隔离/接地开关分合闸操作时开关到位后操作马达不停止运转

1）原因主要如下。

（1）开关位置行程开关（或称限位开关）损坏拒动。

（2）开关位置行程开关固定位发生偏移。

2）处理方法如下。

（1）检查开关位置行程开关是否完好，如损坏拒动，应进行更换。

（2）检查开关位置行程开关定位是否发生偏移，如发生偏移，应重新调整并固定。

4. 断路器操作机构无法储能

1）原因主要如下。

（1）电源故障。

（2）液压机构漏油导致马达启动超时保护。

2）处理方法如下。

（1）检查电源是否正常，确保电源正常。

（2）检查液压机构是否漏油，如漏油应查明原因，予以排除。

5. SF_6 气体微水超标

1）原因主要如下。

（1）新气的水分不合格。如：制气厂对新气检测不严格；运输过程和存放环境不符合要求；存储时间过长。

（2）充入 SF_6 气体时带进水分。如：充气时，未按有关规程和检修工艺操作要求进行；管路、接口不干燥或装配时暴露在空气中的时间过长等导致带进水分。

（3）绝缘件带入水分。如：厂家在装配前对绝缘未做干燥处理或干燥处理不合格；GIS 设备在解体检修时，绝缘件暴露在空气中的时间过长而受潮。

（4）透过密封件渗入水分。在 GIS 设备中 SF_6 气体的压力比外界一般高 5 倍，但外界的水分压力比内部高，水分子呈“V”形结构，其等效分子直径仅为 SF_6 分子的 0.7 倍，渗透力极强，大气中的水分会逐渐通过密封件渗入 GIS 设备的 SF_6 气体中。

（5）透过 GIS 设备的泄漏点渗入水分。充气口、管路接头、法兰处渗漏、铝铸件砂孔等泄漏点，是水分渗入断路器内部的通道，空气中的水蒸气逐渐通过泄漏点渗透到设备的内部，因为该过程是一个持续的过程，时间越长，渗入的水分就越多，进入 SF_6 气体的水分占有比重就越大。

2）处理方法如下。

（1）控制 SF_6 新气质量。SF_6 新气应标明厂家名称、装罐日期、批号，并出具质量检验单。新气到货后应按有关规定进行复核、检验，合格后方可使用。存放半年以上的新气使用前要检验其微水量和空气含量，符合标准后方准使用。SF_6 气瓶放置在阴凉干燥、通风良好的地方，防潮防晒。

（2）严格充气操作。应在晴朗干燥天气进行充气，并严格按照有关规程和检修工艺操作要求进行操作。充气的管子必须用聚四氟乙烯管，管子内部干燥，无油无灰尘，充气前用新的 SF_6 气体进行冲洗。

（3）做好绝缘件的干燥处理。绝缘件出厂时，如果没有进行特殊密封包装，安装前又未做干燥处理，则绝缘件在运行中所释放的水分将在 SF_6 气体湿度中占有很大比重。因此绝缘件干燥处理完毕后应立即密封包装，安装现场未组装的绝缘件应存放在有干燥氮气的容器中。

（4）控制密封件的质量。采用渗透率小的密封件，加强 GIS 设备密封面加工、组装的质量管理，保证密封良好。GIS 设备法兰面及动密封都用双密封圈密封，这样做一可加强密封效果，减少 SF_6 气体的泄漏量，二可减少外界水分进入 GIS 设备中。

（5）加强运行中 SF_6 气体检漏。断路器在运行中，当发现压力表在同一温度下前后两次读数的差值达到 0.01～0.03 MPa 时应全面检漏，找出漏点。

第六节　高压开关柜检修

一、高压开关柜的作用及组成

1. 作用

高压开关柜的作用是在电力系统进行发电、输电、配电和电能转换的过程中，进行开合、控制和保护。

2. 组成

高压开关柜主要由仪表室、母线室、电缆室、断路器手车柜等组成。高压开关柜的分类方法很多，如根据断路器安装方式可以分为移开式高压开关柜和固定式高压开关柜，或按照柜体结构的不同，分为敞开式高压开关柜、金属封闭箱式高压开关柜、金属封闭间隔式高压开关柜和金属封闭铠装式高压开关柜等。常见高压开关柜外形如图 1-30 所示，结构如图 1-31 所示。

二、高压开关柜检修周期

1. 高压开关柜小修，每年进行一次。

2. 高压开关柜大修，一般限于断路器和非干式互感器，推荐计划检修和状态检修相结合的检修策略，高压开关柜检修应根据运行情况和状态评价的结果进行，在下列状态下可考虑大修。

(1) 运行中的高压开关柜在断路器承受出口短路分闸后，经综合诊断分析，考虑检查修理。

(2) 当运行中的高压开关柜发现异常状况时应进行检查修理。

三、高压开关柜检修项目

高压开关柜在调试、运行过程中由于各种各样的原因会发生故障，为减少故障频率应进行下列项目的检查、维修。

1. 程序锁和连锁。

2. 断路器及其操作机构。

3. 电器接触情况。

4. 手车推进机构。

5. 接地回路检测。

6. 电气一次回路。

7. 电气二次回路。

8. 各部分紧固件。

9. 绝缘材料。

10. 除湿、加热元件。

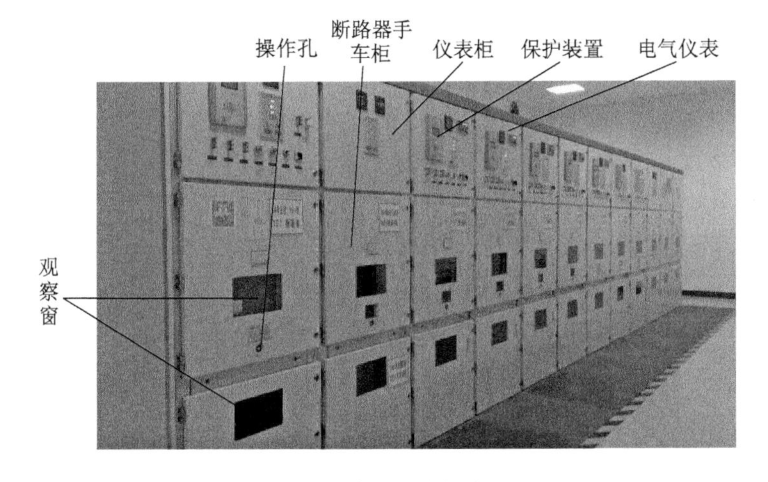

图 1-30 高压开关柜外形图

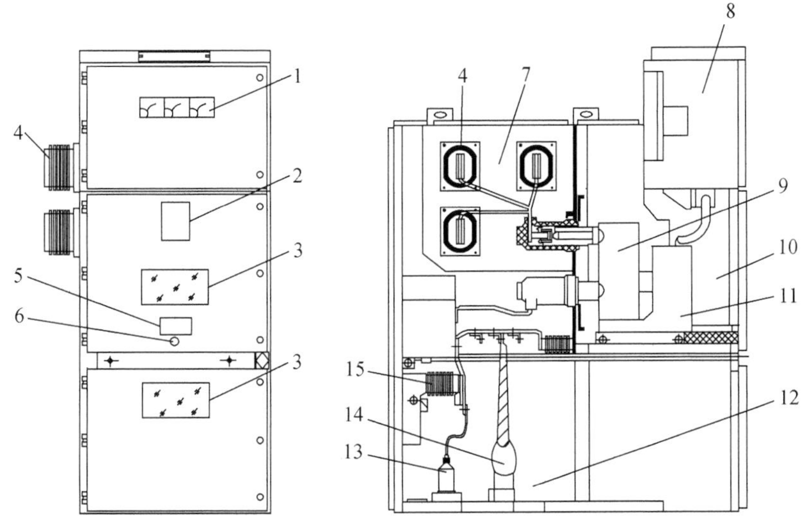

1—仪表；2—主接线；3—观察窗；4—绝缘套管；5—铭牌；6—操作孔；7—母线室；8—继电器仪表室；9—断路器；10—断路器手车室；11—手车；12—电缆室；13—过电压保护器；14—电缆头；15—绝缘子。

图 1-31 高压开关柜结构图

11. 带电显示装置。
12. 照明设施。
13. 电流、电压互感器。
14. 避雷器。
15. 电容器。
16. 泄压装置。

四、高压开关柜维修工艺及质量标准

1. 小修项目

(1) 对断路器所有部位进行外观检查和清扫。

①测量断路器对地绝缘电阻，采用 2 500 V 兆欧表，相对地绝缘电阻应大于 300 MΩ。

②测量控制和辅助回路绝缘电阻，采用 1 000 V 兆欧表，绝缘电阻应大于 2 MΩ。

③测量各相导电回路电阻，采用 100 A 的回路电阻测试仪，所测回路电阻值应满足制造厂的技术要求。

④机构和传动部件的螺栓连接牢固。

⑤紧固各导电连接部件的螺栓。

⑥检查分合闸最低动作电压。

⑦测量分合闸接触器和分合闸电磁铁线圈的直流电阻，直流电阻应符合制造厂的规定。

⑧开关设备检修后的相关试验。

(2) 进行真空断路器的预防性试验前，要对连接电缆做断开、接引工作，导电接触部分进行检查清扫。

(3) 真空断路器导电部分接触检查，与断路器连接的软接线应无断裂，螺栓紧固，垫圈齐全，接触表面清洁。

(4) 操作机构传动机构检修，机构动作应灵活、无偏卡，位置指示正确，各传动部件摩擦部位需注润滑油。

(5) 真空断路器外观检查，控制面板应无破损、脏污，机械、电气分合闸按钮动作灵敏、可靠。

(6) 断路器闭锁装置检查，闭锁装置应动作灵活，无偏卡，闭锁位置正确、可靠，闭锁销钉无变形。

(7) 断路器辅助接点检查，应接触良好，无脏污，接触面清洁。

(8) 真空断路器真空灭弧室检查，应表面清洁、完整，无破损、裂痕，真空度符合要求。

(9) 真空断路器支持绝缘子检查，应表面清洁、完整，无破损、裂纹，固定牢固可靠，表面无放电痕迹。

(10) 真空断路器相间隔板及绝缘拉杆检查，绝缘隔板应无破损及损伤，固定牢固可靠，表面清洁，绝缘拉杆完整可靠，无断裂及裂纹，表面清洁，两端连接销钉完整可靠。

(11) 真空断路器进出轨道检查，真空断路器应进出顺畅，无偏卡，轨道表面清洁，无损伤、变形。

(12) 真空断路器进出操作杆检查，操作杆丝扣完整，丝扣表面清洁，无损伤，操作灵活无卡滞现象。

(13) 接地刀闸检查，接地刀闸操作灵活，接触良好，接触指示正确，接地部分完整可靠，接触良好。

(14) 电缆头外观检查，电缆外皮无严重破损，电缆终端头完整可靠，接地部分接触良好。

(15) 真空断路器动作试验，动作可靠，分合闸位置指示正确，储能机构动作可靠，指示牌指示正确。

(16) 检查泄压装置金属顶板螺钉固定情况，应无松动。

(17) 真空断路器预防性试验，试验项目如下。

①真空度检查。

②导电回路直流电阻检查。

③绝缘电阻检查。

④灭弧室的触头开距及超行程测量。

2. 大修项目

(1) 包含小修全部项目。

(2) 操作机构传动部分解体检修。大修后机构动作灵活、无偏卡,位置指示正确,各传动部件、摩擦部位注润滑油;宜在制造厂的指导下进行。

(3) 真空泡更换。真空泡表面清洁完整、无破损、无裂痕,真空度符合要求。真空灭弧室更换宜在制造厂的指导下进行。

五、高压开关柜常见故障及处理

1. 高压断路器操作机构储能故障,如电机不转、电机不停、储能不到位等,高压断路器储能电路如图 1-32 所示。

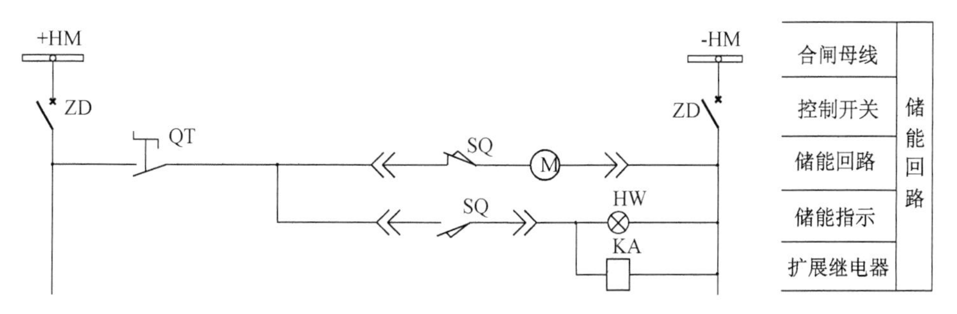

ZD—电源开关;QT—储能开关;SQ—行程开关;M—储能电机;HW—储能指示灯;KA—扩展继电器。

图 1-32　高压断路器储能电路图

1) 原因主要如下。

(1) 控制回路断线或元器件损坏。

(2) 储能电机 M 故障。

(3) 行程开关 SQ 调整不当。

2) 处理方法如下。

(1) 检查控制回路是否断线或元器件是否损坏,用万用表测量电机两端,如没有电压,说明控制回路断线或元器件损坏造成电机不转。

(2) 检查电机绕组有无异味、冒烟、保险熔断等现象发生。如正常,再检查电机两端是否有电压,如有电压,可能是碳刷脱落或磨损严重等造成电机不转。

(3) 检查行程开关调节位置,如限位过高,机构储能已满,但电机空转不停机、储能指示灯不亮,此时应立即停止储能,否则会造成电机烧毁;如限位调节过低,电机储能未满提前停机,由于储能不到位断路器不能合闸,应重新调节行程开关位置,并且紧固。

电机储能故障判断处理方法可参见表 1-7。

表 1-7　电机储能故障判断处理表

故障类型	故障表现	判断方法	处理办法
行程限位过高	电机不停， 储能指示灯不亮	手动储能 储能后凸轮顶不到行程开关	向下调整行程开关
行程限位过低	储能不满，不能合闸	凸轮过早顶到行程开关	向上调整行程开关
电机故障	冒烟、异味、保险丝熔断	万用表检查	更换电机
控制回路断线	电机不转	电机没有电压	检查熔丝或开关

2. 高压断路器拒合

1）原因主要如下。

合闸故障可分为电气故障和机械故障。合闸方式有手动和电动两种。手动不能合闸一般是机械故障。手动可以合闸，电动不能合闸是电气故障。典型的主机组合闸电路如图 1-33 所示。

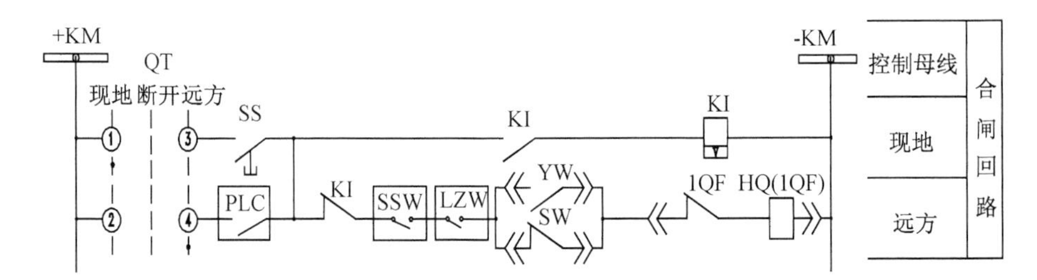

QT—控制转换开关；SS—按钮；KI—防跳继电器；PLC—监控系统 PLC 输出接点；YW—断路器手车工作位行程开关接点；SW—断路器手车试验位行程开关接点；HQ—断路器合闸线圈；1QF—断路器；SSW—事故门全开位；LZW—励磁装置工作位。

图 1-33　主机组合闸电路图

（1）电气故障（或原因）

①保护动作。断路器送电前线路有故障，合闸时保护回路使防跳继电器 KI 动作，合闸后断路器立即跳闸。断路器使用保护装置内控制电路，当部分保护装置存在故障，报警未消除，也不能合闸。

②防护限制。高压柜内具有五防功能，当断路器手车位置未到位，行程开关 SW 或 YW 不闭合，电动不能合闸。

③合闸条件不满足。部分设备投入运行必须满足一些基本条件，为防止误操作，在断路器的控制操作回路中串有限制接点。如主机组合闸电路中事故门全开位 SSW 和励磁装置工作位 LZW，当事故门未全开和励磁装置未进入投励准备状态时，主机组断路器不能合闸。

④电气连锁。高压系统中为了系统的可靠运行，设置一些电气连锁。例如在两路电源进线的单母线分段系统中，要求两路进线柜和母联柜这三台断路器只能合两台，当有两台断路器合闸或电气连锁发生故障，或不具备合闸条件，如主机组出口事故门未打开等，则在此情况下均不能合闸。

⑤控制回路开路。控制回路中控制开关损坏、线路断线等都使合闸线圈不能得电。

⑥合闸线圈损坏。合闸线圈烧毁或断线。

(2) 机械故障

①操作机构紧固部位松动,传动部件磨损,限位调整不当、卡死、变形等。

②机械连锁紧固部位松动,传动部件磨损,限位调整不当、卡死、变形等。

2) 处理方法如下。

(1) 当发生断路器拒合时,首先应停止操作,拉出断路器手车,进行手动机械合闸,以判别是电气故障还是机械故障引起的。

(2) 如机械合闸正常,逐一进行电气故障的排查。由合闸时断路器跳跃排除线路存在故障;再查电气连锁,是否不具备合闸条件;再查合闸电气回路及合闸线圈是否存在故障;最后查是否存在防护故障。

(3) 如手动机械合闸不能操作,逐一排查操作机构和机械连锁是否存在紧固部位松动,传动部件磨损,限位调整不当、卡死、变形等。

电动不能合闸故障判断处理方法可参见表 1-8。

表 1-8 电动不能合闸故障处理表

故障类型	故障表现	判断方法	处理方法
保护动作	合闸后立即跳闸,有告警信号	查询保护装置记录	检查保护定值、线路是否存在故障
防护故障	不能合闸、位置灯不亮	检查位置行程开关通断	微移动手车,使断路器闭合
连锁故障	不能合闸,试验位置能合	检查连锁电路通断	满足连锁要求
辅助开关故障	不能合闸,绿灯不亮	检查辅助开关通断	调整拉杆长度
控制回路开路	不能合闸	合闸线圈没有电压	接通开路点
合闸线圈故障	异味、冒烟、保险丝熔断	测量线圈电阻	更换线圈

3. 高压开关拒分

1) 原因主要如下。

分闸故障也可分为电气故障和操作机构机械故障。

(1) 电气故障

①控制回路开路。

②线圈故障。

③辅助开关故障。

(2) 机械故障

①操作机构紧固部位松动,传动部件磨损,限位调整不当、卡死、变形等。

②机械连锁紧固部位松动,传动部件磨损,限位调整不当、卡死、变形等。

2) 处理方法如下。

(1) 当断路器电气拒分时,立即改用手动机械分闸,如仍不能分闸,则断开上一级断路器,断开负荷后再拉出故障断路器。

(2) 如手动机械分闸正常,逐一排查控制回路、线圈、辅助开关是否存在故障。

(3) 如手动机械不能分闸,逐一排查操作机构和机械连锁是否存在紧固部位松动,传动部件磨损,限位调整不当、卡死、变形等。在故障未排除前故障断路器不能投入运行。

第七节　真空断路器检修

一、真空断路器的作用及组成

高压断路器(或称高压开关)不仅可以切断或接通高压电路中的空载电流和负荷电流,而且当系统发生故障时可通过继电器保护装置的作用切断过负荷电流和短路电流,它具有相当完善的灭弧结构和足够的断流能力。

灭弧介质高压断路器可分为油断路器(多油断路器、少油断路器)、六氟化硫断路器(SF_6 断路器)、压缩空气断路器以及真空断路器等。其中真空断路器在电力系统使用最为广泛。

真空断路器主要由导电部分、绝缘部分和传动部分组成。其中导电部分由真空灭弧室、软连接线、进出线等组成;绝缘部分主要由支柱绝缘子、绝缘拉杆、连杆等组成,主要起支撑或连接和带动作用;传动部分主要由操作机构、运动附件等组成,它可以实现断路器的分合闸操作。

二、真空断路器检修周期

1. 小修:真空断路器是一种完全免维护的电气设备,断路器最高机械寿命为 10 000 次,在操作并不频繁(每年操作次数不超过机械寿命的五分之一)情况下,在寿命期间内每年至少进行一次小修。

2. 大修:当真空断路器操作次数达到 6 600 次或达到开断额定短路电流 63 kA20 次时,应邀请制造厂对断路器进行全面检修测试,根据测试结果确定大修时限及周期。

三、真空断路器检修项目(小修)

1. 真空断路器导电接触部分检查清扫,表面应无积尘、发热变色,氧化镀银层无脱落现象。

2. 操作机构传动机构检修,机构动作灵活、无偏卡,位置指示正确,各传动部件、摩擦部位注润滑油。

3. 更换灭弧室及磨损件。

4. 缓冲装置的检修调整。

5. 各种技术参数调整与测试。

6. 测量主导电回路接触电阻。

7. 检查真空度,真空度试验值应满足要求。

8. 清扫真空断路器的相间隔板、支持绝缘子、绝缘拉杆,并检查有无损坏。

9. 检查并紧固各连接部件螺栓，螺栓连接紧固、无松动。

10. 检查触头磨损量。

11. 检查二次回路接线是否松动。

12. 检查辅助开关的接触是否良好。

13. 断路器合闸后检查拐臂与合闸缓冲器间隙。

14. 机构及传动部件摩擦部分抹润滑剂，分闸弹簧及合闸弹簧应无严重锈蚀及永久性变形、损坏等。

四、真空断路器检修工艺及质量标准

1. 真空断路器一般在支架上进行检修，如需拿到地面或拿到其他室内进行检修，搬运时应轻拿轻放，避免磕碰。

2. 严禁坚硬物体撞击真空灭弧室。

3. 真空灭弧室外壳在安装前后不应受到超过 1 000 N 的纵向压力，也不应受到明显的拉力和横向应力。

4. 触头磨损量由灭弧室动触杆上制造时标注的检查标志衡量，其标志为白点，在合闸时标志全部或部分可见即可，表明触头磨损处于允许范围内。

5. 断路器合闸后检查拐臂与合闸缓冲器间隙应在 2～3 mm 范围内。

6. 真空断路器大修应在制造厂或专业技术人员的指导下进行。

五、真空断路器常见故障及处理

1. 真空度降低

1）原因主要如下。

真空泡破损。

2）处理方法如下。

（1）由交流耐压法、真空度测试仪进行真空泡真空度降低判断。

（2）更换真空泡，并做好行程、同期、弹跳、回路电阻等特性试验。

2. 接触电阻偏大

1）原因主要如下。

（1）触头接触压力偏小。

（2）触头损伤。

2）处理方法如下。

（1）进行触头调节，增加接触压力。调节触头时要注意触头的弹跳。测量真空断路器触头弹跳时间的办法有两个。

①采用记录型示波器，将合闸过程中触头位置信号记录下来，接触信号上的锯齿状脉冲线条长度就是触头弹跳时间。

②采用断路器特性测试仪测量触头合闸弹跳时间。

（2）触头调节后接触电阻仍偏大，应更换真空泡。

第八节　断路器操作机构检修

一、断路器操作机构的作用及组成

1. 作用

断路器操作机构主要作用是使断路器实现分、合闸动作。

2. 分类

根据操作机构结构可将断路器分为三类。

(1) 弹簧操作机构

弹簧操作机构主要由储能及能量保持部分，合闸驱动部分，合闸保持及分闸脱扣部分，合、分电磁铁及二次控制元件组成，如 VD4、CT11 等。

(2) 电磁操作机构

电磁操作机构以电能为操作动力，由电磁线圈和铁芯加上分闸弹簧和必要的机械锁扣系统组成，如 ABB、Hvx、Vs1 等。

(3) 永磁式操作机构

永磁式操作机构由电磁铁操动、永久磁铁锁扣、电容器储能及电子元器件等组成，利用电磁铁操动、永久磁铁锁扣、电容器储能、电子元器件进行控制，从而实现断路器所需要的操作。永磁体用来产生锁扣力，不需要任何机械能就可以将真空断路器保持在分、合位置上，其控制部分采用现代电子技术，构成电子控制单元，一般采用传感器和接近开关来检测分、合闸状态。

三种操作机构结构特点如表 1-9 所示。

表 1-9　三种操作机构结构特点比较表

结构类型	主要组成	分合闸特性	优点	缺点
电磁操动机构	电磁线圈、铁芯、弹簧、机械锁扣	出力特性易满足断路器合闸反力特性	结构简单，零件少	合闸功率大，结构笨重
弹簧操动机构	电磁线圈、铁芯、弹簧、凸轮机构、连杆机构、机械锁扣	出力特性与储能弹簧的释放能特性有关	分、合闸速度不受电源电压影响	机械零件多，影响可靠性
永磁式操动机构	电磁铁、永磁体、电容、电子控制部分	出力特性由电子或微机控制	结构简单、零件少	受电容器寿命、永磁体保持力限制，无手动合闸

3. 结构及工作原理

下面着重介绍常用的 Hvx、Vs1 两种型号断路器操作机构的维修保养。

1) Hvx 系列真空断路器操作机构的结构及工作原理

(1) 结构

Hvx 系列真空断路器采用单轴单盘簧操作机构，外形如图 1-34 所示。

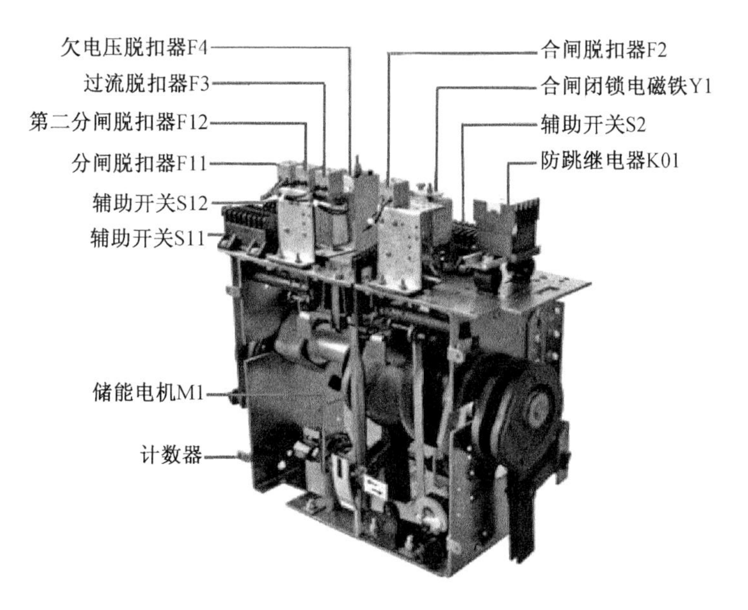

图 1-34 单轴单盘簧操作机构外形图

(2) 工作原理

三相独立的凸轮输出,通过电动机或手动的摇柄,在蜗旋盘簧上储存能量。真空灭弧室的合、分闸运动是由凸轮控制完成的,在完成合闸之后,弹簧自动重新储能,为一个完整的自动重合闸循环储存所需的能量。单轴单盘簧操作机构分、合闸动作示意图如图 1-35 所示。

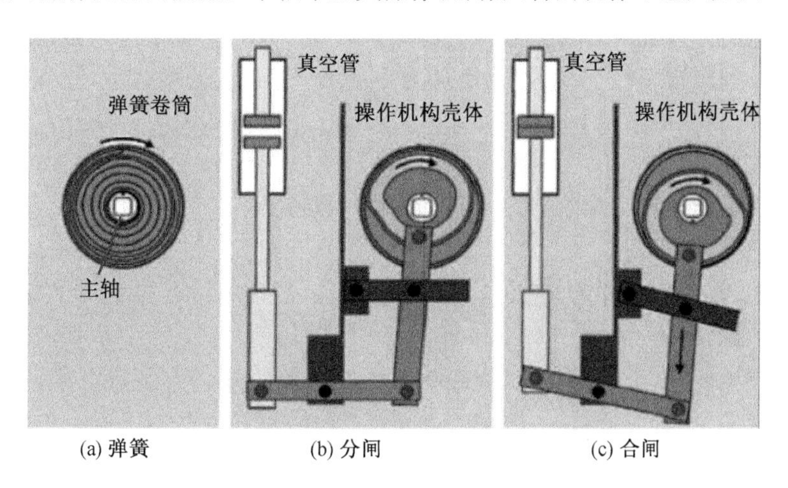

(a) 弹簧　(b) 分闸　(c) 合闸

图 1-35 单轴单盘簧操作机构分、合闸动作示意图

合、分闸保持机构内有高效的阻尼缓冲橡胶,传动部件间环节无特殊的刚性接触机构设计,吸收驱动机构在快速合、分闸操作后的多余能量。操作机构具有电动和手动两种储能装置。储能完成后,其相应的闭锁机构防止误操作。

(3) 主要部件

①脱扣器

a. 辅助脱扣器 F2、F11/F12

辅助脱扣器的线圈由辅助电源驱动。线圈仅为短时工作而设计,因此,其回路需要连接断路器主轴联动的辅助开关,在断路器完成操作后断开电流回路。

b. 过流脱扣器 F3

在短路或者过电流的情况下,过流脱扣器(互感器型过流脱扣器)可使断路器自行跳闸。当启动保护装置时,互感器型电流激励脱扣器使断路器动作分闸。脱扣器有 0.5 A、1 A 和 5 A 三种规格。

c. 欠电压脱扣器 F4

欠电压脱扣器用于辅助电压回路。当辅助回路中断或电压下降很低时,断路器即刻脱扣。

②辅助开关

a. 断路器位置辅助开关 S11/S12

辅助开关是直接由断路器主轴通过中间拉杆联动的,其位置总是与主触头的位置相一致,指示断路器合闸、分闸的位置状态,配线中连锁辅助脱扣器,防止误操作。断路器配置 2 副 8 对接点的辅助开关。

b. 储能位置辅助开关 S2

辅助开关主要用于检测和指示储能状态,与储能机构联动,保证驱动机构在完成合闸操作后,自动储存能量。储能完成后,断开电动储能回路。断路器配置 1 副 8 对接点的辅助开关。

③防跳继电器

防跳继电器 K01 如果给断路器同时持续地发出合闸和分闸指令,则断路器就在其合闸后返回到分闸位置,并保持到发出新的合闸指令时为止,这样,就可阻止持续合、分闸(即"防跳")。

④计数器

在操作界面上安装有计数器记录断路器的操作次数。

⑤储能电机

储能电机 M1 为断路器机构操作进行电动储能,准备断路器的下次合闸操作的能量。

⑥闭锁电磁铁

合闸闭锁电磁铁 Y1:在失去二次控制电源的情况下,断路器无法正常合闸操作(包括手动合闸操作)。

手车闭锁电磁铁 Y0:在断路器失去二次控制电源的情况下,手车无法手动进行正常的运行工作。

2) Vs1 型真空断路器的结构及工作原理

(1) 结构

操作机构为平面布置的弹簧操作机构,具有手动储能和电动储能,操作机构置于灭弧室前的机箱内,机箱被四块中间隔板分为五个装配空间,其间分别装有操作机构的储能部分、传动部分、脱扣部分和缓冲部分。

Vs1 型真空断路器将灭弧室与操作机构前后布置组成统一整体,其结构外形如图 1-36 所示,结构如图 1-37 所示。

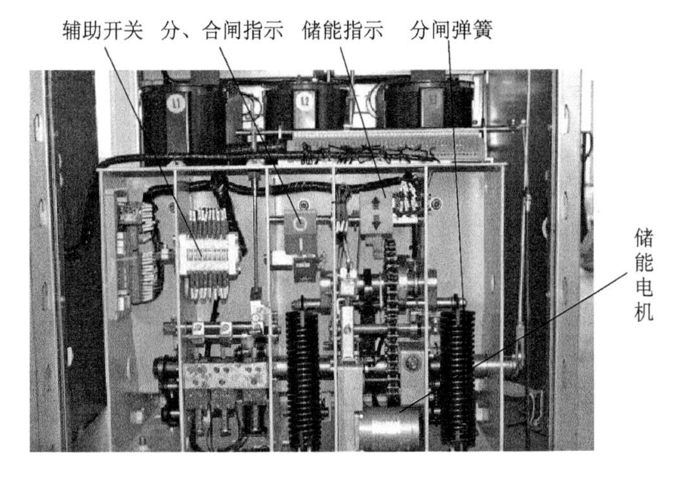

图 1-36　Vs1 型操作机构外形图

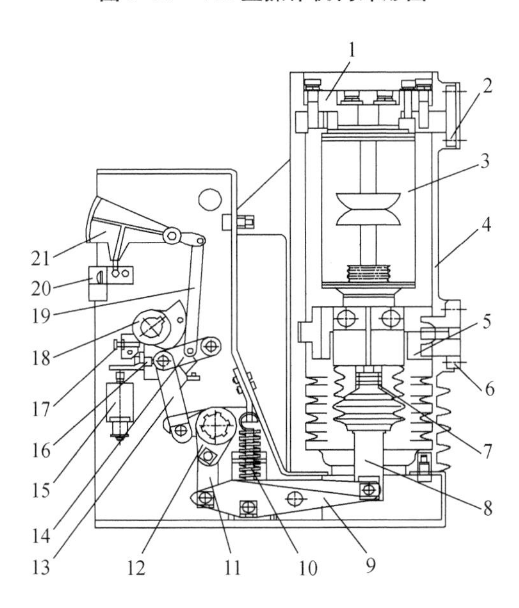

1—上支架；2—上出线座；3—真空灭弧室；4—绝缘筒；5—下支架；6—下出线座；7—触头压力弹簧；8—绝缘拉杆；9—传动拐臂；10—分闸弹簧；11—传动连板；12—主轴传动拐臂；13—合闸保持掣子；14—连板；15—分闸线圈；16—半轴；17—手动分闸顶杆；18—凸轮；19—传动连板；20—分合闸计数器；21—分合指示牌。

图 1-37　Vs1 型操作机构与真空断路器结构图

断路器框架内装有合闸单元，由三个脱扣电磁铁组成的分闸单元，以及辅助开关、指示装置等部件，前方设有分、合闸按钮，手动储能操作孔，弹簧储能状态指示牌，合、分指示牌等。

(2) 工作原理

断路器合闸所需要的能量由合闸储能提供，储能既可由电机驱动完成，也可以使用储能手柄手动完成。

断路器操作机构电器元件外形如图 1-38 所示。

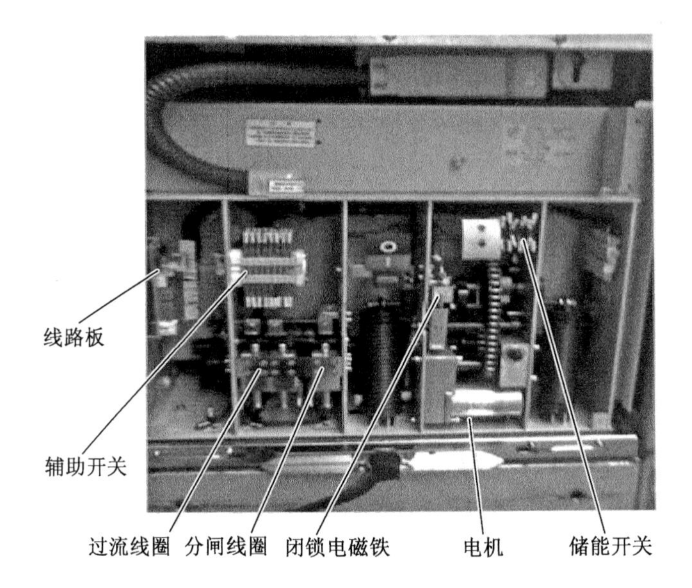

图 1-38　断路器操作机构外形图

①储能操作。储能操作由固定在框架上的储能电机进行，或者将储能手柄插入手动储能孔中逆时针摇动进行。电动储能时由电机输出轴带动链轮传动系统，手动储能时通过蜗轮蜗杆带动链轮传动系统。链轮转动时，推动轮上的滑块，使储能轴跟随转动，并通过拐臂和拉伸合闸弹簧进行储能。到达储能位置时，框架上的限位杆压下滑块，使储能轴与链轮传动系统脱开，储能保持掣子顶住滚轮，保持储能位置，同时储能轴上连板带动储能指示牌翻转，显示已储能标志并切换辅助开关，切断储能电机电源，此时断路器处于合闸准备状态。

②合闸。合闸操作中，用手按下“合闸”按钮或远方操作使合闸电磁铁动作，均可使储能保持轴转动，使掣子松开滚轮，合闸弹簧收缩的同时通过拐臂使储能轴和轴上的凸轮转动，凸轮又驱动连杆机构带动绝缘拉杆和动触头进入合闸位置，并压缩触头弹簧，保持触头所需要的接触压力。

合闸动作完成后，合闸保持掣子与半轴保持合闸位置，连板拉动合/分指示牌，显示出“合”的标志，传动连杆拉动主辅助开关切换，同时储能指示牌、储能辅助开关复位，电机供电回路接通。若外电源也接通，则再次进入储能状态。

当断路器已处于合闸状态或选用闭锁装置而未使闭锁装置解锁及手车式断路器在推进推出过程中时，均不能进行合闸操作。

③分闸。既可按“分闸”按钮，也可通过接通外部电源使分闸脱扣电磁铁或过流脱扣电磁铁动作，使合闸保持掣子与半轴解锁而实现分闸操作。由触头弹簧和分闸弹簧储存的能量使灭弧室动触头分离。在分闸过程后段，液压缓冲器吸收分闸过程剩余能量，并限定分离位置。

连板拉动合/分指示牌，显示出“分”的标志，同时拉动计数器计数，由传动连杆拉动主辅助开关切换。

④防误操作连锁。

a. 断路器合闸操作完成后合闸连锁弯板向下运动扣住合闸保持轴上的合闸弯板，在断路器未分闸时将不能再次合闸。

b. 在断路器合闸操作后，由于某种原因分闸，如果合闸指令一直保持，断路器内部防跳控制回路将切断合闸回路，防止多次重合闸。

c. 手车式断路器在未到试验或工作位置时，由连锁弯板扣住合闸弯板上的锁，同时切断合闸回路，防止断路器处于合闸状态进入负荷区。

d. 手车式断路器在工作位置或试验位置，断路器合闸后，由滚轮压推进机构锁板，手车将无法移动，防止在合闸状态推进或拉出负荷区。

二、断路器操作机构检修周期

1. 小修每年进行一次。

2. 运行中当发现异常状况应立即进行检修。

三、断路器操作机构检修项目

1. 操作机构部分检查

(1) 目测检查所有元件是否有损坏，包括分、合闸线圈，计数器，油缓冲器，二次导线的绝缘层等。

(2) 检查机械连接件、紧固件有无松动，定位销、卡簧有无震动断裂、脱落。

(3) 检查机构内部传动及摩擦部位润滑是否良好，并对机构需润滑的部件涂抹润滑脂。

(4) 检查二次部分所有电气端子有否松动。

(5) 检查电机储能行程开关 S1、辅助开关 QF 工作是否正常，发现异常应予以更换。

2. 底盘车连锁检查

(1) 检查与底盘车的连锁固定螺钉是否松脱。

(2) 用手柄操作底盘车，检查与合闸的连锁动作情况。

3. 断路器本体检查

(1) 检查断路器机构与主回路绝缘拉杆相连接部分。

(2) 检查并擦拭环氧树脂外壳。

(3) 对断路器进行分(合)闸时间、分(合)闸同期性及合闸弹跳时间的测试。

(4) 检查分、合闸动作电压及脱扣器的直流电阻。

(5) 测试断路器每相主回路电阻(标准见厂家要求及相关规定)。

(6) 测量主回路的对地、相间及断口间绝缘电阻，测量辅助回路的绝缘电阻。

(7) 对断路器进行耐压试验。

(8) 对断路器进行继保整组试验。

四、断路器操作机构检修工艺及质量标准

1. 执行操作机构检查工作之前必须确定断路器处于分闸状态，机构储能弹簧处于释放状态，并切断操作、储能电源，拔下二次插头。

2. 检查操作机构和传动机构的零件应无变形，紧固件(包括螺栓、螺母、卡簧、挡圈和

弹簧销等)应锁紧,有松动的要予以重新锁紧。

3. 对各滚动和滑动摩擦面及重要零部件均匀涂抹专用润滑脂(当机构内部较脏时,可用无水乙醇清洗机构)。

4. 操作机构需要润滑部位为滚轮表面、滑块表面、轮表面、合闸掣子及分闸掣子。操作机构需润滑部位如图 1-39 所示。

图 1-39　操作机构需润滑部位示意图

5. 辅助开关检查

(1) 用万用表电阻挡测试二次电气元件。二次电气元件(辅助开关)接线以出厂文件中的实际接线图为准。

(2) 检查储能行程开关已储能、未储能的通断情况。

(3) 检查辅助开关 QF 断路器合闸、分闸的通断情况。

(4) 检查手车工作位置行程开关,手车置于工作位置应接通。

(5) 检查手车试验/隔离位置行程开关,手车置于试验/隔离位置应接通。

6. 检查并清洁断路器本体

(1) 仔细检查环氧树脂绝缘套筒浇铸件的外表面,应无积灰、污垢、裂缝和放电痕迹。

(2) 用擦拭纸或细手巾蘸取无水乙醇擦拭环氧树脂绝缘套筒外壳,并揩干。

7. 测量断路器主回路电阻

(1) 测量断路器主回路电阻,采用直流压降法,测试电流不小于 100 A。

(2) 测量上、下梅花触头之间的电阻,即主回路电阻值(所测电阻值应符合有关规程规定或制造厂家要求)。

(3) 用 2 500 V 兆欧表测量主回路的对地、断口及相间的绝缘电阻,其阻值应不小于 50 MΩ。

(4) 用 1 000 V 兆欧表测量辅助回路的绝缘电阻,其阻值不应小于 2 MΩ。

8. 检查合、分闸动作电压及脱扣器的直流电阻。

9. 合闸脱扣器应能在 80%~110%额定电压(DC)范围内正确动作,实现合闸(试验)。

10. 分闸脱扣器应能在 65%~110%额定电压(DC)范围内正确动作,实现分闸(试验)。

11. 当电源电压低至额定值的 30%时,不应脱扣(试验)。

12. 检查合、分闸脱扣器的直流电阻,与标准值比较误差不超过 5%。

13. 检查合闸连锁,主要内容如下。

(1) 在未储能及断路器分闸的状态下分别将手车移至试验/隔离位置(冷备用位置)。

(2) 检查断路器手车在试验/隔离位置与工作位置之间时断路器应不能合闸,具体步骤:取下面板,试摇动底盘车丝杠 1~2 圈后,检查合闸连锁板应能扣住合闸弯板上的销,使断路器不能合闸。

(3) 检查断路器合闸状态时手车应不能推入工作位置,具体步骤:对断路器执行储能而后执行合闸操作,检查此时滚轮与底盘车锁板的间隙应不大于 3 mm。此间隙太大会导致合闸时无法触发移动手车的连锁功能。间隙不符合规定时可松开安装板固定螺钉对其角度进行调整。

(4) 测量期间应注意安全,避免触及其他传动元件,以免机构误动。

五、断路器操作机构的检修

断路器操作机构电器元件如图 1-40 所示。

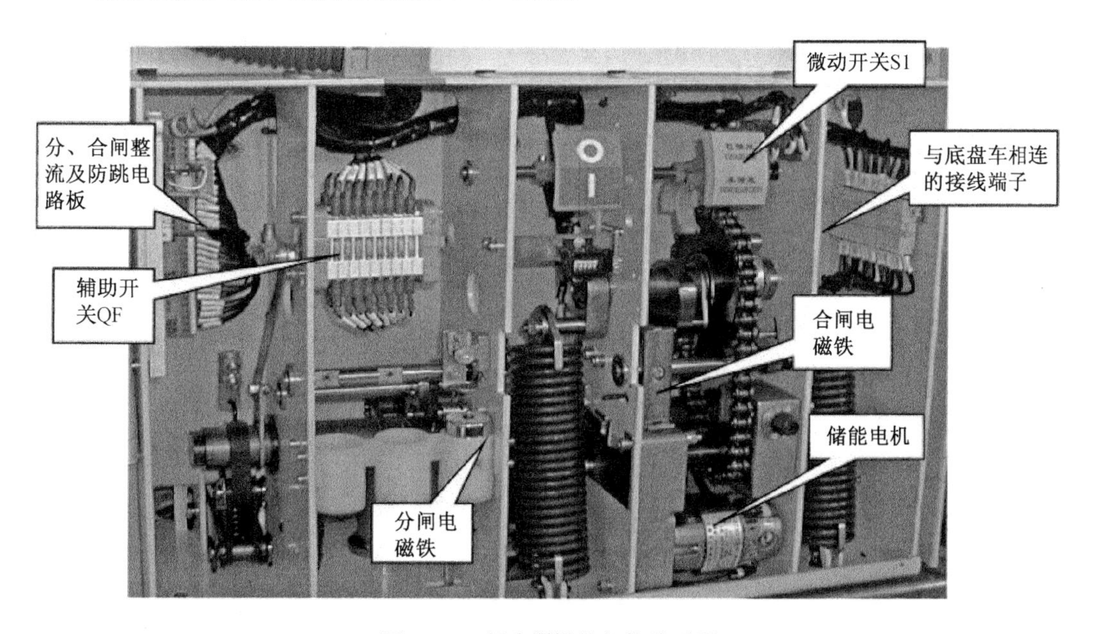

图 1-40 断路器操作机构外形图

1. 储能电机的更换(必要时)

储能电机更换如图 1-41 所示。

(1) 断路器必须处于分闸位置,机构储能弹簧处于释放状态,并切断操作、储能电源。

(2) 用尖嘴钳拆下链条接口,卸下链条。

(3) 用 M6 内六角扳手松开 3 个电机固定螺钉及 4 个手动储能部分固定螺钉,断开电机二次线接头。

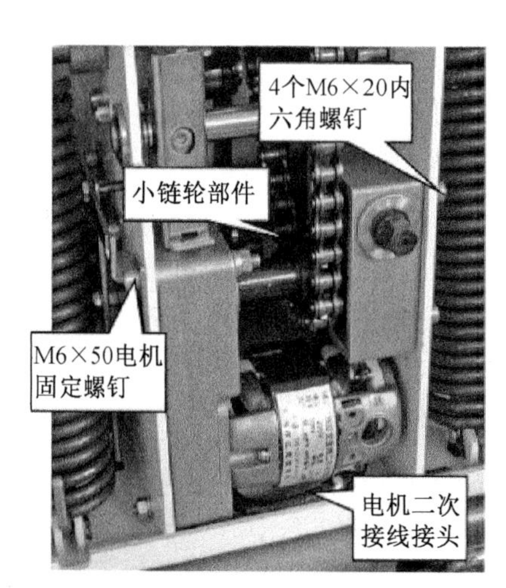

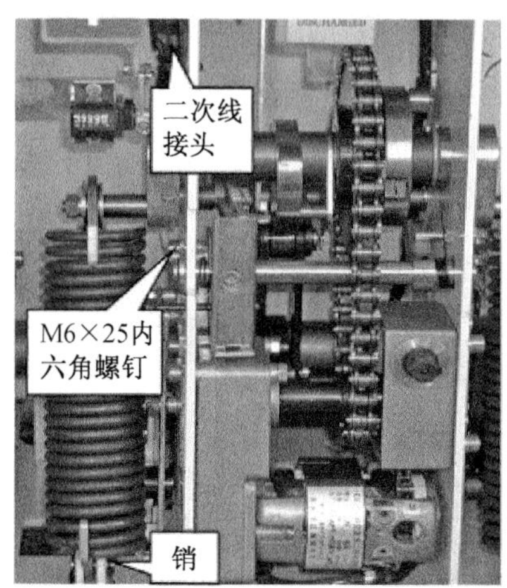

图 1-41　储能电机更换示意图

(4) 取出电机部件,更换电机。

(5) 重新接好二次线,并按上述逆序装好。

2. 电路板的更换

电路板更换如图 1-42 所示。

解开电路板安装扣板,取出电路板,拔下接线端子,更换电路板。注意新更换的电路板必须与原规格型号一致。

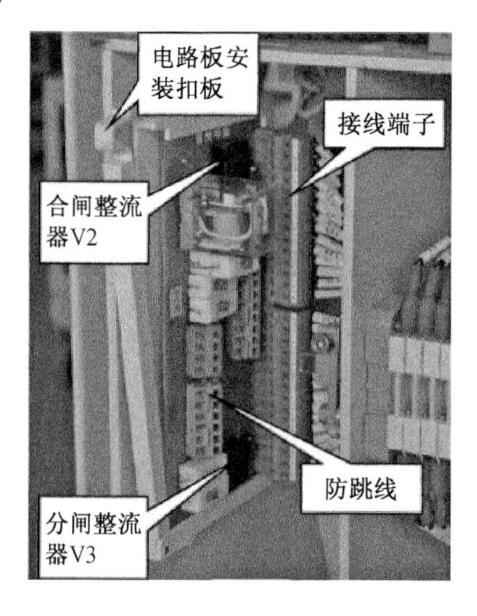

图 1-42　电路板更换示意图

3. 闭锁电磁铁的更换

闭锁电磁铁更换如图 1-43 所示。

将连接闭锁电磁铁线圈、行程开关的接线断开,拧下固定螺钉,取出闭锁线圈,将新的闭锁线圈换上,再将接线正确连接。

4. 行程开关的更换

行程开关(也称微动开关)更换如图 1-44 所示。

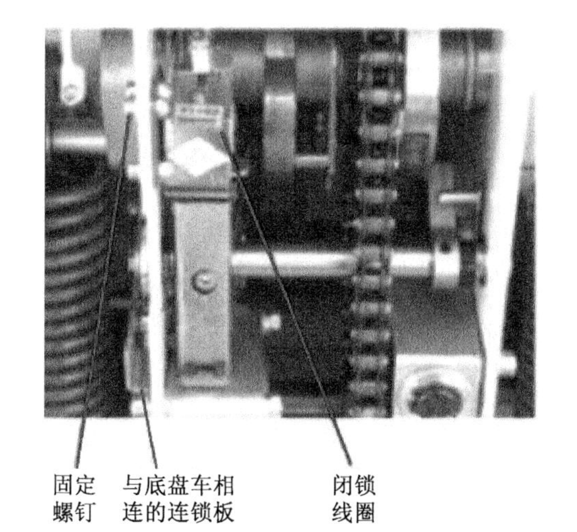

图 1-43　闭锁电磁铁更换示意图

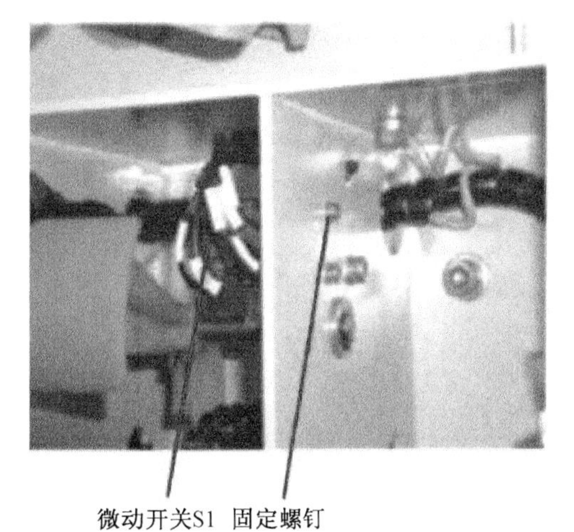

图 1-44　微动开关更换示意图

松开 2 个固定螺钉，取下微动开关，记录微动开关上所有常开、常闭触点的状态以及相应引线的号码管编号，再拔下与微动开关相连的所有二次线，按上述逆序将新的微动开关换上，调整微动开关位置（前后微调），保证在储能到位时微动开关能正确切换。

5. 合闸电磁铁的更换

（1）卸下链条，拆下左侧合闸弹簧固定销。

（2）松开合闸弯板固定螺钉，拆下储能保持轴。

（3）松开合闸电磁铁上弯板的 2 个固定螺钉，拆除合闸电磁铁二次线。

（4）测量或检查线圈电阻，确认新、旧合闸线圈电阻一致。

（5）调整动铁芯的行程，使其与旧合闸线圈一致。

（6）拆下电磁铁安装板并更换电磁铁。

6. 分闸电磁铁的更换

（1）拆下左侧合闸弹簧固定销。

（2）拆下分闸电磁铁尼龙安装支架的固定螺钉。

（3）拆下安装支架底部的 2 个分闸电磁铁固定螺钉。

（4）拆下分闸电磁铁二次线，测量或检查线圈电阻。

（5）确认新、旧分闸线圈电阻和动铁芯行程一致，更换电磁铁。

7. 计数器的更换

操作机构计数器更换如图 1-45 所示。

（1）将断路器合闸，拆下计数器弯板与框架的固定螺钉。

（2）松开计数器拉簧固定螺钉，从弯板上拆下计数器。

（3）调整新计数器的拐臂自由角度与旧的一致。

（4）更换计数器。

8. 辅助开关的更换（必要时）

辅助开关更换如图 1-46 所示。

（1）用内六角扳手将连接拐臂的两个螺钉松开（已上螺纹胶，需局部加热）。

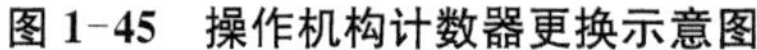

图 1-45　操作机构计数器更换示意图

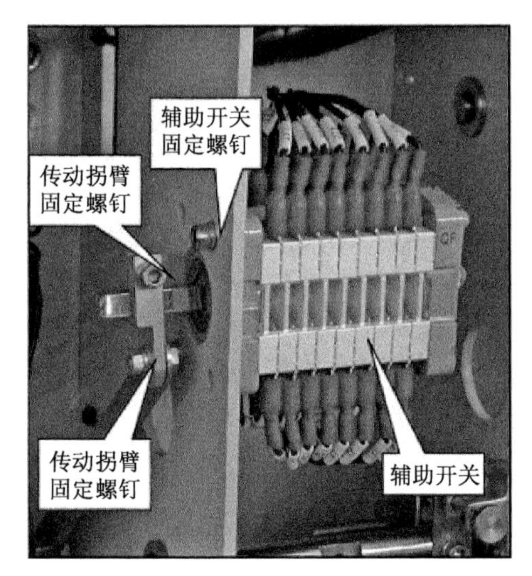

图 1-46　辅助开关更换示意图

(2) 用内六角扳手松开两个辅助开关固定螺钉,取下辅助开关及其上的连线。

(3) 用笔和纸记录辅助开关上所有触点引线的号码管编号,并记录辅助开关拆下时常开、常闭触点的状态。

(4) 用起子或尖嘴钳拆下与辅助开关相连的所有二次线,按上述逆序换上新辅助开关,连接传动拐臂。

(5) 检查新辅助开关常开、常闭状态应与原辅助开关一致。

9. 动、静触头的更换

更换触头作业前,尽可能查看动静触头的咬合位置,做好记号,测量确定好新触头的安装位置或尺寸,这样更换时一次将触头安装到位,而不需要调整。对新购置的动静触头,铜排先不要钻孔,等在现场核实后加工,避免新触头存在孔径距离偏差而无法安装。触头更换好后要将手车移到工作位置,对触头的接触情况进行仔细检查,触头插入过深或过浅,都将使动静触头接触压力或接触面积偏小。

手车触头的啮合深度为 15～25 mm。测量方法为在静触头上涂少量黑色润滑油脂,按操作说明将手车推至工作位置,再将手车拉出柜外,然后测量手车动静触头啮合时留在静触头上的压痕。

如只需要对动静触头进行维护而不更换时,只要擦拭掉已变质的工业凡士林或导电膏,重新涂抹工业凡士林或导电膏。触头检修时不得使用锉刀,对氧化层只能用 0 号砂纸或抹布轻微擦拭,尽量不要破坏表面镀层。

六、断路器操作机构常见故障及处理方法

1. 操作机构拒合

1) 原因主要如下。

(1) 合闸线圈烧坏或断线。

(2) 辅助触点接触不良。

(3) 机构或行程不到位。

(4) 储能不到位。

2) 处理方法如下。

(1) 更换合闸线圈。

(2) 辅助触点调整处理。

(3) 调整弹簧、润滑处理。

(4) 微调储能行程开关。

2. 操作机构拒分

1) 原因主要如下。

(1) 分闸线圈烧坏或断线。

(2) 辅助触点接触不良。

(3) 分闸机构卡涩。

2) 处理方法如下。

(1) 更换分闸线圈。

(2) 辅助触点调整处理。

(3) 分闸机构润滑和调整。

第九节 互感器检修

一、互感器作用及组成

互感器就是将电力系统中高电压、大电流转变为低电压、小电流的一种特殊变压器。它是一次系统与二次系统联络的单元。互感器分为电流互感器与电压互感器两个大类。电压互感器在高压的电力系统中,用于交流电压和功率的测量与保护;电流互感器在高压的一次回路中,用于交流电流的测量与保护。

互感器外形如图 1-47 所示。

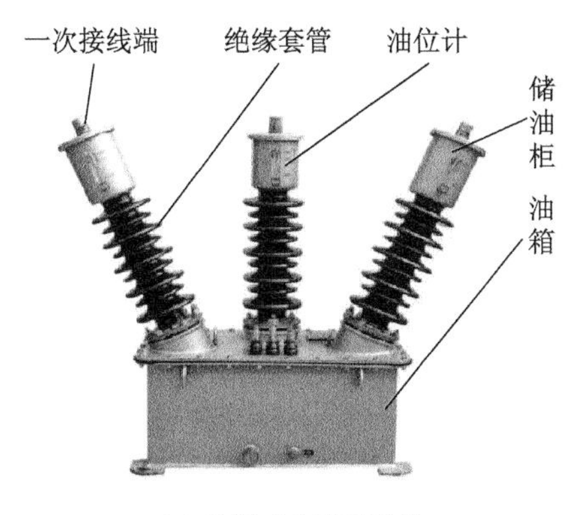

(a) 油浸式电压互感器

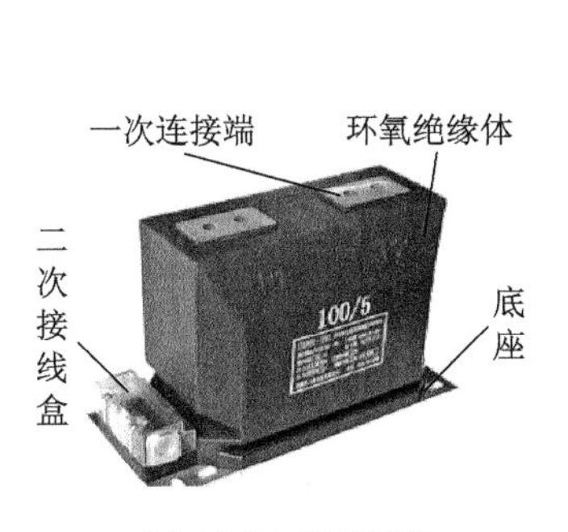

(b) 干式电流互感器

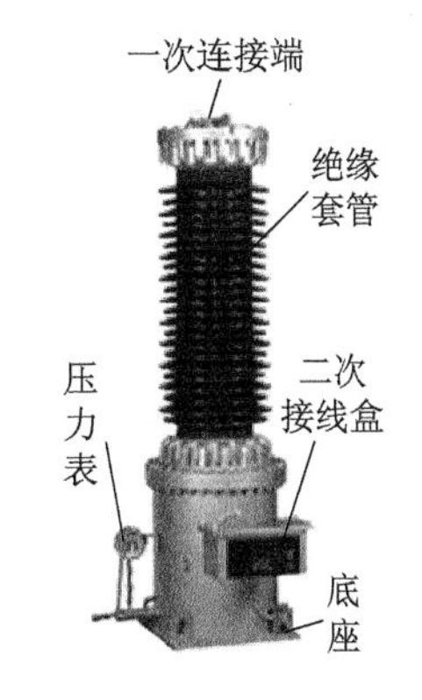

(c) 气体式电压互感器

图 1-47 互感器外形图

二、互感器检修周期

1. 小修一般每年进行一次。运行在污秽地区的互感器,根据具体情况规定小修次数。

2. 大修一般限于非干式互感器,在投入运行后的 5 年内和以后每间隔 10 年进行一次。

3. 状态检修,箱沿焊接的电压互感器推荐计划检修和状态检修相结合的检修策略,当出现以下情况时应考虑进行大修。

(1) 根据运行情况及预防性检查和试验结果,判定有内部故障或本体严重渗漏油时,可进行大修。

(2) 存在严重缺陷影响安全运行时,或发生故障后可有针对性地进行临时性检修。

三、互感器检修项目

互感器检修项目应根据运行情况和状态评价的结果动态调整。

1. 小修项目

1) 油浸式互感器

(1) 清扫、检查绝缘瓷套、油箱,并处理渗漏油。

(2) 检查、紧固各部螺丝和接线夹。

(3) 检查、紧固电流互感器末屏接地点、电压互感器 N 端接地点。

(4) 检查是否进水受潮,密封防潮措施是否可靠,隔膜是否破损、变质。

(5) 检查吸湿器,更换干燥剂。

(6) 补充绝缘油。

(7) 电气试验。

(8) 对于新型密封型产品,一般在现场不做引起密封破坏的检查;如制造厂有要求时,按制造厂规定进行。

2) 干式互感器

(1) 清扫、检查绝缘瓷套。

(2) 检查、紧固一次及二次引线连接件。

(3) 检查铁芯及夹件。

3) SF_6 气体绝缘互感器(独立式)

(1) 清扫、检查绝缘瓷套。

(2) 检查、紧固一次及二次引线连接件。

(3) 检查气体压力表、阀门及密度继电器。

(4) 必要时检漏或补气。

(5) 必要时对气体进行脱水处理。

2. 大修项目

1) 油浸式互感器

(1) 器身外部的检查和处理。

(2) 取出器身进行检查,冲洗、检查或干燥铁芯与线圈;

(3) 拆卸零部件并清洗、检查。

(4) 各部胶垫更换,隔膜检查,如有破损或变质、老化,应更换新品。

(5) 绝缘油处理或更换新油。

(6) 试漏和电气试验。

(7) 外壳喷漆。

2) SF_6 气体绝缘互感器(独立式)

(1) 清扫、检查绝缘瓷套。

(2) 检查、紧固一次及二次引线连接件。

(3) 必要时更换气体压力表、阀门及密度继电器。

(4) 回收并处理 SF_6 气体。

(5) 必要时更换防爆片及其密封圈。

(6) 必要时更换二次端子板及其密封圈。

四、互感器检修工艺及质量标准

1. 油浸式互感器

(1) 瓷件清洁,无裂纹、损伤;油位指示器、瓷套法兰连接、放油阀等处无渗油现象。

(2) 各部螺栓无松动;附件完整;铁芯无变形,且清洁、紧固、无锈蚀,接地良好;线圈绝缘完好,连接正确、紧固,油路无堵塞现象,绝缘支持物牢固、无损伤,内部清洁,无油垢、杂物、水分,穿心螺栓绝缘良好。

(3) 二次接线板应完整,引出端子连接紧固,绝缘良好,标志清晰。

(4) 隔膜式储油柜的隔膜应完整,无损伤,顶盖螺栓紧固。

(5) 具有吸湿器的互感器,其吸湿剂应干燥。

(6) 具有均压环的互感器,均压环应装置牢固、水平,且方向正确。

(7) 一般 110 kV 及以上互感器应真空注油,注油前预抽真空时间不少于 2 h,残压 0.13 kPa 以下;注油过程中,真空度始终保持在残压 0.13 kPa 以下,注油后需继续抽真空 8 h 以上;注入的油应经真空脱气处理。

(8) 互感器的下列部位应予接地。

①分级绝缘的电压互感器,其一次线圈的接地引出端子应予接地。

②电容型绝缘的电流互感器,其一次线圈末屏的引出端子及铁芯引出接地端子应予接地。

③互感器的外壳应予接地。

④暂不使用的电流互感器的二次线圈应短路后接地。

(9) 油漆完好,相色正确,各种电气试验合格,油色谱分析正常。

2. 干式互感器

(1) 固体绝缘表面完整,无裂纹、损伤、污垢、放电痕迹及老化现象,各部螺栓无松动。

(2) 二次接线板应完整,引出端子连接紧固,绝缘良好,标志清晰。

(3) 铁芯及夹件紧固可靠,无锈蚀,漆膜完好。

3. SF_6 气体绝缘互感器(独立式)

(1) 绝缘套管完整,无裂纹、损伤、污垢、放电痕迹及老化现象,憎水性良好。

(2) 一次及二次引线连接件连接可靠,无发热、氧化现象。

(3) 气体压力表、阀门及密度继电器完好,压力正常。

(4) SF_6 气体湿度正常。

(5) 必要时更换防爆片及其密封圈。

(6) 必要时更换二次端子板及其密封圈。

五、油浸式互感器的检修

1. 外表检查及积尘、油污清除。
2. 放出箱内部的油,并检查油位计、阀门是否完好。
3. 当放油完毕,拆除一、二次线圈的引线做好记号并记录,拆除引线。
4. 拆除瓷套管底座法兰的紧固螺栓,再将套管吊出底座。
5. 检查铁芯螺栓的压紧程度,是否有发热现象。
6. 检查穿芯螺栓的绝缘。
7. 检查一、二次线圈的接头接触情况,观察有无松动过热现象。
8. 按解体相反的顺序组装,110 kV 及以上互感器需真空注油。
9. 进行电气试验、密封试验及绝缘油试验。

六、干式互感器的检修

1. 固体绝缘外表检查及积尘、脏污等清除。
2. 检查和处理一、二次线圈的引线,需要时进行紧固。
3. 检查铁芯及夹件,检查铁芯螺栓的压紧程度应为紧固。
4. 检查穿芯螺栓的绝缘应符合规定要求。
5. 进行电气试验。

七、SF_6 气体绝缘互感器的检修(独立式)

SF_6 气体绝缘互感器用 SF_6 气体间隙作为主绝缘,互感器为全封闭式,气体密度由密度继电器监控,压力超过限值时可通过防爆膜或减压阀释放。因此 SF_6 气体绝缘互感器对密封有很高的要求,检修时除更换一些容易装配的密封部位外,不允许对密封躯壳解体。如果必须解体,应返厂修理。检修应注意做以下工作。

1. 固体绝缘外表检查及积尘、脏污等清除。

2. 检查和处理一、二次线圈的引线,需要时进行紧固。

3. 检查和紧固法兰密封。

4. 防爆片检查。如防爆片变形或破裂应更换同规格的新防爆片。更换防爆片时,通过气体回收装置将 SF_6 气体全部回收,防爆片更换完毕后,检查法兰密封应符合要求,然后将 SF_6 充放气设备通过干燥好的充气管道接到产品阀门上,抽真空到残压 0.13～0.27 kPa,保持 10 min。停运真空泵,开启 SF_6 充放气设备的充气阀门和产品阀门,向互感器充气至额定压力。在当时气温下的额定压力可按照互感器上的 SF_6 压力-温度标牌查找。充气后检查互感器内 SF_6 气体的湿度，如超过 500 μL/L(20 ℃)，应再回收处理，直至合格。

5. 压力表和密度继电器检查。如压力表和密度继电器损坏、精度误差超标应予更换。更换压力表和密度继电器需在气体回收后，拆下旧的压力表和密度继电器，换上经过校验合格的备品，并紧固密封接头，最后按更换防爆片后的充气程序充气。要求表计在检定有效期内，安装正确，密封处不漏气。

6. 回收的 SF_6 气体应进行湿度检测，发现水分超过 500 μL/L(20 ℃)时，应进行脱水处理。

八、互感器常见故障及处理

1. 电压互感器二次熔断器熔丝熔断

1) 原因主要如下。

(1) 系统发生单相间歇电弧接地过电压。

(2) 系统产生铁磁共振。

(3) 互感器内部故障(单相或相间短路)。

(4) 二次回路短路越级熔断(二次熔断器拒断)。

2) 处理方法如下。

(1) 检查系统是否存在接地现象。

(2) 用万用表或绝缘摇表检查互感器是否存在短路故障。

(3) 用万用表或绝缘摇表检查二次测量、保护等回路是否存在短路故障。

(4) 换上同规格型号的二次熔断器后，若送电仍然熔断，可能存在铁磁共振现象，进一步处理方法如下。

①选用励磁特性较好的电磁式电压互感器或只使用电容式电压互感器。

②在电磁式电压互感器的开口三角形中，加装 $R \leqslant 0.4X_m$ 的电阻(X_m 为互感器在线电压下单相换算到辅助绕组的励磁电抗)，或当中性点位移电压超过一定值时，用零序电压继电器将电阻投入 1 min，然后再自动切除。

③在选择消弧线圈安装位置时，应尽量避免电力网的一部分失去消弧线圈运行的可能。

④采取临时的倒闸措施，如投入事先规定的某些线路或设备等。

⑤在电压互感器的二次开口三角线圈两侧加装灯泡或电阻，用以消除电感、电容中的交换能量，破坏谐振的条件，达到消除铁磁谐振的目的。

2. 电流表、功率表、计量表计指示为零或很低；开路处有小的火花或表计摆动较大；电流互感器声音不正常

1) 原因主要如下。

电流互感器二次开路。

2) 处理方法如下。

(1) 将故障现象报告值班长或泵站技术负责人。

(2) 带电作业时应注意安全,使用安全绝缘工具。

(3) 根据故障现象判断是保护回路还是测量回路问题,如是保护回路还要判断是不是差动回路,若是差动回路需暂时将差动保护退出。

(4) 在处理开路故障时可进行短接,如无法短接处理时,应停电处理。

(5) 若故障一时不能查明或故障在互感器本体时,应停电检查处理。

第十节　避雷器检修

一、避雷器的作用及分类

避雷器是用于保护电气设备免受高瞬间过电压危害,并限制续流时间及限制续流峰值的一种电气设备。避雷器主要有管型避雷器、阀型避雷器、氧化锌避雷器等。

管型避雷器主要用于变电所、发电厂的进线保护和线路绝缘弱点保护。阀型避雷器分为碳化硅避雷器和金属氧化物避雷器(又称氧化锌避雷器);碳化硅避雷器广泛应用于交、直流系统;氧化锌避雷器由于保护性能优于碳化硅避雷器,正在逐步取代碳化硅避雷器和管型避雷器,广泛应用于交、直流系统,保护发、变和配电设备的绝缘。

避雷器外形如图 1-48 所示。

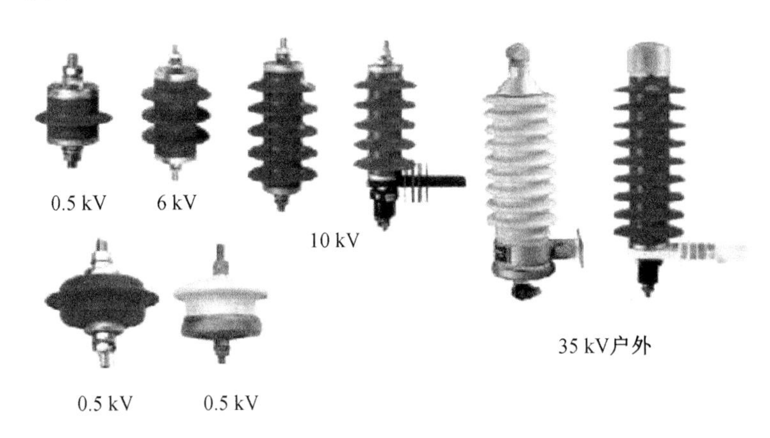

图 1-48　避雷器外形图

二、避雷器检修周期

1. 小修每年进行一次。
2. 存在严重缺陷影响安全运行时,或发生故障后应有针对性地进行临时性检修。

三、避雷器检修项目

1. 绝缘电阻检查。
2. 引线及接地电阻检查。

3. 计数器检查。

4. 避雷器应在每年雷雨季节之前进行一次预防性试验。

四、避雷器检修工艺及质量标准

1. 避雷器各部零件应连接紧固,无破损、裂纹、烧伤等缺陷。

2. 避雷器绝缘外套不得有脏污、破损和放电痕迹,密封良好。

3. 避雷器接地电阻应不大于 10 Ω,接地线安装良好。

4. 电气连接及引线应连接正确、牢固、接触良好,无破损和烧伤;引线距接地体的距离、距瓷瓶上裙边应不小于规范要求;引线的长度应保证当温度变化时有一定的活动余量,引线连接不应使端子受到超过允许的外加应力。

5. 在天气干燥情况下,摇测绝缘电阻值不小于 1 000 MΩ(2 500 V 摇表测量),且与前一次测量结果比较不应有显著下降。

6. 计数器应密封良好,无脏污、破损,动作可靠,安装前计数显示应在零位,安装位置要便于地面观察。

7. 避雷器高压带电部分与回流线等附加导线间距离要大于规范要求。

五、避雷器的检修

1. 检查避雷器瓷套表面的污染状况,当避雷器瓷套表面存在严重污秽时,必须及时清扫。

2. 检查避雷器的引线及接地引下线,检查避雷器上端引线处密封是否良好,检查瓷套与法兰连接处的水泥接合缝是否严密,瓷套及水泥接合处是否有裂纹。

3. 检查避雷器与被保护电气设备之间的电气距离是否符合要求,避雷器应尽量靠近被保护的电气设备,在雷雨后应检查避雷器记录器的动作情况。

4. 检查底座及瓷套上、下法兰螺栓,应紧固无松动,导电接头无氧化,均压环同心符合要求。

5. 用 2 500 V 绝缘摇表测量避雷器的绝缘电阻,测得的数值与前一次的结果比较,当低于合格值时,应做特性试验。

6. 计数器安装前,检查计数器的计数部分是否在零位,如不在零位,需按以下办法做调整:用 500 V 摇表对 600 V、10μF 的电容器进行充电,待稳定后,在保持摇表转速的情况下,断开充电回路;将充好电的电容器对计数器线圈两端放电一次,计数器应增加一个数字,连续试验 5～10 次,均能准确可靠动作,直至复零;如果动作指示不准确应予以更换。

六、避雷器常见故障及处理

1. 密封不良受潮

(1) 原因主要如下。

①生产过程中密封圈放置不当或避雷器阀片烘干不够。

②运行中由于受到大电流冲击或环境温度变化引起密封开裂。

(2) 处理方法如下。

根据泄漏电流试验结果，判断是否更换。

2. 内部阀片老化

(1) 原因主要如下。

避雷器阀片均一性差，使得阀片电位分配不均，运行一段时间后造成阀片老化。

(2) 处理方法如下。

根据泄漏电流试验结果，判断是否更换。

第十一节　电容器检修

一、电容器的作用及组成

在配电线路末端，利用高压电容器可以提高线路末端的功率因数，保障线路末端的电压质量。高压电容器主要由出线瓷套管、电容元件组和外壳等组成。外壳由薄钢板密封焊接而成，出线瓷套管焊接在外壳上。接线端子从出线瓷套管中引出，外壳内的电容元件组(又称为芯子)由若干个电容元件连接而成。在电压为 10 kV 及以下的高压电容器内，每个电容元件上都串有一个熔丝，作为电容器的内部短路保护。有些电容器设有放电电阻，当电容器与电网断开后，能够通过放电电阻放电。

高压电容器外形如图 1-49 所示。

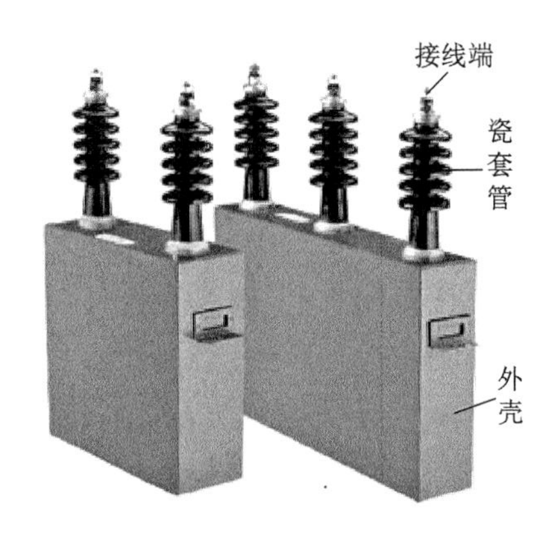

图 1-49　高压电容器外形图

二、电容器检修周期

1. 小修每年进行一次。
2. 存在严重缺陷影响安全运行时，或发生故障后可有针对性地进行临时性检修。

三、电容器检修项目

1. 母线、分支母排连接点检查，并紧固各部位螺栓。

2. 放电装置、测量仪表及信号回路的各部位连接线检查。

3. 对电容器装置进行清扫、擦拭及测量。

4. 检查电容器、熔断器、断路器、隔离开关，如有损坏予以修复或更换。

5. 检查继电保护的整定值和动作情况。

6. 检查、调试低压功率因数自动补偿装置。

四、电容器检修工艺及质量标准

1. 电容器的壳体整洁。

2. 电容器外壳、瓷套、出线导杆、接地螺栓等完好，壳体无锈蚀。

3. 电容器油箱无膨胀、凹陷及漏油现象，各电极上的瓷套管无裂纹或缺口。

4. 电容器的实际测量值与铭牌标称值之偏差应在－5％～＋10％之间，电容器组各相电容要求搭配平衡，电容器组三相的任何两个线路端子之间的最大与最小电容之比不超过1.01倍。

5. 电容两极之间和极对壳的绝缘电阻和吸收比符合规范要求。

五、电容器的检修

1. 清扫各电力电容器壳体、电极之间的灰尘、油泥。

2. 检查电容器外壳、瓷套、出线导杆、接地螺栓等是否完好，壳体油漆是否均匀，有无掉落现象。

3. 检查电容器油箱有无膨胀和凹陷之处，有无漏油现象，各电极上的瓷套管有无裂纹或缺口，损坏严重的应更换相同型号的电容器，并固定好，以防电气连接部位受到机械损伤。

4. 测量电容器的电容值，电容的实际测量值与铭牌标称值之偏差在－5％～＋10％之间，电容器组各相电容要求搭配平衡，电容器组三相的任何两个线路端子之间的最大与最小电容之比不超过1.01倍。

5. 摇测电容两极之间和极对壳的绝缘电阻和吸收比，测量时，380 V电容器用500 V摇表测量，10 kV电容器用2 500 V摇表测量，摇测后应充分放电。

6. 箱壳上面渗漏油，可用铅焊修补。

7. 套管焊接处渗漏油，可用铅焊修补，但应注意温度不要过高，以免套管上的镀银层脱焊。

8. 电容器若发生对地绝缘击穿、电容及损失角正切值增大、箱壳膨胀及开路等故障，更换同规格型号的电容器。

六、电容器常见故障及处理

1. 电容器渗漏油

1）原因主要如下。

（1）外力的影响，如安装、接线受力。

（2）制造缺陷。

（3）运行温度长期反复变化，使外壳变形。

(4) 长期锈蚀。

2) 处理方法如下。

(1) 消除外力的影响,如使用软接线。

(2) 对渗漏处进行除锈,然后用锡钎焊料修补。

(3) 修补套管处缝隙时要注意烙铁温度不能过高,以免银层脱落。

(4) 修补后进行涂漆,渗漏严重需更换同规格型号电容器。

2. 电容器箱壳鼓肚、膨胀

1) 原因主要如下。

(1) 运行温度长期变化较大,使外壳产生永久性变形。

(2) 内部存在放电现象。

2) 处理方法如下。

更换新的同规格型号电容器。

第十二节　低压开关柜检修

一、低压开关柜的作用及组成

低压开关柜是在电力系统发电、输电、配电和电能转换过程中对低压电力设备进行投入、退出、控制与保护的一种电气设备。低压开关柜主要由隔离开关、隔离抽屉、断路器、电压互感器、电流互感器和低压熔断器等组成。

国内低压开关柜主要有GGD、GCK、GCS、MNS等几种型号。其中GGD是固定柜,GCK、GCS、MNS是抽屉柜。GCK柜和GCS、MNS柜抽屉推进机构不同,GCS和MNS柜最主要的区别是GCS柜只能做单面操作柜,MNS柜可以做双面操作柜。抽屉式低压开关柜外形如图1-50所示。

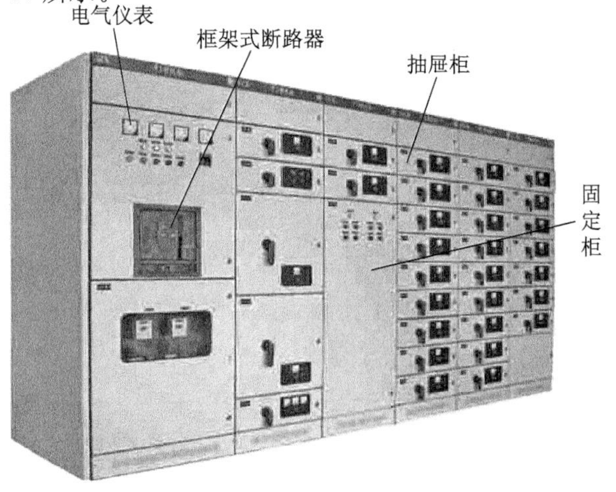

图1-50　抽屉式低压开关柜

二、低压开关柜检修周期

1. 低压柜每年至少进行一次检查维护。
2. 运行中的低压开关柜若发现异常状况应及时进行检查修理。

三、低压开关柜检修项目

1. 母线的检修。
2. 框架式断路器(也称智能断路器、万能式断路器)的检查和维修。
3. 塑壳式断路器的检查和维修。
4. 电压互感器的检查和维修。
5. 电流互感器的检查和维修。
6. 低压熔断器的检查和维修。
7. 二次回路检查与元件测试。
8. 开关柜附件的检查和维修。

四、低压开关柜检修工艺及质量标准

1. 检查开关柜所有柜门应无变形、破损,外观整洁、无污浊;指示信号清楚、正确,并与实际运行一致;切换开关、按钮接触可靠,分合动作灵活无卡阻。

2. 柜内接线接头无松动、发热、变色,支柱绝缘子无开裂、发热、放电现象。

3. 断路器与柜体无松动,内部连锁装置正常可靠,动静触头接触电阻满足要求。机构传动、转动部分动作灵活无卡阻,轴销无弯曲变形、损伤,各紧固件无松动。

4. 断路器操作手柄指示正确,一次接插头与母排接触良好。

5. 保护元器件选型适当,定值整定合理,动作可靠。

6. 电容器完好,无明显变形、渗漏和锈蚀,控制器自动控制可靠。

7. 一、二次接线绝缘电阻满足要求。

五、低压开关柜的常见故障及处理

低压开关柜的常见故障及处理如表 1-10 所示。

表 1-10　低压开关柜的常见故障及处理

序号	故障现象	可能原因	处理方法
1	框架断路器不能合闸	1. 控制回路故障; 2. 智能脱扣器动作后未复归; 3. 储能机构未储能或储能电路故障; 4. 抽出式开关未到位; 5. 电气连锁故障; 6. 合闸线圈损坏	1. 检查回路; 2. 检查脱扣原因后复位; 3. 手动储能,如能则检查电气回路,如不能则检查机械部分;检查电机,如损坏进行更换; 4. 用手柄摇到工作位置,检查是否有卡死; 5. 检查连锁是否投入或接触不良; 6. 检查线圈电阻或更换

续表

序号	故障现象	可能原因	处理方法
2	塑壳断路器不能合闸	1. 机构脱扣后未复位； 2. 断路器失压线圈无电源； 3. 操作机构未压入	1. 查明原因后复位； 2. 失压线圈带电，将手柄复位后合闸； 3. 将操作机构压入后合闸
3	断路器经常跳闸	1. 断路器过载； 2. 断路器参数设定偏小； 3. 选型不对	1. 适当减小用电量； 2. 重新设定保护值； 3. 根据使用场合选择合适型号
4	断路器合闸就跳	出线回路有短路故障	查明原因后合闸，不可反复试合闸
5	不能就地控制	1. 远方、就地开关位置不对或远控线接入不正确； 2. 负载大，热元件动作	1. 选择正确的控制方式； 2. 查明原因，将热元件复位
6	接触器有响声	1. 铁芯表面有污渍； 2. 异物进入接触器； 3. 电源电压不正常	1. 清除铁芯表面污渍或铁锈； 2. 清除杂物； 3. 检查电源电压
7	电容器柜不能自动补偿	1. 控制回路电源消失； 2. 电流信号未接入	1. 检查电源； 2. 检查电流取样信号

第十三节　励磁系统检修

一、励磁系统的作用及组成

供给同步电机励磁电源的装置及其附属设备统称为励磁系统，它主要由励磁功率单元和励磁调节器两个主要部分组成。励磁功率单元向同步电机转子提供励磁电流，而励磁调节器则根据输入信号和给定的调节准则控制励磁功率单元的输出。

一般常用的典型励磁系统电气原理如图 1-51 所示。

装置主回路采用三相全控桥式整流电路，两套功能相同的微机控制同步电动机励磁调节器，以及实现就地操作、参数配置、信息显示等人机交互的液晶触摸屏面板。

作为励磁系统核心控制、调节及保护单元，两套调节器均能独立完成同步电动机的启动及再整步控制、励磁自动或手动调节、励磁系统的所有保护、多种模式的串行通信及就地/远方操作等功能；双套调节器之间没有任何软、硬件公用部件，只通过高速 CAN 总线连接以交换运行数据，分主、备机运行，备机自动跟踪主机运行状况；双机均正常时可手动操作切换任意指定主机通道。

励磁调节器采用切换优先级控制技术，在主机发生软、硬件故障，电源故障，限制调节器失效等故障且故障等级恶劣于备机时，自动无抖动切换至备用通道；若备机同时发生更严重故障则在非致命故障条件下自动转入手动模式或开环保守模式运行，致命故障则动作于跳闸停机。

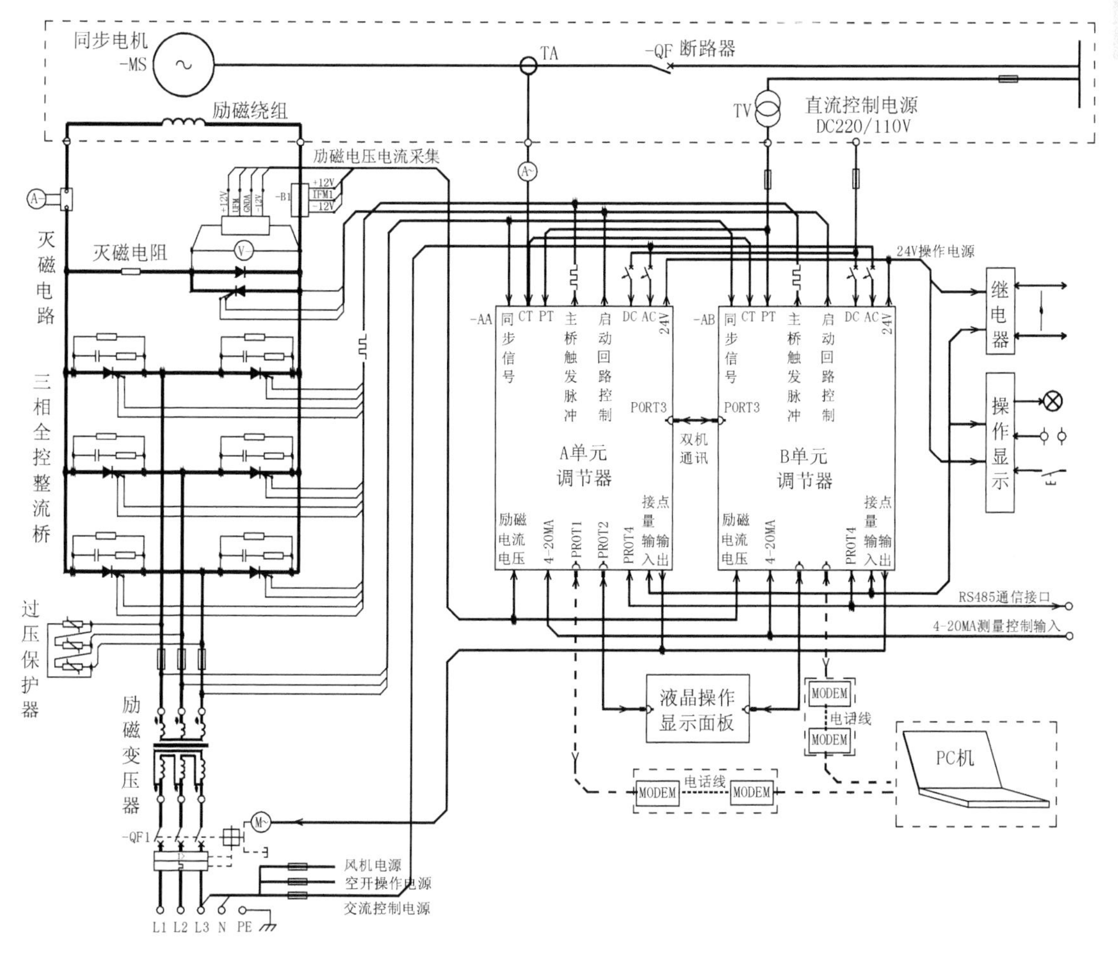

图 1-51　励磁系统电气原理图

二、励磁系统的检修周期

1. 小修一般每年进行 1 次。

2. 大修应根据运行情况和状态评价的结果认为有必要时进行。

三、励磁系统检修项目

1. 小修项目

(1) 检查一、二次回路及清扫除尘。

(2) 灭磁系统及过压保护单元检查。

(3) 励磁冷却装置检查。

(4) 励磁调节器功能、辅设功能检测。

(5) 测量转子回路绝缘电阻。

(6) 各种开关及电器操作机构动作检查。

(7) 励磁操作系统回路检查。

(8) 双通道调节器之间切换试验。

(9) 微机型励磁调节器与上位机通信及显示功能检查。

(10) 就地及远方增减励磁功能检查。

(11) 励磁系统各种保护功能的操作模拟检查。

(12) 励磁变压器的检查。

2. 大修项目

(1) 全部小修项目。

(2) 功率元件及其附件的清扫检查,损坏器件更换与处理。

(3) 励磁冷却系统的清扫、除尘、结垢处理,风机检修。

(4) 灭磁开关的调试。

(5) 灭磁电阻及保护电阻的检查、调试。

(6) 转子回路及保护过电压元件检查。

(7) 励磁变压器的检修试验。

(8) 励磁保护测量用互感器的检修试验,二次回路检查。

(9) 励磁系统操作,控制信号回路及元器件检查、调试。

(10) 励磁装置的检查。

(11) 励磁调节器的检查。

(12) 灭磁环节的检查。

(13) 保护环节的检查。

(14) 投励环节的检查。

四、励磁系统检修工艺及质量标准

1. 电刷压力应正常(一般应为 20～30 kPa),同一刷架上每个电刷的压力其相互差值不应超过平均值的 10%。

2. 电刷应有足够长度(一般磨损量不大于原长度 1/3),接触面光滑,且与刷握间有 0.1～0.2 mm 间隙。

3. 电刷型号要符合要求,安装中心位置正确。

4. 刷架导电部分对地绝缘电阻用 1 000 V 兆欧表测量不低于 1 MΩ。

5. 自动灭磁试验合格。

6. 励磁回路连同所有连接设备绝缘电阻应不小于 0.5 MΩ。

7. 设备标志齐全、正确、清晰,连片、熔断器良好。

8. 励磁系统有关装置及功能单元投入运行正常。

9. 励磁系统设备参数、整定值均在设计范围内。

五、励磁变压器的检修(干式)

1. 检修项目内容

(1) 拆开励磁变压器柜体,拆开变压器高、低压侧电缆及其引线,检查所有接线的连接状况。

(2) 对变压器做电气修前试验。

(3) 检查引线、绝缘支架及夹件。

(4) 检查铁芯与外壳的接地情况。

(5) 检查分接片的连接情况。

(6) 修后试验。

(7) 恢复高低压侧连接电缆。

2. 检修工艺及质量标准

(1) 拆除变压器引线及连接线时应做好接线标记,并做好电缆头及变压器桩头的保护,拆卸时用力要恰当。

(2) 对变压器器身进行清扫,外观无龟裂、发热、放电痕迹。

(3) 各相绕组电阻检查,三相不平衡值不大于4%,无中性点引出的不大于2%,与上次测量比较无明显变化,且变化值不大于2%(同一条件下)。

(4) 穿芯螺栓、铁轭及夹件、铁芯、线圈、压环等绝缘电阻,用500 V摇表检测大于10 MΩ。

(5) 铁芯紧固螺栓无松动,铁芯一点接地良好。夹件上的压钉、压板与绝缘垫圈接触良好无松动,反压钉与上夹件之间距离满足要求。

(6) 绝缘支架、引线及夹件无破损、龟裂、变形、放电痕迹。

(7) 励磁变压器复装按拆卸逆顺序进行。

六、励磁装置检查与维护

1. 外观检查

仪表指示正确,指示灯指示正常无损坏,盘面标志标识清晰,切换开关动作灵活自如无卡阻。盘内设备清洁无积尘、发热、变色现象,一次、二次接线连接可靠无松动。冷却风机转动灵活无卡阻,通风口无遮挡。

2. 功能检查及标准

(1) 投励、移相、给定、触发环节检查:手动调节励磁电流、电压,整流电压可以在额定值的10%~125%范围连续调节,电流变化平稳无波动。

(2) 灭磁试验检查:手动调节励磁电流至100 A左右,按灭磁试验按钮,励磁电流、电压应降为零。

(3) 过电压保护检查:检查可控硅并联阻容元件是否有脱焊、松动、发热、变色等情况,灭磁电阻回路完好,整流变压器一次侧阻容吸收装置完好,同相两桥臂上均压电阻无开路、变色、脱焊情况,阻值无变化。

(4) 过流保护检查:快速熔断器完好无损,短接快速熔断器的行程开关接点,装置保护环节发出声响报警信号。整流变压器一次侧空开未合时,主机断路器在工作位置时应无法合闸(短路电流发生在整流变压器二次侧时,其一次侧空气断路器脱扣器动作切断电源)。

3. 更换液晶屏面板

以WKLF-102B微机控制同步电动机励磁装置为例,其标准配置的7英寸液晶触摸屏作为人机交互的窗口，帮助操作维护人员更直观地了解设备的运行状况。由于液晶触摸屏工作于后台模式，其自身并不参与励磁的控制、调节，因此液晶触摸屏发生故障（即使是电源输入短路）不会影响到励磁设备的安全运行。

当液晶屏及其背光元件发生故障时，更换过程无须停机，但设备监护人员、维修人员要防止误操作。更换液晶屏应遵循以下步骤。

（1）准备好同型号（包括软件型号）的备品液晶触摸屏元件。

（2）拧松A套调节器PORT2串口通信插头紧固螺钉，拨出串口通信插头。

（3）拧松B套调节器PORT2串口通信插头紧固螺钉，拨出串口通信插头。

（4）确认液晶屏电源指示灯（PWR）熄灭，打开仪表板门，可看到液晶屏电源连接端子及通信插头；拧松24 V电源端子固定螺钉将端子拔出。

（5）拧松液晶屏串口通信插头紧固螺钉，拨出串口通信插头。

（6）拧松液晶屏安装附件螺钉，取下故障液晶触摸屏。

（7）安装并固定新的液晶触摸屏。

（8）恢复第（5）条拔出的液晶屏串口通信插头，并紧固螺钉。

（9）恢复第（4）条拆除的24 V电源端子。

（10）恢复第（2）条拔出的A套调节器PORT2串口通信插头，并紧固螺钉；此时液晶屏电源指示灯PWR点亮。

（11）恢复第（3）条拔出的B套调节器PORT2串口通信插头，并紧固螺钉。

（12）点击“窗口”栏中的“触摸屏设置”（或“LCD设置”）进入触摸屏设置功能，按界面提示校准实时时钟，并配置背光节能延时时间（通常可设置为5分钟）；点击“A套连接”或“B套连接”按钮重新建立通信连接。

（13）退出“触摸屏设置”界面，确认其他显示界面显示正常。

在电机处于停机状态、励磁装置待机运行时也可按上述步骤更换触摸屏，此时也可用切断双套调节器的控制电源开关（交、直流共4个开关）来替代第（2）、第（3）条的操作，第（10）、第（11）条的操作则由恢复双套调节器的控制电源开关替代。

4. 更换调节器

WKLF-102B型微机控制同步电动机励磁装置配置有软、硬件配置完全相同的A、B两套Excitrol-100型励磁调节器，分主、备机运行；主机通道发生故障自动无抖动切换至备用通道，任意一套调节器故障不会影响励磁系统正常运行。励磁调节器作为一个独立部件在发生故障时可以方便地进行更换；由于双套调节器的几乎所有接线端子都直接并联，一套运行时另套端子同样带电，只要现场条件允许，更换调节器应在励磁装置退出运行时切断励磁屏的交、直流供电电源条件下进行；现场不具备停机条件时，应严格按照在线更换调节器操作程序进行，并设有专门的监护人。

1）更换前准备

在更换前应对备品Excitrol-100型励磁调节器单独上电，以确认备品调节器的各项配置参数与待换的故障调节器一致，如图1-52所示。

调节器更换前操作步骤如下。

（1）引线接入。通过调节器的73（ACL）、72（ACN）号端子给调节器接入AC220 V

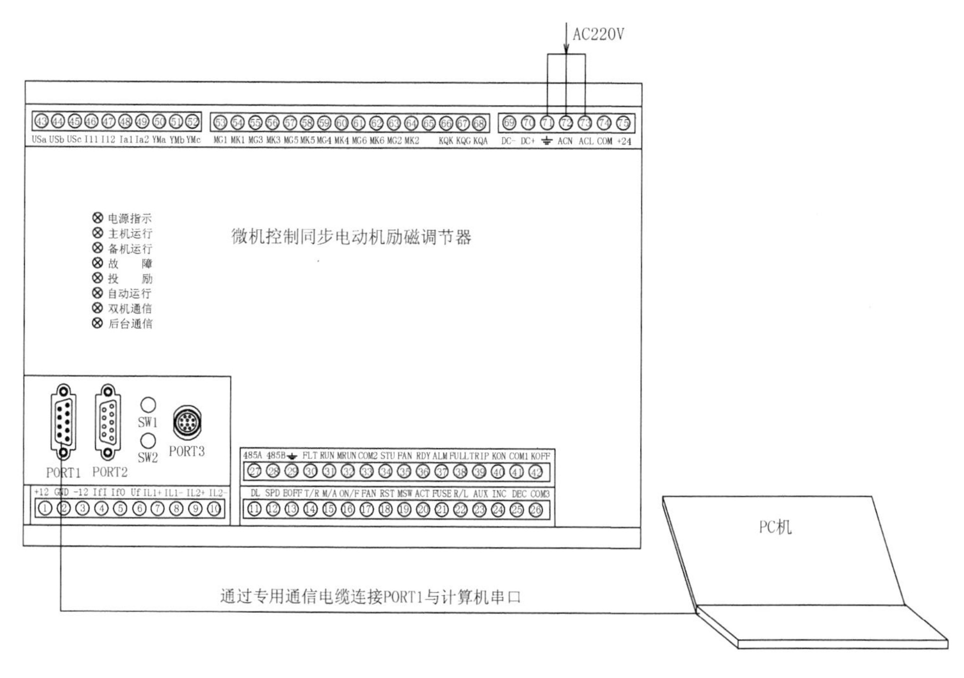

图 1-52　调节器单独上电示意图

工作电源，并确保 71(PE)号端子与大地连接；通过随机配备的专用通信电缆将调节器的通信端口 PORT1 与计算机的串行通信接口连接。

(2) 软件校核。计算机运行随机另配 Excitrol_soft 软件包，按软件包使用说明确认调节器的型号及软件版本号的第一位数字与原调节器一致。

(3) 参数配置。励磁装置通常用于电动模式运行，当用于电动/发电两种模式运行时，调节器需配置两套不同参数。

①电动运行模式参数配置

调出备品调节器的配置参数表，并根据待更换故障调节器的配置参数记录清单，逐一进行核对修改。需确认的参数项目包括：电机与系统参数、励磁基本参数、励磁调节器参数、保护与限制器参数、给定值调整参数、功率参数、测量选线参数六大类，同时应修改配置参数密码与原用户设置密码一致。密码修改完毕按提示操作保存配置参数表及其副本至 EEPROM 存储器。

若先前已将待换调节器配置参数上载并保存为配置参数文件(扩展名为.exc，电动运行模式)，则可使用 Excitrol_soft 软件包的配置参数管理功能读入配置参数文件并一次性下载至备品调节器中，下载完毕按提示操作保存配置参数表及其副本至 EEPROM 存储器。容量、励磁参数及运行工况相同的机组的调节器配置文件基本相同，可以互用；需注意的是应在下载完毕后进入“调节器配置\励磁基本参数”项修改从站地址，然后操作保存至 EEPROM 存储器。

②发电运行模式参数配置

从一X12 端子排 23#、24# 端子接入 24 V 电源，模拟机组工况旋钮选择“发电”工况，切断调节器电源，约 20 s 后重新送电；参照上面的描述使用 Excitrol_soft 软件包将先前保存的发电工况配置参数表文件一次性下载至备品调节器中，事先未保存配置参数文件时也可根据待更换故障调节器的配置参数记录清单逐一核对各项参数并修改；下载完毕按提示操作保存配置参数表及其副本至 EEPROM 存储器。

（4）确认调节器配置参数无误后，还应仔细核实调节器特殊设置行程开关 SW1 及 SW2 的设置位置；在调节器单独上电时会有直流电源故障及可控硅触发同步信号故障信息指示，此属正常。

（5）调节器对外端子连接插座均带有顶出机构以方便取出接线端子，在端子插入前，顶出机构应处于复位状态（即正常状态），操作时应用力适度，以免损坏顶出机构，顶出方法如图 1-53 所示。

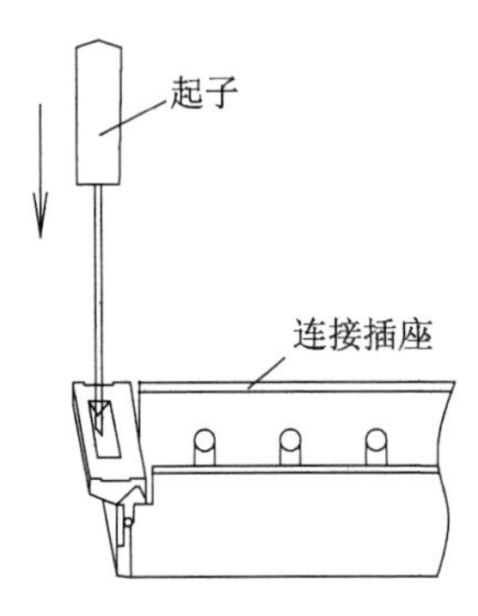

(a) 使用小一字螺丝刀下压顶出端子

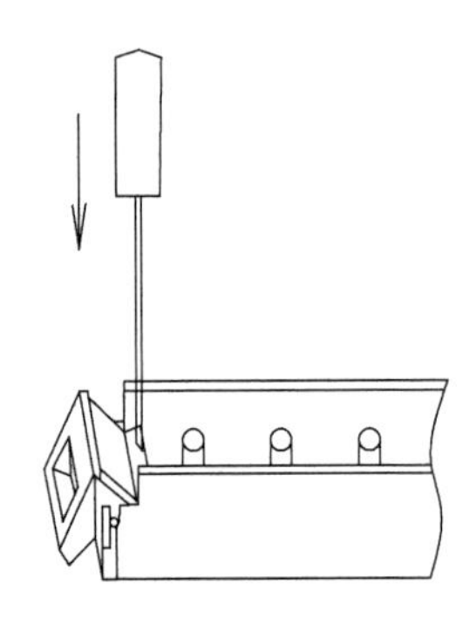
(b) 使用小一字螺丝刀下压顶出机构复位

图 1-53　调节器接线端子顶出机构操作示意图

2）停机更换调节器

停机更换调节器操作步骤如下。

（1）确认给励磁屏供电的交、直流电源断路器处于分断状态。

（2）分断－X12 端子排上双套调节器的交、直流电源断路器。

（3）打开调节器单元前面板门。

（4）用小一字螺丝刀逐一将故障调节器上、下侧所有端子顶出。

（5）拔出故障调节器的所有通信电缆，包括与液晶触摸屏通信的串口插头（PORT2 端口）以及与另套调节器通信的圆形金属插头（PORT3 端口）。

（6）拧开故障调节器下侧两个安装螺钉，将调节器下侧移出安装螺钉后上抬调节器，使上侧固定挂钉脱离后取下故障调节器。

（7）按第（6）条反顺序操作安装备品调节器，并固定。

（8）恢复第（5）条拔出的串口通信插头，其中 PORT2 插头需紧固。

（9）压入新换调节器上、下侧所有端子。

（10）恢复给励磁屏供电的交、直流电源。

（11）合上－X12 端子排上双套调节器的交、直流电源断路器。

（12）确认液晶触摸屏面板无故障提示，操作励磁工况为调试，选择新换调节器为主机运行，手动投励，观察励磁电流电压表指示应正常，液晶触摸屏面板显示参数值正常并确认液晶触摸屏面板无故障提示。

（13）操作手动灭磁，观察励磁电流电压表回零，液晶触摸屏面板无故障提示。

（14）恢复调节器单元前面板门。

3）在线更换调节器（只适应于 WKLF-102 型装置）

在线更换调节器请严格按以下步骤操作进行，并设置专门的监护人以确认每个步骤均操作无误。

（1）仔细确认故障调节器位置，A 套调节器在左，B 套调节器在右。

（2）打开调节器单元前面板门。

（3）操作液晶触摸屏面板进入触摸屏设置界面，设置故障调节器的通信连接为“断开”，并操作返回按钮使液晶触摸屏面板显示正常调节器的操作显示主画面。

（4）分断－X12 端子排上故障调节器的交、直流电源断路器。

（5）在－X6、－X7 端子排上用短接滑块短接故障调节器的定子电流测量回路和励磁电流测量回路，并确认短接的牢靠性；短接的目的在于防止在取下故障调节器时电流测量回路开路。

（6）用小一字螺丝刀逐一将故障调节器上、下侧所有端子顶出。

（7）拔出故障调节器的所有通信电缆，包括与液晶触摸屏通信的串口插头（PORT2 端口）以及与另套调节器通信的圆形金属插头（PORT3 端口）。

（8）拧开故障调节器下侧两个安装螺钉，将调节器下侧移出安装螺钉后上抬调节器，使上侧固定挂钉脱离后取下故障调节器。

（9）按第（8）条反顺序操作安装备品调节器，并固定。

（10）恢复第（7）条拨出的串口通信插头，其中 PORT2 插头需紧固。

（11）压入新换调节器上、下侧所有端子，并确保接触到位。

（12）分断第（5）条在－X6、－X7 端子排上短接原故障调节器的定子电流测量回路及励磁电流测量回路的短接滑块。

（13）合上第（4）条断开的调节器的交、直流电源断路器。

（14）操作液晶触摸屏面板进入触摸屏设置界面，设置新换调节器的通信连接为“连接”，待液晶触摸屏复位结束后确认液晶触摸屏面板无故障提示，进入新换调节器的操作显示主画面及扩展画面，确认各项参数显示无误（与另套调节器对应项参数显示数值相近）。

（15）操作液晶触摸屏面板进入原调节器的操作显示扩展画面，点击“切换”按钮将励磁调节器主机切换至新换调节器，观察励磁输出应无波动，且各项运行状态不发生改变。

（16）恢复调节器单元前面板门。

5. 更换风机单元

风机单元位于励磁柜顶部，为抽屉式结构独立部件。风机故障时允许在电机正常运行状态更换风机单元。不论励磁装置投励与否，也不论电机是否运行，更换风机单元请严格遵循以下操作。

（1）确认备品风机单元的类型与待更换故障风机单元相同。

（2）打开励磁柜后门，切断－X12 端子排 10# 端子上给风机单元配电的保险－FU5，关闭励磁柜后门。

（3）打开仪表板面板门，拧开并拔出风机单元上的航空插头－X11，从柜顶拆除风机顶板，拧开风机单元固定螺钉，向上抽出故障风机单元。

（4）推入备品风机单元，紧固风机单元固定螺钉，恢复风机顶板，插上并拧紧风机单元上的航空插头－X11，关闭仪表板面板门。

（5）打开励磁柜后门，恢复给风机单元配电的保险－FU5，关闭励磁柜后门。

（6）确认风机单元工作正常。

当调节器温度高于 50 ℃时将自动启动风机，在检修风机时应严格防止风机意外启动而造成伤害。

七、励磁系统常见故障及处理

1. 励磁电流电压无输出

（1）原因主要如下。

可控硅无触发脉冲信号，移相环节故障或者同步电源变压器损坏，造成没有移相给定电压加到 6 组脉冲电路的 1Y1 基极回路上，从而导致可控硅不导通。

（2）处理方法如下。

更换移相插件，检查同步电源变压器或切换通道备份工作。

2. 励磁电压高，而励磁电流低

（1）原因主要如下。

可控硅的触发脉冲消失或损坏。

（2）处理方法如下。

切换通道，启用备份或更换移相插件。

3. 同步电机启动时，励磁不能自动投入

（1）原因主要如下。

自动投励环节故障或移相环节故障。

（2）处理方法如下。

切换通道启用备份或更换投励插件、移相插件。

4. 运行过程中励磁电流、电压上下波动

1）原因主要如下。

（1）触发脉冲插件可能存在接触不良，造成个别脉冲时有时无。

（2）电流负反馈发生变化，造成工作点不稳。

（3）移相环节故障。

2）处理方法如下。

切换通道，启用备份或更换移相插件。

5. 投励不成功

1）发电机

（1）原因主要如下。

①起励按钮接通时间短不能使发电机建立维持整流桥导通的电压。

②起励电阻开路。

③起励电源开关未合，电源未投入。
④机组转速未到额定值，而转速继电器提前接通，造成自动起励回路自动退出。
(2) 处理方法如下。
①起励按钮持续接通 5 s 以上。
②检查起励电阻连接情况。
③检查起励电源。
④调整转速继电器整定值。
2) 电动机
(1) 原因主要如下。
①机组转速未达到亚同步提前投励，造成机组振荡。
②投励时间超过整定时间，机组过负荷保护动作。
(2) 处理方法如下。
①如提前投励，立即分闸，机组退出运行，查明并排除故障。
②如投励时间超过整定时间，检查可控硅励磁装置投励环节、投励单元。
6. 过压保护信号频繁发出(发电机)
1) 原因主要如下。
(1) 发电机非全相运行。
(2) 转子绕组可能存在故障，导致转子过电压，灭磁过压保护动作。
(3) 过压测量回路可能存在问题。
2) 处理方法如下。
(1) 检查发电机运行电压是否正常。
(2) 检查转子绕组是否存在故障。
(3) 检查过压测量回路是否存在问题。
7. 并网瞬间无功功率增大(发电机)
(1) 原因主要如下。
同期装置或励磁系统的调压精度较差。
(2) 处理方法如下。
进一步调整同期装置或励磁系统的调压精度。
8. 并网稳定运行后出现无功突增(发电机)
1) 原因主要如下。
若发电机反馈电压降低，可能是系统电压降低或 PT 测量回路故障或接触不良。
2) 处理方法如下。
(1) 可以操作减励磁指令，使无功适当降低。
(2) 检查系统电压是否偏低。
(3) 检查 PT 测量回路是否存在故障或接触不良。
9. 并网稳定运行后出现无功突降情况(发电机)
1) 原因主要如下。
(1) 系统电压升高。

(2) 其他并联机组增加无功。

2) 处理方法如下。

(1) 采取增励措施。

(2) 检查系统电压是否升高。

第十四节　直流系统检修

一、直流系统的作用及组成

1. 作用

直流系统广泛应用于发电厂、变电站及泵站,在电力系统中,直流系统是重要的电气设备之一。直流系统在电力系统正常及事故停电情况下,给控制、保护、测量、自动装置及断路器分合闸操作回路等提供可靠的工作电源。

2. 组成

直流系统主要由交流配电单元、充电模块、控制单元、直流馈电单元(合闸、控制、保护、启闭机系统、励磁系统以及事故照明等电源出线)、降压单元、绝缘检测单元、蓄电池组等组成,如图 1-54 所示。

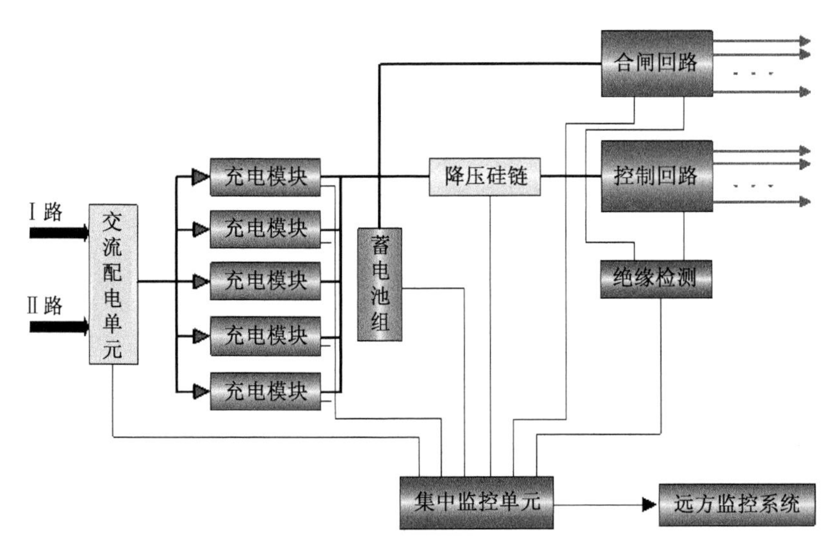

图 1-54　直流系统原理框图

其中交流配电单元、充电模块、蓄电池组、降压单元和用于电能分配的母线和馈线构成了直流电源系统的主回路;由监控单元、绝缘检测单元、蓄电池组电压巡检单元组成的监控系统,作为二次回路,为直流系统的正常运行提供保证;直流系统中最主要的设备就是交流配电单元、充电模块和蓄电池组。

近年来,随着电力电子技术的发展,高频开关模块型充电装置已逐步取代相控型充电装置，而阀控式密封铅酸蓄电池已逐步取代固定型铅酸蓄电池。

二、直流系统的检修周期

直流系统、蓄电池组检修和检测周期为每年一次。

三、直流系统检查维修项目

1. 定值核对

检查监控单元、绝缘检测单元整定值是否与定值单一致。

2. 监控单元控制检查

检查监控单元均充和浮充转换功能是否正常。

3. 显示及检测功能检查

检查直流屏表计、监控单元、绝缘检测单元等电压、电流显示值是否与现场测量值一致。

4. 降压硅链功能检查

检查降压硅链调节功能是否正常。

5. 直流回路检查

检查直流电源绝缘是否符合要求。

6. 馈线空开检查

检查馈线空开投退是否可靠，控制、合闸两段母线负荷分配是否合理。

7. 蓄电池检查

检查蓄电池容量、电压、单只电池端电压是否在允许范围内。

四、直流系统外观检查

1. 检查屏上各操作开关、直流馈线断路器应固定良好、无松动现象；标签标注清晰、正确。

2. 屏内端子排接线应无松动现象。

3. 装置外形应端正，无明显损坏及变形现象；充电装置屏、蓄电池屏（架）电缆进线孔应封堵严密；各部件应清洁良好，操作灵活，无较大振动和异常噪声，指示灯指示正确。

五、直流系统功能检查

1. 表计精度定期检验

直流屏相关表计由有检验资质的专业机构校验合格。

2. 交流切换装置自动切换试验

模拟任意一路交流失电，交流切换装置应能自动切换到另外一路供电。

3. 监控单元参数核对

由有相关经验的维修人员对监控单元定值进行核对，对监控单元时钟进行校准。直流装置监控单元定值参数主要由规程规范、蓄电池性能及容量决定，220 V直流装置监控单元一般设置项目和参数可参见表1-11。

表 1-11　监控单元设置项目和参数

参数名称	典型值	设置范围	参数名称	典型值	设置范围
交流过压值	264.0 V	220～264 V	均充电压	254.0 V	230～合母过压值
交流欠压值	175.0 V	160～220 V	浮充电压	243.0 V	220～合母过压值
控母输出电压	220.0 V	190～242 V	充电限流值	8.0 A	1～200 A
合母过压值	255.0 V	220～320 V	计时均充时间	3.0 h	0～4.2 h
合母欠压值	198.0 V	170～220 V	转换电流	1.2 A	0.5～20.9 A
控母过压值	235.0 V	220～250 V	均充限时时间	12 h	5～36 h
控母欠压值	198.0 V	170～220 V	维护均充时间	30 d	20～99 d
电池欠压值	195.0 V	160～220 V	温度补偿系数	0.4 V/℃	0～1.0 V/℃
模块个数	4 个	1～16 个	电池巡检组数	1 组	0～2 组
电池组数	1 组	1～2 组	一组电池节数	18 节	1～19 节
二组电池节数	0 节	1～19 节	绝缘检测段数	2 段	0～2 段
单体电池过压值	14.40 V	1～16 V	绝缘压差报警值	50.0 V	20～99.9 V
单体电池欠压值	10.80 V	1～16 V	接地电阻报警值	25.0 kΩ	10～50 kΩ
巡检差压报警值	0.40 V	0.2～0.90 V	通信地址	01	01～99
硅链设置	无		系统设置密码	1 234	
交流供电	双路		直流母线	分段	

注:装置直流电压 220 V,容量 100 Ah,单组蓄电池组,单体电池 12 V,共 18 节。

4. 监控单元检验

由有相关经验的维修人员对监控单元检测值进行试验、核对。

5. 保护报警及三遥功能检验

保护报警信号检验时,应与监控后台进行信号核对。

(1) 在充电模块屏人为断开任一相交流电源时,监控单元发“交流电源故障”信号。

(2) 关掉任一高频电源模块,监控单元延时发“充电模块故障”信号。

(3) 在充电模块屏蓄电池组保险处,按下保险熔断告警小开关,监控单元延时发“熔丝故障”信号。

(4) 在监控单元将控制母线过(欠)压告警值改为低或高于控制母线电压值时,延时发“控制电压异常”信号。

(5) 在监控单元将电池过(欠)压告警值改为低或高于蓄电池组电压值时,延时发“蓄电池组电压异常”信号。

(6) 定阻值。在 220 V 系统用 20 kΩ 电阻,110 V 系统用 10 kΩ 电阻分别在合闸、控制的备用支路上进行正、负极接地试验,绝缘检测装置发告警信号,监控单元经延时发“绝缘故障”信号。

(7) 关闭监控单元工作电源,后台计算机监控系统报“监控单元故障”信号。

(8) 关闭绝缘检测单元工作电源，后台计算机监控系统报“绝缘检测单元故障”信号。

6. 控制程序试验

1) 交流中断恢复后充电模块自启动

(1) 将充电模块屏三相交流电源断开后，在未超过(交流停电时间)整定值和交流中断后蓄电池放电容量整定值再恢复时，充电模块应能自启动到浮充电状态。

(2) 交流电源中断蓄电池放电时间超过(交流停电时间)整定值或交流中断后蓄电池放电容量超过整定值，交流电源恢复供电后，充电装置应能自动转换为均充电状态，运行自动充电程序。

(3) 充电装置在正常浮充电状态时，长期运行时间达到(浮充电倒计时间)整定值时，充电装置应自动转换为均充状态，运行自动充电程序。

2) 自动充电程序

当对蓄电池的充电电流达到稳定值 $0.1I_{10}$ 时(I_{10} 为 10 h 率放电电流，数值 $C_{10}/10$，A)，充电装置应能自动进入恒流充电状态(均充电状态)。随着蓄电池电压逐步上升，当蓄电池电压上升至均充电电压整定值后，充电装置应能自动转换至恒压充电状态(均充电状态)。随着充电电流逐步减小，当充电电流下降到 $0.1I_{10}$ 后，经均充电延时整定时间自动转换为浮充电状态。若均充电状态下，充电电流降不到 $0.1I_{10}$，则均充时间连续累计达到 24 h 时会强制自动转为浮充电状态。

7. 稳压精度检查

在蓄电池核定容量放电工作开始前进行稳压精度检查，将充电模块和蓄电池退出运行。在放电开关上接入阻性负载仪，在浮充电状态下，分别断开和投入放电开关上的负载 I_f($I_f=50\%I_e$，I_e 为整组充电模块额定电流值)。记录在空载、半载下的充电模块输出电压值，计算稳压精度 δ_U。

计算公式为

$$\delta_U=(U_m-U_z)/U_z\times100\%$$

式中：δ_U——稳压精度；

U_m——输出电压波动极限值；

U_z——输出电压整定值。

标准：稳压精度 $\delta_U\leqslant\pm0.5\%$。

8. 并机均流不平衡度检查

在稳压功能检查试验中，当充电模块在浮充状态下接入负载 I_f($I_f=50\%I_e$，I_e 为整组充电模块额定电流值)后，分别用直流钳表测量每个模块的输出电流并记录。对于有输出电流显示的模块，可抽检模块的显示精度，在认可其显示的真实性后，可以直接读取各模块输出电流显示值，并计算模块的均流不平衡度 β。

计算公式为

$$\beta=(I_m-I_p)/I_e\times100\%$$

式中：β——均流不平衡度；

I_m——模块输出电流波动最大值；

I_p——模块输出电流平均值；

I_e——模块额定输出电流值。

标准：均流不平衡度β小于5%。

9. 稳流精度检查

在蓄电池组进行核定容量试验放完电恢复充电过程中，充电装置工作在均充/恒流状态($0.1I_{10}$)，在1 h内间隔20 min，分别用直流钳表测量充电电流值并记录。当屏柜上蓄电池电流表为0.5级四位数字表时，可直接读取其显示值，并计算稳流精度δ_I。

计算公式为

$$\delta_I=(I_m-I_z)/I_z\times100\%$$

式中：δ_I——稳流精度；

I_m——输出电流波动极值；

I_z——输出电流整定值。

标准：稳流精度$\delta_I\leqslant\pm0.5\%$。

10. 降压硅链电压调整功能检查

手动调压试验：合闸母线电压值不变，每次手动调压一挡，控制母线电压变化一次，直至调整到控制母线电压允许范围内。

自动调压试验：将充电装置从浮充状态改为均充状态，检查控制母线电压应无较大变化。

六、蓄电池组的维护

1. 防酸蓄电池组的充放电

(1) 防酸蓄电池组的浮充电

防酸蓄电池组在正常运行过程中均以浮充电方式运行，即将充足电的蓄电池组与浮充电装置并联运行。正常时，浮充电装置除供给直流系统经常性负荷电流外，还以小电流向蓄电池组浮充电，以补偿蓄电池自放电的损耗，使蓄电池组经常处于满充电状态。当直流系统中出现较大的冲击负荷时，在设计规定的时间内，蓄电池组以浮充电方式运行，首先能保证直流电源的可靠性，其次能防止蓄电池极板硫化和弯曲，延长蓄电池的使用寿命。蓄电池组的浮充电压值一般控制为(2.15～2.17)V×N(N为电池个数)，GFD固定型防酸蓄电池组浮充电压值可控制到2.23 V×N。在运行中，蓄电池浮充电流的大小与以下因素有关。

①蓄电池的新旧程度。

②电解液的相对密度。

③蓄电池的绝缘情况。

④电池自放电量的大小。

⑤浮充电负荷的变化情况。

⑥浮充前电池的状况。

(2) 防酸蓄电池组的均衡充电

防酸蓄电池组在长期浮充电运行过程中,每只电池的浮充电流是一致的,但因蓄电池的内阻和特性不一样,每个蓄电池的自放电是不相等的,造成部分蓄电池电解液密度下降、电压偏低、极板硫化。采用均衡充电,可使蓄电池消除硫化恢复良好的运行状态。同时,浮充电运行的蓄电池是静止的,其电池上部的电解液密度低、化学反应不充分,而其下部电解液密度高,造成下部极板的腐蚀。均衡充电能对电解液起到搅拌作用,使电池上、下部电解液密度一致。

均衡充电的程序:先用 I_{10} 电流对蓄电池组进行恒流充电,当蓄电池组端电压上升到(2.3~2.33)V×N 时,将充电装置自动或手动转为恒压充电;当充电电流减小到 0.1I_{10} 时,可认为蓄电池组已经被充满,即将充电装置自动或手动转为浮充电方式运行。在均衡充电过程中,要控制电解液的温度不得高于 40 ℃。

(3) 防酸蓄电池组的核对性放电

①直流系统中只有一组防酸蓄电池组核对性放电。充电模块停用后,由蓄电池组向直流负荷和放电电阻供电,放电电流由放电电阻调节到 I_{10},以 I_{10} 放出其额定容量的50%;在放电过程中,当直流系统不能退出运行,为保证供电,单体蓄电池电压不能低于1.9 V;放电完毕,应立即以 I_{10} 进行恒流充电,当蓄电池组电压达到(2.3~2.33)V×N 时转为恒压充电;当充电电流下降到 0.1I_{10} 时,转为浮充电运行,重复几次放电充电过程后,可认为蓄电池组得到活化,容量得到恢复。蓄电池组如能够退出运行,可按两组防酸蓄电池全核对性放电要求执行。

②直流系统中有两组防酸蓄电池组核对性放电。对其中一组蓄电池进行核对性放电时,可将两段负荷母线联络运行,由另一组蓄电池和充电模块向直流负荷供电,将需放电的蓄电池组退出运行,进行核对性放电,放电电流以 I_{10} 恒流进行。放电过程中,每半个小时记录一次蓄电池组的端电压、每只蓄电池端电压。当其中一单体电压为终止电压 1.8 V时,停止放电。放电完毕,应立即以电流 I_{10} 进行恒流充电。当蓄电池组电压达到(2.3~2.33)V×N 时,转为恒压充电运行,当充电电流下降到 0.1I_{10} 时,转为浮充电运行。

2. 镉镍蓄电池组的充放电

(1) 正常放电

以 I_5(5 h率充放电电流)恒流连续放电,当蓄电池组的端电压下降至 1 V×N 时(其中一个镉镍蓄电池电压下降到 0.9 V 时),停止放电,放电时间若大于 5 h,则说明该蓄电池组具有额定容量。

(2) 事故放电

交流电源中断,二次负荷及事故照明负荷全部由镉镍蓄电池组供电,这个时间必须在设计的时间之内,若供电时间较长,蓄电池端电压下降至 1.1 V×N 时,应自动或手动切断镉镍蓄电池组的供电,以免因过放电使蓄电池组容量亏损过大,对恢复送电造成困难。

(3) 镉镍蓄电池组的核对性放电

①直流系统只有一组镉镍蓄电池核对性放电。蓄电池组不能退出运行,不能进行全核对性放电,只能将充电模块停用后,由蓄电池组向直流负荷和放电电阻供电,放电电流由放电电阻调节到 I_5,至放出额定容量的 50%。在放电过程中,每隔 0.5 h 记录蓄电池

组端电压，若单体蓄电池电压下降到 1.17 V，应立即停止放电，并及时以 I_5 电流对蓄电池充电，重复 2～3 次，蓄电池组额定容量可以得到恢复。蓄电池组如能够退出运行，可按两组镉镍蓄电池全核对性放电要求执行。

②直流系统有两组镉镍蓄电池核对性放电。对其中一组蓄电池进行核对性放电时，可将两段负荷母线联络运行，由另一组蓄电池和充电模块向直流负荷供电，将需要放电的蓄电池退出运行进行核对性放电。以 I_5 恒流放电，在放电过程中每隔 0.5 h 记录蓄电池组端电压值，每隔 1 h 测一下镉镍蓄电池的电压值，达到终止电压 1 V×N，停止放电，应立即以 I_5 电流进行恒流充电。若三次充电均达不到额定容量的 80%以上，可认为此组蓄电池使用年限已到，需要安排更换。

3. 阀控蓄电池组的充放电

(1) 阀控蓄电池组的运行方式

阀控蓄电池组在正常运行中以浮充电方式运行，浮充电压值控制为(2.23～2.28)V×N，在运行中主要需监视蓄电池组的端电压值、浮充电流值、每只蓄电池的电压值、蓄电池组及直流母线的对地电阻值和绝缘值。

①恒流限压充电。采用 I_{10} 电流进行恒流充电，当蓄电池组端电压上升到(2.3～2.35)V×N 限压值时，自动或手动转为恒压充电。

②恒压充电。在(2.3～2.33)V×N 下恒压充电，I_{10} 充电电流逐渐减小，当充电电流减小至 0.1I_{10} 时，充电装置的倒计时开始启动；当整定的倒计时结束时，充电装置将自动或手动地转为正常的浮充电运行。

(2) 阀控蓄电池组的核对性放电

长期使用限压限流的浮充电运行方式或只限压不限流的运行方式，无法判断阀控蓄电池的现有容量、内部是否失水或干裂。只有通过核对性放电，才能找到蓄电池存在的问题。为保证蓄电池活性，了解蓄电池容量，新安装或大修后的阀控蓄电池组，应进行全核对性放电试验，以后每隔 2～3 年进行一次核对性试验。运行 6 年以后的阀控蓄电池，应每年做一次核对性放电试验。

①直流系统中只有一组阀控蓄电池核对性放电。充电模块停用后，由蓄电池组向直流负荷和放电电阻供电，放电电流由放电电阻调节到 I_{10}，恒流放出额定容量的 50%，在放电过程中，每隔 0.5 h 记录蓄电池端电压，蓄电池组端电压不得低于 2 V×N。放电后，应立即以 I_{10} 进行恒流限压充电—恒压充电—浮充电。蓄电池组经过反复放电 2～3 次，其额定容量可以得到恢复。蓄电池组如能够退出运行，可按两组阀控蓄电池全核对性放电要求执行。

②直流系统有两组阀控蓄电池核对性放电。对其中一组蓄电池进行核对性放电时，可将两段负荷母线联络运行，由另一组蓄电池和充电模块向直流负荷供电，将需要放电的蓄电池组退出运行进行全核对性放电。以 I_{10} 恒流放电，在放电过程中每隔 0.5 h 记录电池端电压值，当蓄电池组端电压下降到终止电压 1.8 V×N 时，停止放电，隔 1～2 h后，以 I_{10} 进行恒流限压充电—恒压充电—浮充电。若放充电三次均达不到额定容量的 80%，可认为此组蓄电池使用年限已到，需要安排更换。

为了防止在容量核对过程中蓄电池由于过充、过放造成蓄电池损坏，蓄电池放电过程中人不能离开，每半个小时测试记录一次单体蓄电池的端电压及总电压，发现端电压低于终止电压时，停止放电，将该蓄电池退出。有条件时，建议选用具有智能管理的充放电仪进行核对性放电。

蓄电池充电过程中，严密监视蓄电池温度变化，蓄电池过热时要停止充电，防止电池爆裂酸液外泄。

七、直流系统常见故障及处理

以 GZDW 智能高频开关直流电源装置为例。

1. 直流系统接地

1）原因主要如下。

（1）其分路出线绝缘受潮或老化。

（2）绝缘破损。

（3）负载设备安装错误。

2）处理方法如下。

GZDW 智能高频开关直流电源装置系统绝缘监测有母线检测和支路监测两种方式。母线监测仅监测母排对地间绝缘电阻的变化情况。支路监测则可同时监测母排和各支路的绝缘状况，当直流系统的正、负母线绝缘电阻低于规定设定值时，应做出相应告警。

查找直流接地故障的一般顺序如下。

（1）分清接地故障的极性，粗略分析故障发生的原因：长时间阴雨天气，会使直流系统绝缘受潮，室外端子箱、机构箱、接线盒是否因密封不良进水等；站内二次回路上有无人员在工作，是否与工作有关。

（2）将直流系统分成几个不相联系的部分，即用分网法缩小查找范围。

（3）对于不太重要的直流负荷及不能转移的分路，利用“瞬停法”（一般不应超过 3 s），各站应根据本站情况在现场运规中制定拉路顺序以查找有无接地；对于较重要的直流负荷，用转移负荷法查找该分路所带回路有无接地。

（4）如果接地点是在直流装置系统内，可以采用逐段排除来确认故障具体位置。具体方法是：依次抽出充电模块，断开各功能单元和母线间熔断器的连接，断开蓄电池接入开关，分段、分步测量故障母线同保护地间的电压状况。通常，直流装置系统出厂后发生电气故障可能性较小，在找出“故障段”后，其故障点大多可通过目测直接发现。

（5）确定接地点所在部位后，再逐步缩小范围认真查找，直到查出接地点并消除为止。在实际工作中，由于直流输出通常不便全部同时断开，一般采用断开一回路，立刻判断故障是否消失，若告警依旧，立刻合上此输出馈路，再断开另一回路，重复以上过程来判断接地点。由于站内负载间可能存在环路电阻 R，当 R 小于绝缘电阻设定限值或多路同时告警的时候，此种方式容易得出错误的结果，逐路开断后错误认为接地点位于直流装置系统内部。所以在情况不明时，必须同时断开全部馈电回路来进行判断。

2. 通信故障

1）原因主要如下。

（1）直流监控单元工作不正常。

（2）直流监控单元网络接口模件及相关网络设备故障。

（3）直流监控单元网络接口模件及相关网络设备软件连接故障。

2）处理方法如下。

（1）检查对应设备是否已开机工作，通信线是否连接好，如设备没开机，则开启相应设备，连接好通信线。

（2）检查主监控“系统配置”和“设备配置”各参数设置是否与实际情况一致。如不一致，则参照基本操作修改相应参数设置。

（3）如果是整流模块通信不畅，则在上述基础上再检查各整流模块地址号是否有重叠，以及地址号与主监控“设备配置”中模块号设置是否一致。如不一致，应参照基本操作重新设置地址号及模块。

3. 系统死机或工作不稳定

1）受直流系统的工作环境和操作过程影响，外界干扰或监控内部硬件“瞬间故障”可能造成系统死机、工作不稳定或误告警等，其中主要原因如下。

（1）工作环境的影响，如温度过高、灰尘过多。

（2）应用软件的缺陷。

（3）错误的系统设置。

（4）内存资源冲突。

2）处理方法如下。

（1）检查工作环境温度是否过高，灰尘是否过多，如是应进行清理和改善。

（2）进行系统重启。

（3）出现无法自动恢复的软件故障可通过系统菜单中所提供的“初始化”功能对监控器进行重新设置，需注意的是初始化后系统参数必须重新输入。所以系统调试开通后，应记录下所需的参数设置。

（4）如“初始化”无法排除系统故障，则必须将其退出运行，由制造厂专业人员进行检查修理。

第十五节　计算机监控系统检修

一、计算机监控系统作用及组成

1. 作用

泵站计算机监控系统集测量、控制、保护、信号、管理等功能于一体，实现泵站主机组、辅机设备、配电设备等运行数据采集与处理，统计与计算，参数在线修改，自动控制与调节，运行参数在线监测，运行状态识别，故障多重保护，自检、故障报警，设备运行统计记录及生产管理，视频图像浏览、控制、存储和回放等综合功能，同时具有与上级调度控制管理系统网络链接，实现数据、指令传送，图像浏览，远程监视和控制功能。

2. 结构

泵站计算机监控系统一般采用三级控制方式，即现地控制级、站控制级和远程控制级，是一个以通信网络为纽带的集中显示、集中操作、分散控制的三级控制系统。结构拓朴图如图 1-55 所示。

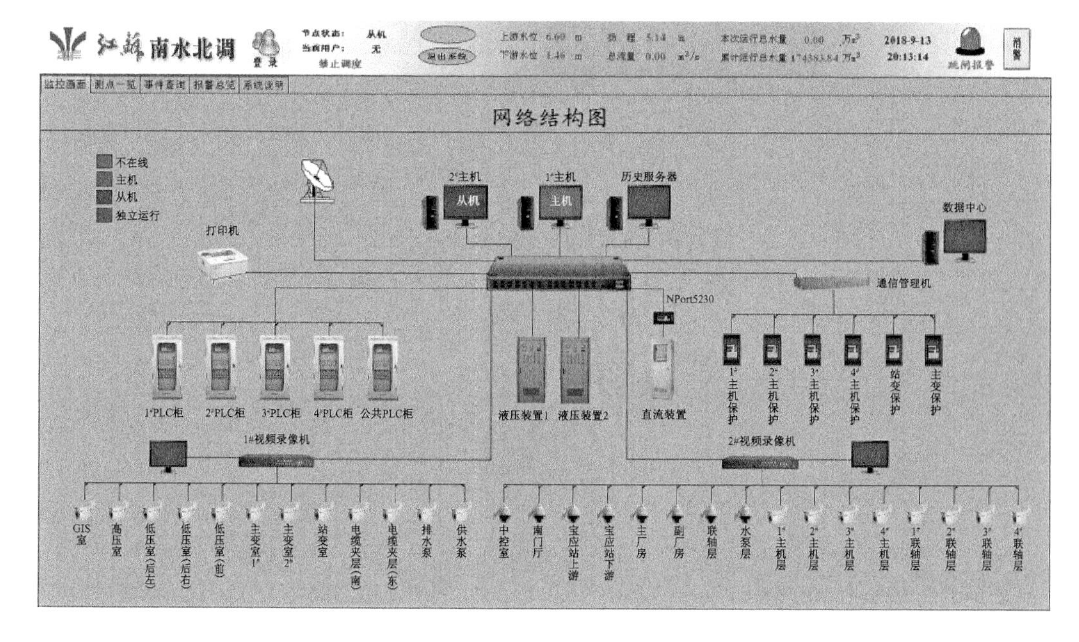

图 1-55　泵站计算机监控系统网络结构拓朴图

现地控制级主要由 PLC、智能仪表、水位计、测温元件及输出继电器、开关电源等设备组成。

站控制级主要由工业控制计算机、数据服务器、显示器、打印机、不间断电源、网络通信交换机、路由器、光端机、硬件防火墙、GPS 时间同步钟等设备组成。

远程控制级主要由工业控制计算机、数据服务器、显示器、打印机、不间断电源、网络通信交换机、路由器、光端机、硬件防火墙、GPS 时间同步钟等设备组成。

视频系统主要由视频控制主机、彩色摄像机、全方位云台、显示屏等组成。

二、计算机监控系统检修周期

1. 除按制造厂要求进行日常维护保养外，每年应对计算机监控系统设备、软件程序及数据进行一次全面检修、调试和维护。

2. 泵站计算机监控系统运行过程中发生运行故障需及时处理。

三、计算机监控系统检修项目及质量标准

1. 现地控制级

(1) PLC

PLC 检修项目及质量标准如表 1-12 所示。

表 1-12　PLC 检修项目及质量标准

检修部位	检修项目	质量标准
硬件	1. 外观检查、清理	1. 外观完好、清洁无尘
	2. 接插部件、螺钉、端子等检查与固定	2. 无锈蚀、连接良好
	3. PLC 后备电池检查	3. 电池接触良好，无欠压报警
	4. 电源电压、输出电压、接地检查等	4. 电源电压、输出电压正常，接地良好
	5. 外围设备开关、按钮、压板、指示灯及继电器等检查	5. 设备完好，动作可靠
	6. 启动、自检、运行状态检查	6. 重启、故障自检恢复、运行状态正常
	7. 各模块运行状态指示灯检查	7. 运行状态指示灯指示正常
	8. 主、从设备的检查与定期切换运行	8. 主、从设备切换无出错或死机现象
	9. 控制柜风扇、加热器、除湿器及照明等工作状态检查和清理	9. 风扇运转正常，加热器、除湿器及照明完好、投切正常，各部件清洁无尘
应用软件	1. 应用软件完整性检查、核对	1. 软件完好
	2. 应用软件启动、运行过程检查	2. 启动、运行正常
	3. 应用软件查错、自诊断	3. 软件查错、自诊断功能正常
	4. 应用软件运行信息检查	4. 运行信息正常，无差错
	5. 应用软件修改后进行备份	5. 修改后已重新备份，妥善保管
系统功能	1. 电源模块功能测试	1. 电压正常，电源切换时控制及数据正常
	2. CPU 模块运行状态检查	2. 运行状态正常，负荷率不大于 40%
	3. 开关量、模拟量模块通道校验	3. 通道校验正常，完好率不小于 99%
	4. 通信模块接口配置连通性检查	4. 连通性完好
	5. 与计算机、智能仪表、传感器等设备的通信检查	5. 与其他设备通信速率正常，数据传输完好
	6. 实时数据采集检查	6. 数据采集实时性误差不大于 0.01 ms，开关量操作反馈时间不大于 1 s，模拟量操作反馈时间不大于 2.5 s
	7. 控制流程的检查与模拟试验	7. 控制流程模拟试验正常
	8. 时钟同步测试	8. 时间同步正常，偏差 $<1\ \mu s$
	9. 软件修改后功能测试	9. 软件修改后功能测试正常

（2）触摸屏

触摸屏检修项目及质量标准如表 1-13 所示。

表 1-13　触摸屏检修项目及质量标准

检修部位	检修项目	质量标准
硬件	1. 外观检查、清理	1. 外观完好、清洁无尘
	2. 设备、接插部件固定、连接检查	2. 固定、连接良好
	3. 屏幕亮度、色彩及图像完整性检查	3. 亮度、色彩及图像完好，无明显坏点

续表

检修部位	检修项目	质量标准
应用软件	1. 应用软件完整性检查、核对	1. 软件完好
	2. 应用软件启动、运行过程检查	2. 启动、运行正常
	3. 应用软件查错、自诊断	3. 软件查错、自诊断功能正常
	4. 应用软件运行信息检查	4. 运行信息正常，无差错
	5. 应用软件修改后进行备份	5. 修改后已重新备份，妥善保管
功能	1. 与 PLC 的通信检查	1. 通信速率正常，数据传输完好
	2. 控制操作灵敏度、准确性和及时性检查	2. 控制操作准确、及时、可靠
	3. 软件修改后功能测试	3. 软件修改后功能测试正常

（3）自动化元器件

自动化元器件检修项目及质量标准如表 1-14 所示。

表 1-14　自动化元器件检修项目及质量标准

检修部位	检修项目	质量标准
硬件	水位计、压力变送器、测温元件、闸门开度仪、智能电量仪表等设备的外观检查、清理	元器件外观完好、清洁无脏污
功能	水位计、压力变送器、测温元件、闸门开度仪、智能电量仪表等设备的运行状态及性能检查	运行状态、准确性、稳定性等性能完好，误差较大时应送检或更换

2. 站控制级

（1）工控机

工控机检修项目及质量标准如表 1-15 所示。

表 1-15　工控机检修项目及质量标准

检修部位	检修项目	质量标准
硬件	1. 外观检查、清理	1. 外观完好、清洁无尘
	2. 机壳内部及散热风扇检查、清理	2. 内部元器件完好，风扇运转正常，清洁无尘
	3. 接插件、板卡及连接件固定、连接检查	3. 固定、连接良好
	4. 电源电压、接地等检查	4. 电源电压正常，接地良好
	5. 显示器、鼠标、键盘、音响等配套设备检查、清理	5. 配套设备完好，操作灵活、可靠，清洁无脏污
	6. 运行状态指示灯检查	6. 运行状态指示灯指示正常
	7. 网络接口配置、连通性、运行状态检查	7. 配置、连通性、运行状态正常
	8. 主、从设备的检查与定期轮换运行	8. 主、从设备切换无出错或死机现象
操作系统	1. 启动、自检、运行状态检查	1. 重启、故障自检恢复、运行状态正常
	2. 计算机 CPU 负荷率、内存使用率检查	2. CPU 负荷率不大于 40%，内存余量＞40%
	3. 应用程序进程或服务状态检查	3. 程序运行流畅，无蓝屏、死机和重启现象
	4. 计算机的磁盘空间检查、优化，临时文件清理	4. 磁盘余量＞60%，临时文件已清理

续表

检修部位	检修项目	质量标准
操作系统	5. 文件、文件夹的共享或存取权限检查	5. 文件、文件夹共享或存取权限范围已明确
	6. 检查并校正系统日期和时间	6. 日期和时间准确并定期校正
应用软件	1. 应用软件完整性检查、核对	1. 软件完好
	2. 应用软件启动、运行过程检查	2. 软件启动、运行正常
	3. 应用软件查错、自诊断检查	3. 软件查错、故障自诊断恢复功能正常
	4. 应用软件运行信息检查	4. 软件运行信息正常，无差错
	5. 应用软件修改后进行备份	5. 软件修改后已重新备份，妥善保管
数据库	1. 数据库访问权限检查	1. 数据库访问权限明确
	2. 数据库表查询	2. 数据库表查询准确、及时
	3. 历史数据存储状态检查	3. 存储历史数据完整，基本无丢失、无差错
	4. 历史数据定期转存	4. 历史数据已定期转存、妥善保管
系统功能	1. 实时数据采集与校核	1. 数据采集实时性误差不大于 0.01 ms，数据正确
	2. 操作权限检查	2. 权限设置明确
	3. 单步控制、流程控制、联动控制等功能、操作过程检查与测试	3. 控制、操作准确、可靠，开关量操作反馈时间不大于 1 s，模拟量操作反馈时间不大于 2.5 s
	4. 画面报警、声光报警检查与测试	4. 画面报警、声光报警及时、正确
	5. 画面调用、报表生成与打印等功能检查与测试	5. 画面切换响应：一般画面不大于 1 s，复杂画面不大于 2 s；各报表生成、打印及时、正确
	6. 系统时钟同步检查	6. 时间同步正常，偏差<1 μs
	7. 系统限(定)值检查、核对	7. 系统限(定)值与原设置一致，超限时反应正确
	8. 软件修改后功能测试	8. 软件修改后功能测试正常

(2) 服务器

服务器检修项目和质量标准如表 1-16 所示。

表 1-16　服务器检修项目和质量标准

检修部位	检修项目	质量标准
硬件	1. 外观检查、清理	1. 外观完好、清洁无尘
	2. 机壳内、外部件及散热风扇检查、清理	2. 内部元器件完好，风扇运转正常，清洁无尘
	3. 接插件、板卡及连接件固定	3. 固定、连接良好
	4. 电源电压、接地检查等	4. 电源电压正常，接地良好

续表

检修部位	检修项目	质量标准
硬件	5. 显示器、鼠标、键盘等配套设备清理和检查	5. 配套设备完好，操作灵活、可靠，清洁无脏污
	6. 计算机启动、自检、运行状态检查	6. 重启、故障自检恢复、运行状态正常
	7. 运行状态指示灯检查	7. 运行状态指示灯指示正常
	8. 网络接口配置、运行状态、连通性检查	8. 配置、连通性、运行状态正常
	9. 主、从设备的检查与定期轮换运行	9. 主、从设备切换无出错或死机现象
操作系统	1. 启动、自检、运行状态检查	1. 重启、故障自检恢复、运行状态正常
	2. 计算机 CPU 负荷率、内存使用率检查	2. CPU 负荷率不大于 40%，内存余量>40%
	3. 应用程序进程或服务状态检查	3. 程序运行流畅，无蓝屏、死机和重启现象
	4. 计算机的磁盘空间检查、优化，临时文件清理	4. 磁盘余量>60%，临时文件已清理
	5. 文件、文件夹的共享或存取权限检查	5. 文件、文件夹共享或存取权限范围已明确
	6. 检查并校正系统日期和时间	6. 系统日期和时间准确并定期校正
应用软件	1. 应用软件完整性检查、核对	1. 软件完好
	2. 应用软件启动、运行过程检查	2. 软件启动、运行正常
	3. 应用软件查错、自诊断检查	3. 软件查错、故障自诊断恢复功能正常
	4. 应用软件运行信息检查	4. 软件运行信息正常，无差错
	5. 应用软件修改后进行备份	5. 软件修改后已重新备份，妥善保管
数据库	1. 数据库访问权限检查	1. 数据库访问权限明确
	2. 数据库表查询	2. 数据库表查询准确、及时
	3. 历史数据存储状态检查	3. 存储历史数据完整，基本无丢失、无差错
	4. 历史数据定期转存	4. 历史数据已定期转存，妥善保管
系统功能	1. 服务器与各分中心工控机通信检查	1. 通信负荷率、速率满足要求，通信传递数据正确
	2. 应用服务器软件运行状态检查	2. 应用服务器软件运行正常
	3. 数据库软件运行状态检查	3. 数据库软件运行正常
	4. WEB 软件运行状态检查	4. WEB 软件运行正常，画面显示、浏览正常
	5. 系统时钟同步检查	5. 时间同步正常，偏差<1 μs
	6. 系统限(定)值检查、核对	6. 系统限(定)值与原设置一致，超限时反应正确
	7. 软件修改后功能测试	7. 软件修改后功能测试正常

（3）交换机

交换机检修项目及质量标准如表 1-17 所示。

表 1-17　交换机检修项目及质量标准

检修部位	检修项目	质量标准
硬件系统	1. 外观检查、清理	1. 外观完好、清洁无尘
	2. 交换机接口及散热风扇检查、清理	2. 接口完好，风扇运转正常，清洁无尘
	3. 电缆、光缆等接头、插件、端子接线检查、固定	3. 接头、插件、端子接线等固定、连接良好
	4. 设备、通信电缆屏蔽线、金属保护套管的接地检查	4. 设备、电缆屏蔽线、金属保护套管等接地完好
	5. 启动、自检、运行状态检查	5. 重启、故障自检恢复、运行状态正常
	6. 电源电压、运行状态指示灯检查	6. 电源电压正常，运行状态指示灯指示正常
通信功能	1. 网络设备及各接口运行状态检查	1. 设备及各接口运行状态正常
	2. 网络接口配置、连通性、运行状态检查	2. 配置、连通性、运行状态正常
	3. 上下游网络设备的连通性检查	3. 设备之间通信负荷率、速率满足要求，通信传递数据正确
	4. 检查网络设备配置文件的备份情况	4. 配置文件已备份，并妥善保管
	5. 检查运行日志是否正常，有无非法登录或访问记录	5. 运行日志正常，无非法登录或访问记录

（4）其他

其他检修项目及质量标准如表 1-18 所示。

表 1-18　其他检修项目及质量标准

检修部位	检修项目	质量标准
GPS 同步时钟	1. 外观检查、清理	1. 外观完好、清洁无尘
	2 通信接口连接检查	2. 接口连接紧固，信号灯指示正常
	3. GPS 天线检查	3. 外观完好、信号正常
	4. GPS 时钟装置启动、自检检查	4. 重启、故障自检恢复正常
	5. 时钟校时功能检查	5. 时钟准确，对时程序运行正常；时间同步正常，偏差<1 μs
打印机	1. 外观检查与清理	1. 外观完好、清洁无尘
	2. 打印机及送纸器、送纸通道检查	2. 打印机及送纸器、送纸通道运行正常
	3. 电源、数据连接线检查	3. 电源、数据连接良好
	4. 打印机自检程序检查	4. 运行、故障自检正常
	5. 打印内容检查	5. 打印内容清晰、无漏墨，无延时
光端机	1. 外观检查与清理	1. 外观完好、清洁无尘
	2. 接口连接、接地检查	2. 接口连接、接地完好
	3. 电源电压、指示灯检查	3. 电源电压、指示灯正常
	4. 信息传输稳定性检查	4. 信息传输稳定、可靠

续表

检修部位	检修项目	质量标准
硬件防火墙	1. 外观检查与清理	1. 外观完好、清洁无尘
	2. 接口连接、接地检查	2. 接口连接、接地完好
	3. CPU 负荷率、内存使用率检查	3. CPU 负荷率不大于 10%,内存余量>40%
	4. 管理员操作权限检查	4. 权限设置明确
	5. 数据包过滤、数据转发、防攻击等功能检查	5. 数据包过滤、转发、防攻击等功能正常
	6. 日志报表检查	6. 日志记录文件完整,已备份并妥善保管
	7. 运行指示灯检查	7. 运行状态指示灯指示正常
机房环境	1. 机房温度、湿度检查	1. 机房的温度不大于 30 ℃,湿度不大于 70%
	2. 机房照明、事故照明检查	2. 机房照明完好,停电时事故照明正常投入
	3. 消防、通风等设施检查	3. 消防、通风等设施完好,消防按规定检测合格
	4. 空调设备检查	4. 空调设备运行正常,制冷、制热效果良好
	5. 供配电设备检查	5. 供配电设备完好,供电可靠
	6. 机房接地、防雷检查	6. 机房接地、防雷设施完好,按规定检测合格
	7. 机房、设备及环境清洁检查	7. 机房、设备及环境整洁
	8. 机房孔洞封堵、卫生检查	8. 机房孔洞封堵完好

3. 视频系统

视频系统检修及质量标准如表 1-19 所示。

表 1-19　视频系统检修及质量标准

检修部位	检修项目	质量标准
硬盘录像机	1. 外观检查、清理	1. 外观完好、清洁无尘
	2. 机壳内部件及散热风扇检查、清理	2. 内部元器件完好,风扇运转正常,清洁无尘
	3. 接插件、板卡及连接件固定	3. 固定、连接良好
	4. 电源电压、接地检查等	4. 电源电压正常,接地良好
	5. 显示器、鼠标、键盘等配套设备清理和检查	5. 配套设备完好,操作灵活、可靠,清洁无脏污
	6. 硬盘录像机启动、自检、运行状态检查	6. 重启、故障自检恢复、运行状态正常
	7. 指示灯及配套设备运行状态检查	7. 运行状态指示灯指示正常
	8. 网络接口配置、运行状态、连通性检查	8. 接口配置、连通性、运行状态正常
摄像机	1. 外观检查、清理	1. 外观完好、清洁无尘
	2. 现场照明照度检查	2. 照明照度完好,满足摄像要求
	3. 摄像机安装位置检查	3. 摄像机支架固定牢固
	4. 摄像机云台及镜头检查	4. 摄像机云台控制准确、转动灵活,镜头清洁

续表

检修部位	检修项目	质量标准
其他设备	解码器、分配器、视频光端机、视频分配器、专用线缆、适配器等设备检查	外观完好、整洁,连接良好,运行正常
系统功能	1. 硬盘录像机配置文件检查	1. 配置文件已备份,并妥善保管
	2. 各个通道的图像检查	2. 各个通道图像完整
	3. 图像清晰度检查	3. 采集图像清晰、稳定
	4. 各个活动摄像机的控制功能检查与测试	4. 摄像机转动、变焦控制及时、灵活、可靠
	5. 硬盘录像机录像及回放功能检查与测试	5. 录像机录像及回放正常,图像完整、清晰
	6. 硬盘录像机远程浏览功能测试	6. 录像机远程浏览正常,图像完整、清晰

4. 不间断电源

不间断电源检修项目及质量标准如表1-20所示。

表1-20　不间断电源(UPS)检修项目及质量标准

检修部位	检修项目	质量标准
不间断电源	1. 设备、蓄电池外观检查、清理	1. 外观完好,无变形、损坏,清洁无尘
	2. 接插部件、端子等检查与固定	2. 固定、连接良好
	3. 散热风扇检查、清理	3. 风扇运转正常,清洁无尘
	4. UPS的输入、输出电压,电流,频率等参数检查	4. 输入、输出电压,电流,频率等参数正常
	5. 过电压保护及接地检查	5. 过电压保护及接地完好
	6. UPS启动、自检、运行情况检查	6. 重启、故障自检恢复,运行状态正常
	7. 指示灯及运行状态检查	7. 指示灯及运行状态正常,无报警
	8. 工作模式切换检查	8. 工作模式切换正常,输出电压、频率平稳,无波动
	9. 输出负载检查	9. 输出负载<70%,UPS容量满足设计要求,必要时可对UPS进行扩容
	10. 蓄电池充放电测试	10. 每年1次对蓄电池进行充放电测试,容量不小于80%

四、计算机监控系统检修方法及工艺要求

1. 检修前准备

1）确定检修性质和人员组成。

2）查阅技术档案,了解系统、设备、软件程序等运行状况,主要内容应包括:

(1) 运行情况记录;

(2) 历年检查保养维护记录和故障记录;

(3) 上次检修总结报告和技术档案;

(4) 设备图纸、备份软件和与检修有关的技术资料等。

3) 根据系统运行状况及检修要求编制检修实施方案。

4) 检查和配备检修所需的备品备件、工器具等。

5) 落实安全组织措施,办理检修许可手续。

2. 检修安全措施及注意事项

1) 泵站处于全站停机状态。

2) 泵站处于全站停机状态,仍由计算机监控系统自动操作的设备已做好安全隔离措施。

3) 计算机监控系统设备停电检查、清扫安全措施及操作步骤如下。

(1) 计算机监控系统设备软关机。

(2) 切出电源,包括双供电电源。

(3) UPS 切出直流电源及交流电源。

(4) 检查、清扫结束后的送电步骤依次为启动 UPS,确认在逆变工作状态,检查交、直流输入电压、交流输出电压正常,设备供电电源投入,计算机监控系统设备开机启动。

4) 计算机监控系统设备不停电检修(检查、测试、校验、模拟试验等)的安全措施如下。

(1) 至少安排两名以上检修人员,并做好安全监护,必要时配有泵站运行人员配合。

(2) 检查、测试、校验、模拟试验等需短接或断开二次接线时,需做好安全措施、记号和记录,结束后按记号和记录立即恢复原状态。

3. 计算机监控系统设备按检修项目进行检查、测试、校验、模拟试验等,设备、软件性能及功能等应符合质量标准,如达不到规定要求,应及时进行维修、升级或改造。

4. 计算机监控系统硬件更换时,应对硬件的性能和设置进行检查,确保使用符合要求的合格产品;硬件安装应牢固可靠。

5. 计算机监控系统软件修改后,应对软件的性能进行检查,并备份修改前后的软件。

6. 计算机监控系统维修结束后,应对系统功能进行测试,经验收后方可投入运行。

7. 检修工作结束后,完成下列工作:

(1) 工器具及材料回收;

(2) 工作场地清理;

(3) 工作交代;

(4) 终结工作票;

(5) 资料整理,提交检修报告(检修报告包括检修时间、检修项目、检修调试记录、发现问题、问题处理、遗留问题及处理建议方案等);

(6) 转存信息、修改后软件及检修资料等,及时整理存档。

五、计算机监控系统常见故障处理

1. 站监控层设备与现地控制单元通信中断

1) 原因主要如下。

(1) 监控层与对应现地控制单元通信故障。

(2) 现地控制单元工作不正常。

(3) 现地控制单元网络接口模件及相关网络设备故障。

(4) 现地控制单元网络接口模件及相关网络设备软件连接故障。

2) 处理方法如下。

(1) 退出与该现地控制单元相关的控制与调节功能。

(2) 检查站监控层与对应现地控制单元通信进程。

(3) 检查现地控制单元工作状态。

(4) 检查现地控制单元网络接口模件及相关网络设备。

(5) 必要时,做好相关安全措施后在站监控层设备和现地控制单元侧分别重启通信进程。

2. 站监控层与调度数据通信中断

1) 原因主要如下。

(1) 数据通信链路设备工作不正常。

(2) 通信进程所在设备软件故障。

(3) 通信进程所在设备软件连接故障。

2) 处理方法如下。

(1) 发现站监控层与调度数据通信中断,调度值班人员应立即通知对侧运行值班人员,两侧应分别联系维护人员共同进行处理。

(2) 在调度侧退出与该站监控层数据通信相关的控制与调节功能。

(3) 检查数据通信链路,包括通信处理机、网关、路由器、防火墙、光/电收发器、通信线路等工作状况。

(4) 在两侧分别检查通信进程所在机器的操作系统、通信进程、通信协议的工作状态和日志。

(5) 必要时,做好相关安全措施后在两侧重启通信进程。

3. 模拟量测点异常

1) 原因主要如下。

(1) 现地控制单元模拟量采集通道工作不正常。

(2) 电量变送器或非电量传感器工作或连接不正常。

(3) 数据库中相关模拟量组态参数有错。

2) 处理方法如下。

(1) 退出与该测点相关的控制与调节功能。

(2) 采用标准信号源检测对应现地控制单元模拟量采集通道是否正常。

(3) 检查相关电量变送器或非电量传感器是否正常。

(4) 检查数据库中相关模拟量组态参数(如工程值范围、死区值等)是否正确。

4. 温度量测点异常

1) 原因主要如下。

(1) 现地控制单元温度量测点采集通道工作不正常。

(2) 温度传感元件或温度装置工作或连接不正常。

(3) 现地控制单元数据库中相关温度量的组态参数有错。

2) 处理方法如下。

(1) 退出与该测点相关的控制与调节功能。

(2) 用标准电阻检验对应现地控制单元温度量测点采集通道是否正常。

(3) 检查温度传感元件。

(4) 检查现地控制单元数据库中相关温度量的组态参数(如工程值范围、死区值等)是否正确。

5. 开关量测点异常

1) 原因主要如下。

(1) 现地控制单元开关量采集通道工作不正常。

(2) 现场开关量输入回路有短接或断线现象。

(3) 现场设备工作不正常。

2) 处理方法如下。

(1) 退出与该测点相关的控制与调节功能。

(2) 短接或开断对应现地控制单元开关量采集通道以检测模件是否正常。

(3) 检查现场开关量输入回路是否短接或断线。

(4) 检查现场设备是否正常。

6. 控制操作命令无响应

1) 原因主要如下。

(1) 操作员工作站 CPU 资源占用过高。

(2) 计算机监控系统网络通信工作不正常。

(3) 相关控制流程出错。

(4) 联动设备动作条件不满足。

(5) 相关对象定义了不正确的约束条件。

2) 处理方法如下。

(1) 检查操作员工作站 CPU 资源占用情况。

(2) 检查计算机监控系统网络通信是否正常。

(3) 检查相关控制流程是否出错。

(4) 检查联动设备动作条件是否满足。

(5) 检查相关对象是否定义了不正确的约束条件。

7. 系统控制命令发出后现场设备拒动

1) 原因主要如下。

(1) 开关量输出模件工作不正常。

(2) 开关量输出继电器卡死、触点接触不良或损坏。

(3) 开关量输出工作电源未投入或故障。

(4) 柜内接线松动或连接不良。

(5) 被控设备的控制、电气、机械本身存在故障。

2）处理方法如下。

（1）检查开关量输出模件是否故障。

（2）检查开关量输出继电器是否故障。

（3）检查开关量输出工作电源是否未投入或故障。

（4）检查柜内接线是否松动，连接是否可靠。

（5）检查被控设备的控制、电气、机械本身是否故障。

8. 控制流程退出

1）原因主要如下。

（1）相应判据条件出现测值错误。

（2）判据条件所对应的设备状态不满足控制流程要求。

（3）判据条件限值错误。

2）处理方法如下。

（1）检查相应判据条件是否出现测值错误。

（2）检查判据条件所对应的设备状态是否不满足控制流程要求。

（3）检查判据条件限值是否错误。

9. 系统控制调节命令发出后现场设备动作不正常

1）原因主要如下。

（1）现场被控设备工作不正常。

（2）控制输出脉冲宽度不满足要求。

（3）调节参数设置不合理。

2）处理方法如下。

（1）检查现场被控设备是否故障。

（2）检查控制输出脉冲宽度是否正常。

（3）检查调节参数设置是否合适。

10. 不能打印报表、报警列表、事件列表

1）原因主要如下。

（1）打印机缺纸，打印介质缺少。

（2）打印机本身有故障。

（3）打印信息过多。

2）处理方法如下。

（1）检查打印机是否缺纸，打印介质是否需更换。

（2）检查打印机自检是否正常。

（3）检查打印队列是否阻塞。

11. 部分现地控制单元报警事件显示滞后

1）原因主要如下。

（1）本节点的事件工作不正常。

（2）对应现地控制单元时钟不同步。

（3）对应现地控制单元出现事件、报警异常频繁。

(4) 对应现地控制单元 CPU 负荷率过高。
(5) 对应现地控制单元网络节点网络通信负荷过大。
2) 处理方法如下。
(1) 检查事件列表,确认其他节点的事件是否正常。
(2) 检查对应现地控制单元时钟是否同步。
(3) 检查对应现地控制单元是否出现事件、报警异常频繁。
(4) 检查对应现地控制单元 CPU 负荷率。
(5) 检查对应现地控制单元网络节点网络通信负荷。
12. 报表无法正常自动生成
1) 原因主要如下。
(1) 历史数据库的数据采集功能出错。
(2) 报表自动生成进程工作不正常。
(3) 报表自动生成定义不正确。
2) 处理方法如下。
(1) 检查历史数据库的数据采集功能。
(2) 检查报表自动生成进程工作是否正常。
(3) 检查报表自动生成定义是否正确。
13. 系统时钟误差
1) 原因主要如下。
(1) GPS 时间同步钟设备故障。
(2) 自动对时程序未运行。
(3) 自动对时程序设置错误。
2) 处理方法如下。
(1) 检查 GPS 时间同步钟设备启动是否正常。
(2) 检查 GPS 天线及连接线是否紧固。
(3) 检查自动对时程序是否运行。
(4) 检查自动对时程序设置是否正确。
14. 球型云台不能控制
1) 原因主要如下。
(1) 控制信号线接错或接触不良。
(2) 球型云台地址不对应。
(3) 协议或通信波特率不匹配。
2) 处理方法如下。
(1) 更正接线和检查接线连接。
(2) 地址修改。
(3) 调整协议与控制器匹配。
(4) 重新上电。

15. 图像不稳定

1）原因主要如下。

（1）视频线路接触不良。

（2）视频线路过长。

（3）视频线路周围有干扰设备。

2）处理方法如下。

（1）排除视频线路故障。

（2）对线路较长的摄像机采用光纤信号传输。

（3）检查视频信号线屏蔽层的接地是否良好，对视频信号线的管道进行接地。

第二章 辅助设备检修

第一节 辅助设备的作用及组成

泵站辅助设备为主机组的配套设备，主要由油系统、气系统以及水系统这三个部分组成。在这三个系统中，相同的部件有：电动机、压力检测单元、管道、闸阀、逆止阀、滤网等；不同的部件有：油系统中的油泵、油箱、压力油调节装置及润滑油或液压油等；气系统中的空气压缩机、真空泵、真空破坏阀等；水系统中的水泵、底阀、水箱及冷水机组等，以上分别是各系统中不同的主要设备。在它们的共同作用下，泵站主机组的安全、正常运行有了保证。

第二节 辅助设备检修前的准备工作

一、查阅资料

大修前应查阅设备技术档案，了解所要检修设备运行状况，主要内容应包括：

(1) 设备运行情况记录；

(2) 设备历年检查保养维护记录和故障记录；

(3) 设备上次大修总结报告和技术档案；

(4) 设备图纸、安装使用说明书和与检修有关的技术资料等。

二、编制检修实施方案

检修方案编制应确定检修性质、人员组织、质量标准、工艺措施及应注意的事项等。

三、备品备件、工器具准备

准备工作应包括检查和配备检修所需的备品备件、工器具、安全用具和防护用具等。

四、落实安全措施

(1) 应有专(兼)职安全员负责安全工作。

(2) 应办理工作票，断开检修设备电源，悬挂警示标牌，落实相关安全措施。

(3) 检修现场应备足消防器材,现场使用明火必须按规定进行和有专人监护。

(4) 临时照明应采用安全照明,移动电器设备的使用应符合有关安全使用规定。

(5) 如在汛期进行大修,应有相应的防汛应急预案。

第三节 辅助设备检修周期

一、小修

每年进行1次小修,对辅助设备主设备及系统进行检查、保养和修理。

二、大修

辅助设备主设备大修周期按制造厂规定,如无规定可参照表2-1所示执行,系统大修可按主设备大修周期执行。辅助设备的大修推荐计划检修与状态检修相结合的策略,根据设备运行状态可提前或推后。系统动力装置建议采用状态检修。

表2-1 辅机系统大修周期

检修内容	检修周期	
	运行年限(年)	运行时间(h)
油泵	5	2 000～5 000
空气压缩机	5	2 000～4 000
离心泵、深井泵	2	2 500～5 000
潜水泵	5	2 500～5 000

三、特种设备检测

(1) 安全阀每年检测1次。

(2) 低压压力容器每4年检测1次。

(3) 行车每2年检测1次。

第四节 油系统检修

一、油系统的作用与组成

1. 作用

泵站油系统主要为主水泵叶片液压调节、液压闸门启闭及主机组推力瓦液压减载装置提供液压油,为齿轮箱提供循环油。

2. 组成

泵站油系统主要由油泵、电动
阀、滤网压力检测单元、压力油调节装置、

3. 油泵类型

液压油系统关键设备为油泵，其种类较多，在泵站常
片泵三种类型。

(1) 柱塞泵

柱塞泵容积效率高、泄漏小，可在高压下工作，大多用于大功率液压系统。
构复杂，材料和加工精度要求高、价格贵，对油的清洁度要求也高。柱塞泵按柱塞与传
轴是垂直还是平行而分为径向柱塞泵和轴向柱塞泵。

径向柱塞泵由定子、转子、轴套、配油轴和柱塞等元件组成。轴向柱塞泵由斜盘、柱塞、缸体、配油盘、传动轴、回程盘、回程弹簧等元件组成。

柱塞泵外形如图 2-1 所示。柱塞泵主要由液压缸体、柱塞、十字头、导轨、曲轴、滑块、泵架等组成。

图 2-1　柱塞泵外形图

图 2-2　齿轮泵外形图

(2) 齿轮泵

齿轮泵体积较小，结构较简单，制造容易，维修方便，对油的清洁度要求不高，价格较便宜。缺点是泵轴受不平衡力，噪声大，磨损严重，泄漏较大。齿轮泵是液压系统中常用的一种泵，又分为外啮合泵和内啮合泵。

齿轮泵主要由主、从动齿轮，驱动轴，泵体，侧板和密封元件等组成。

齿轮泵外形如图 2-2 所示。

(3) 叶片泵

叶片泵流量均匀、运转平稳、噪音小，压力和容积效率比齿轮泵高，结构比齿轮泵复杂。叶片泵按每转吸、压油次数而分为单作用式叶片泵和双作用式叶片泵。

单作用式叶片泵由定子、转子、叶片和配油盘等元件组成。双作用式叶片泵同样是由定子、转子、叶片、配油盘和其他一些附件等组成。

叶片泵外形如图 2-3 所示。

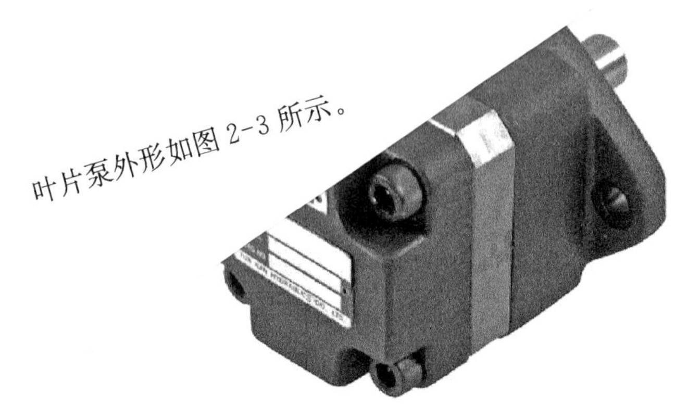

图 2-3　叶片泵外形图

二、油系统检修项目

1. 小修项目

1）油系统小修项目

（1）油泵的清理和维修。

（2）油箱及其附件的清理和维修。

（3）管道的检查及其闸阀的维修。

（4）压力容器、安全阀、减压阀、止回阀和溢流阀的检查和校验。

（5）传感器、压力检测元件的检查、校验。

（6）压力油的检测和处理。

（7）电机的检查及绝缘检测。

2）柱塞泵小修项目

（1）检查或更换密封填料，消除泄漏点。

（2）调整压盖和轴的间隙，更换密封。

（3）检查各部分螺栓紧固情况。

（4）清理柱塞泵表面污垢。

3）齿轮泵小修项目

（1）检查油封，必要时更换填料，调整压盖间隙或修理机械密封。

（2）检查联轴器及对中。

（3）清理齿轮泵表面污垢。

4）叶片泵小修项目

（1）检查轴封渗漏情况。

（2）检查各部分螺栓紧固情况。

（3）清理叶片泵表面污垢。

2. 大修项目

1) 油系统大修项目

(1) 油泵的检修、清理。

(2) 油箱及其附件的检修、清理。

(3) 管道及其闸阀的检修。

(4) 压力容器、安全阀、减压阀和止回阀的检查、检测。

(5) 传感器、压力检测元件的检修、校验。

(6) 压力油的检验、过滤或更换。

(7) 电机的检修及绝缘检测。

(8) 系统防腐处理。

2) 柱塞泵大修项目

(1) 小修项目内容。

(2) 解体检查各部件磨损情况,并进行修理或更换新部件。

(3) 检查配油盘表面的磨损情况。

(4) 检查缸体的配油面磨损情况。

(5) 检查变量头和止推板的磨损情况。

(6) 检查滑靴端面的磨损情况。

(7) 检查滑靴和柱塞铆合情况。

(8) 检查轴承磨损情况。

3) 齿轮泵大修项目

(1) 小修项目内容。

(2) 解体检查各部零件磨损情况。

(3) 修理或更换齿轮、齿轮轴、端盖。

(4) 检查修理或更换轴承、联轴器、壳体和填料压盖。

(5) 更换填料或机械密封。

4) 叶片泵大修项目

(1) 小修项目内容。

(2) 检查配油盘、定子、转子、叶片磨损并进行缺陷修理。

(3) 检查更换密封、卡簧。

三、油系统检修工艺及质量标准

油系统主设备由于型号、规格、品牌以及制造厂不同,设备的结构和部件、检修工艺及质量标准略有差别,检修工艺及质量标准应按制造厂技术规定执行,如无规定可参照以下要求执行。

1. 柱塞泵

(1) 配油盘表面磨损,可将其放在二级精度的平板上用 M10 氧化铝研磨,经煤油冲洗;配油盘表面的粗糙度为$\overset{0.1}{\checkmark}$,其表面的平面度为 0.005。

…擦伤时，可用半圆

缸体内表面应光滑无伤痕、沟槽、裂纹等缺陷。有…径最大磨损量不得超过

…面度误差为 0.005。

(2) 缸体内表面应光滑无伤痕、沟槽、裂纹等缺陷。有…擦伤凹痕面积大于轴颈面积的 2%，形油石沿缸体内圆周方向磨光，伤痕严重时应进行…磨光或喷镀法修理。曲轴直线度为 0.05

原始尺寸的 2%。缸体的配油面粗糙度…，应予更新。

(3) 曲轴各表面应光滑无…糙度为$\stackrel{0.1}{\triangledown}$。

轴颈上的沟槽深度达…的表面应光滑，无毛刺、伤痕等缺陷。滑板与导轨的接触面

mm/m。主轴…不超过 0.10 mm 时，可用半圆油石修磨并抛光。滑靴端面磨损

…换，轻微磨损可抛光处理，其表面粗糙度为$\stackrel{0.2}{\triangledown}$。滑靴与柱塞的铆合球

…密，如脱落或松动，应返厂修理。

(6) 柱塞表面应无裂纹、凹痕、斑点、毛刺等缺陷。有轻微擦伤，沟槽深度不超过 0.10 mm时，应修磨并抛光。柱塞的磨损不得超过表 2-2 规定。

表 2-2　柱塞的磨损限值　　单位：mm

柱塞直径	圆度与直线度	直径缩小量	柱塞直径	圆度与直线度	直径缩小量
50～80	0.10	<0.65	80～120	0.15	<0.10

(7) 滑动轴承不应有裂纹、气孔和脱壳，无明显磨损，表面光滑，磨损间隙不大于轴径的千分之二。

(8) 滚动轴承的滚动体与内外滚道无坑疤、麻点、锈蚀等缺陷，保持架完好，接触平滑转动灵活无杂音，间隙符合要求。

2. 齿轮泵

(1) 泵体加工面光滑无伤痕，如有可用油石研磨处理。

(2) 齿轮啮合顶间隙系数为(0.2～0.3)m(m 为模)。

(3) 齿轮啮合的齿侧间隙见表 2-3。

表 2-3　齿轮啮合的齿侧间隙　　单位：mm

序号	中心距	装配间隙	极限间隙
1	≤50	0.085～0.100	0.20
2	>50～80	0.105～0.120	0.25
3	>80～120	0.130～0.150	0.30
4	>120～200	0.170～0.200	0.35

(4) 齿轮两端面与轴孔中心线垂直度公差值为 0.02 mm/100 mm。

(5) 两齿轮宽度一致，单个齿轮宽度误差不得超过 0.05 mm/100 mm，两齿轮端面平行度公差值为 0.02 mm/100 mm。

(6) 齿轮啮合接触斑点应均匀分布在节圆线周围，接触面积沿齿宽应大于 60%，沿齿

高应大于 45%。

(7) 齿轮与轴的配合为 H

(8) 齿轮端面与端盖的轴向总间

(9) 齿顶与壳体的径向间隙为 0.10～0.

3. 叶片泵

(1) 配油盘表面磨损，可将其放在二级精度的平板上

洗；配油盘表面的粗糙度为 0.025，其表面的平面度为 0.005。

(2) 定子环的配油面粗糙度为$\sqrt[0.1]{}$，其表面的平面度为 0.005。

(3) 叶片长度比转子厚度小 0.005～0.01 mm，定子厚度应比转子厚度

0.04 mm。

4. 闸阀

(1) 闸阀检修、更换应满足系统要求，必要时应做 1.25 倍工作压力试验，逆止阀在修复后应做渗水或渗油试验。

(2) 减压阀、安全阀应由专业制造厂和检测机构进行检修和检测。

(3) 常见闸阀的检修工艺及质量标准应符合表 2-4 的规定要求。

表 2-4　闸阀的检修工艺及质量标准

序号	名称	检修工艺及质量标准
1	平板闸阀	1. 阀门与阀道接触面应光滑，无锈蚀、麻点并无贯穿线； 2. 阀体内侧应光滑，无砂孔； 3. 阀杆应无变形弯曲，传动装置转动自如； 4. 阀杆和手轮螺母无严重磨损、卡涩； 5. 阀线完好，无断线，关闭时严密不漏； 6. 填料良好，应无老化、渗漏情况； 7. 垫片按不同情况而定，采用 0.8～1.5 mm 石棉橡胶板垫
2	减压阀	1. 解体前应做好调整记录； 2. 组装时不得任意改变尺寸； 3. 开机前进行油压复核
3	逆止阀	1. 阀杆、转轮无严重磨损、卡涩； 2. 阀体内侧应光滑、无砂孔； 3. 阀片与阀体接触面无锈蚀、麻点或贯穿； 4. 阀杆无变形弯曲，转轮、传动装置完好，转动自如； 5. 垫片按不同情况而定，采用 0.8～1.5 mm 石棉橡胶板垫； 6. 阀门闭合时，阀线接触良好，严密不漏； 7. 安装时应按低进高出的方向与管道连接
4	底阀	1. 底阀导向杆光滑，无砂孔，且密封完好(盘状活门)； 2. 阀片与阀体接触面无锈蚀、麻点或贯穿，活门转动灵活，密封完好(单向活门或蝶式活门)
5	电磁阀	1. 阀体内侧应光滑、无砂孔； 2. 阀芯与阀体接触良好，无渗漏、无堵塞； 3. 阀体上箭头应与介质流向一致； 4. 电磁阀线圈绝缘符合规定要求，线圈一般不需要拆开

序号	名称	
		……沟槽； ……0.3 mm，填料室与填料环外圈间 ……纹沟槽，密封线呈连续的闭合曲线；
6	球阀	1. 法兰面无腐蚀坑，径……mm/m，椭圆度不超过0.02～0.05 mm，表面锈蚀 2. 螺栓等紧固件……件螺纹无损伤； 3. 阀杆与……变形，无严重腐蚀及裂纹，无明显机械损伤 隙为0……
	……阀	……无裂纹、砂眼等，法兰接合面平整； ……座、阀瓣的密封面无锈蚀、划痕、磨损、裂纹等； 3. 阀杆弯曲度不超过0.1～0.25 mm/m，椭圆度不应超过0.02～0.05 mm，表面锈蚀磨损深度不超过0.1～0.2 mm，阀杆螺纹完好，与螺纹套筒配合灵活； 4. 格兰与填料室间隙为0.2～0.3 mm，格兰与阀杆间隙为0.15～0.2 mm，填料垫与阀杆间隙为0.1～0.2 mm； 5. 各螺栓、螺母的螺纹应完好，配合适当； 6. 各配合间隙合适，手轮完整

5. 油管路及其附件

1）管道内壁应清洁无杂物、油垢，必要时可进行化学浸洗或循环浸洗（不可采用砂洗），新装管道应进行下列处理。

（1）铁锈、焊渣和焊疤处要用手锤敲击干净（必要时可进行喷砂冲击管内铁锈杂质或铁销拖拉）。

（2）用煤油浸泡后用无毛布团或钢丝刷来回拖动，清除管道内壁杂物、油垢等，清洗后的部件应用洁净油冲洗，然后封好管口。

（3）组装就位后，应检查管内是否留有遗留物，如有应清理干净，必要时应干燥处理。

2）法兰完整，密封面平整光洁，接触均匀，自由对正，不得歪斜、变形，相距太大时不应强行对口和强行拉拢。

3）管道拆装时要做好记号，防止装错、装反，拆卸管道应及时支撑吊挂，并进行管口包扎工作。

4）管子接头处应呈自由状态，不应强制连接，在对口严密压紧情况下，螺母接头应有富余的螺纹；螺栓与螺帽应符合规格，不可残缺不全，一般螺栓长出螺帽2～3牙左右，垫圈不超过两片；密封垫片应完整无老化，可用0.8～1.5 mm厚耐油纸泊板或紫铜皮（紫铜垫片应经退火处理）制作，密封垫片内径一般应比管子直径大2～4 mm。

5）油管路清理后，不得再行钻孔、切割和焊接，否则应重新清理。

6. 油箱

（1）清理油箱前，检查油箱表面、放油阀应完好，无渗漏；放出内部存油后，取出油箱内部附件。

（2）用100 ℃左右热水将沉淀在箱底的脏物由放油阀冲净。

（3）工作人员应穿上专用工作服，由人孔下到油箱内部，进行清理；清理时所用的擦

2. 组成

泵站油系统主要由油泵、电动机、油箱、压力容器、管道、闸阀、安全阀、逆止阀、溢流阀、滤网压力检测单元、压力油调节装置、液压油或润滑油等组成。

3. 油泵类型

液压油系统关键设备为油泵，其种类较多，在泵站常用的主要为柱塞泵、齿轮泵和叶片泵三种类型。

(1) 柱塞泵

柱塞泵容积效率高、泄漏小，可在高压下工作，大多用于大功率液压系统。缺点是结构复杂，材料和加工精度要求高、价格贵，对油的清洁度要求也高。柱塞泵按柱塞与传动轴是垂直还是平行而分为径向柱塞泵和轴向柱塞泵。

径向柱塞泵由定子、转子、轴套、配油轴和柱塞等元件组成。轴向柱塞泵由斜盘、柱塞、缸体、配油盘、传动轴、回程盘、回程弹簧等元件组成。

柱塞泵外形如图 2-1 所示。柱塞泵主要由液压缸体、柱塞、十字头、导轨、曲轴、滑块、泵架等组成。

图 2-1 柱塞泵外形图

图 2-2 齿轮泵外形图

(2) 齿轮泵

齿轮泵体积较小，结构较简单，制造容易，维修方便，对油的清洁度要求不高，价格较便宜。缺点是泵轴受不平衡力，噪声大，磨损严重，泄漏较大。齿轮泵是液压系统中常用的一种泵，又分为外啮合泵和内啮合泵。

齿轮泵主要由主、从动齿轮，驱动轴，泵体，侧板和密封元件等组成。

齿轮泵外形如图 2-2 所示。

(3) 叶片泵

叶片泵流量均匀、运转平稳、噪音小，压力和容积效率比齿轮泵高，结构比齿轮泵复杂。叶片泵按每转吸、压油次数而分为单作用式叶片泵和双作用式叶片泵。

单作用式叶片泵由定子、转子、叶片和配油盘等元件组成。双作用式叶片泵同样是由定子、转子、叶片、配油盘和其他一些附件等组成。

叶片泵外形如图 2-3 所示。

图 2-3 叶片泵外形图

二、油系统检修项目

1. 小修项目

1）油系统小修项目

（1）油泵的清理和维修。

（2）油箱及其附件的清理和维修。

（3）管道的检查及其闸阀的维修。

（4）压力容器、安全阀、减压阀、止回阀和溢流阀的检查和校验。

（5）传感器、压力检测元件的检查、校验。

（6）压力油的检测和处理。

（7）电机的检查及绝缘检测。

2）柱塞泵小修项目

（1）检查或更换密封填料，消除泄漏点。

（2）调整压盖和轴的间隙，更换密封。

（3）检查各部分螺栓紧固情况。

（4）清理柱塞泵表面污垢。

3）齿轮泵小修项目

（1）检查油封，必要时更换填料，调整压盖间隙或修理机械密封。

（2）检查联轴器及对中。

（3）清理齿轮泵表面污垢。

4）叶片泵小修项目

（1）检查轴封渗漏情况。

（2）检查各部分螺栓紧固情况。

（3）清理叶片泵表面污垢。

2. 大修项目

1）油系统大修项目

（1）油泵的检修、清理。

（2）油箱及其附件的检修、清理。

（3）管道及其闸阀的检修。

（4）压力容器、安全阀、减压阀和止回阀的检查、检测。

（5）传感器、压力检测元件的检修、校验。

（6）压力油的检验、过滤或更换。

（7）电机的检修及绝缘检测。

（8）系统防腐处理。

2）柱塞泵大修项目

（1）小修项目内容。

（2）解体检查各部件磨损情况，并进行修理或更换新部件。

（3）检查配油盘表面的磨损情况。

（4）检查缸体的配油面磨损情况。

（5）检查变量头和止推板的磨损情况。

（6）检查滑靴端面的磨损情况。

（7）检查滑靴和柱塞铆合情况。

（8）检查轴承磨损情况。

3）齿轮泵大修项目

（1）小修项目内容。

（2）解体检查各部零件磨损情况。

（3）修理或更换齿轮、齿轮轴、端盖。

（4）检查修理或更换轴承、联轴器、壳体和填料压盖。

（5）更换填料或机械密封。

4）叶片泵大修项目

（1）小修项目内容。

（2）检查配油盘、定子、转子、叶片磨损并进行缺陷修理。

（3）检查更换密封、卡簧。

三、油系统检修工艺及质量标准

油系统主设备由于型号、规格、品牌以及制造厂不同，设备的结构和部件、检修工艺及质量标准略有差别，检修工艺及质量标准应按制造厂技术规定执行，如无规定可参照以下要求执行。

1. 柱塞泵

（1）配油盘表面磨损，可将其放在二级精度的平板上用M10氧化铝研磨，经煤油冲洗；配油盘表面的粗糙度为$\overset{0.1}{\sqrt{}}$，其表面的平面度为0.005。

（2）缸体内表面应光滑无伤痕、沟槽、裂纹等缺陷。有轻微拉毛和擦伤时，可用半圆形油石沿缸体内圆周方向磨光，伤痕严重时应进行捏缸。缸体内径最大磨损量不得超过原始尺寸的 2%。缸体的配油面粗糙度为$\overset{0.2}{\bigtriangledown}$，其表面的平面度误差为 0.005。

（3）曲轴各表面应光滑无损伤，主轴颈与曲柄颈擦伤凹痕面积大于轴颈面积的 2%，轴颈上的沟槽深度达 0.30 mm 以上时，可用磨光或喷镀法修理。曲轴直线度为 0.05 mm/m。主轴颈与曲轴颈直径减小 1%时，应予更新。

（4）变量头或止推板表面的粗糙度为$\overset{0.1}{\bigtriangledown}$。

（5）十字头、滑板和导轨的表面应光滑，无毛刺、伤痕等缺陷。滑板与导轨的接触面有轻微的擦伤、沟痕深度不超过 0.10 mm 时，可用半圆油石修磨并抛光。滑靴端面磨损严重时，应重新更换，轻微磨损可抛光处理，其表面粗糙度为$\overset{0.2}{\bigtriangledown}$。滑靴与柱塞的铆合球面应连接紧密，如脱落或松动，应返厂修理。

（6）柱塞表面应无裂纹、凹痕、斑点、毛刺等缺陷。有轻微擦伤，沟槽深度不超过 0.10 mm时，应修磨并抛光。柱塞的磨损不得超过表 2-2 规定。

表 2-2　柱塞的磨损限值　　单位：mm

柱塞直径	圆度与直线度	直径缩小量	柱塞直径	圆度与直线度	直径缩小量
50～80	0.10	<0.65	80～120	0.15	<0.10

（7）滑动轴承不应有裂纹、气孔和脱壳，无明显磨损，表面光滑，磨损间隙不大于轴径的千分之二。

（8）滚动轴承的滚动体与内外滚道无坑疤、麻点、锈蚀等缺陷，保持架完好，接触平滑转动灵活无杂音，间隙符合要求。

2. 齿轮泵

（1）泵体加工面光滑无伤痕，如有可用油石研磨处理。

（2）齿轮啮合顶间隙系数为(0.2～0.3)m(m 为模)。

（3）齿轮啮合的齿侧间隙见表 2-3。

表 2-3　齿轮啮合的齿侧间隙　　单位：mm

序号	中心距	装配间隙	极限间隙
1	≤50	0.085～0.100	0.20
2	>50～80	0.105～0.120	0.25
3	>80～120	0.130～0.150	0.30
4	>120～200	0.170～0.200	0.35

（4）齿轮两端面与轴孔中心线垂直度公差值为 0.02 mm/100 mm。

（5）两齿轮宽度一致，单个齿轮宽度误差不得超过 0.05 mm/100 mm，两齿轮端面平行度公差值为 0.02 mm/100 mm。

（6）齿轮啮合接触斑点应均匀分布在节圆线周围，接触面积沿齿宽应大于 60%，沿齿高应大于 45%。

(7) 齿轮与轴的配合为 H7/m6。

(8) 齿轮端面与端盖的轴向总间隙为 0.05～0.10 mm。

(9) 齿顶与壳体的径向间隙为 0.10～0.15 mm。

3. 叶片泵

(1) 配油盘表面磨损，可将其放在二级精度的平板上用 M10 氧化铝研磨，经煤油冲洗；配油盘表面的粗糙度为 0.025，其表面的平面度为 0.005。

(2) 定子环的配油面粗糙度为$\overset{0.1}{\surd}$，其表面的平面度为 0.005。

(3) 叶片长度比转子厚度小 0.005～0.01 mm，定子厚度应比转子厚度大 0.03～0.04 mm。

4. 闸阀

(1) 闸阀检修、更换应满足系统要求，必要时应做 1.25 倍工作压力试验，逆止阀在修复后应做渗水或渗油试验。

(2) 减压阀、安全阀应由专业制造厂和检测机构进行检修和检测。

(3) 常见闸阀的检修工艺及质量标准应符合表 2-4 的规定要求。

表 2-4　闸阀的检修工艺及质量标准

序号	名称	检修工艺及质量标准
1	平板闸阀	1. 阀门与阀道接触面应光滑，无锈蚀、麻点并无贯穿线； 2. 阀体内侧应光滑，无砂孔； 3. 阀杆应无变形弯曲，传动装置转动自如； 4. 阀杆和手轮螺母无严重磨损、卡涩； 5. 阀线完好，无断线，关闭时严密不漏； 6. 填料良好，应无老化、渗漏情况； 7. 垫片按不同情况而定，采用 0.8～1.5 mm 石棉橡胶板垫
2	减压阀	1. 解体前应做好调整记录； 2. 组装时不得任意改变尺寸； 3. 开机前进行油压复核
3	逆止阀	1. 阀杆、转轮无严重磨损、卡涩； 2. 阀体内侧应光滑、无砂孔； 3. 阀片与阀体接触面无锈蚀、麻点或贯穿； 4. 阀杆无变形弯曲，转轮、传动装置完好，转动自如； 5. 垫片按不同情况而定，采用 0.8～1.5 mm 石棉橡胶板垫； 6. 阀门闭合时，阀线接触良好，严密不漏； 7. 安装时应按低进高出的方向与管道连接
4	底阀	1. 底阀导向杆光滑，无砂孔，且密封完好(盘状活门)； 2. 阀片与阀体接触面无锈蚀、麻点或贯穿，活门转动灵活，密封完好(单向活门或蝶式活门)
5	电磁阀	1. 阀体内侧应光滑、无砂孔； 2. 阀芯与阀体接触良好，无渗漏、无堵塞； 3. 阀体上箭头应与介质流向一致； 4. 电磁阀线圈绝缘符合规定要求，线圈一般不需要拆开

续表

序号	名称	检修工艺及质量标准
6	球阀	1. 法兰面无腐蚀坑,径向沟槽完整无损伤,结合面无变形及贯穿沟槽; 2. 螺栓等紧固件螺纹完好,无毛刺、滑扣现象; 3. 阀杆与填料环间隙为 0.1～0.2 mm,最大不超过 0.3 mm,填料室与填料环外圈间隙为 0.1～0.2 mm,最大不超过 0.5 mm; 4. 阀门密封面严密无泄漏,表面无斑点及沟槽,密封线呈连续的闭合曲线; 5. 阀杆弯曲度不超过 0.1～0.25 mm/m,椭圆度不超过 0.02～0.05 mm,表面锈蚀深度不超过 0.1～0.2 mm,阀杆螺纹无损伤; 6. 阀芯无凹坑、鼓包等变形,无严重腐蚀及裂纹,无明显机械损伤
7	蝶阀	1. 阀体表面无裂纹、砂眼等,法兰接合面平整; 2. 阀座、阀瓣的密封面无锈蚀、划痕、磨损、裂纹等; 3. 阀杆弯曲度不超过 0.1～0.25 mm/m,椭圆度不应超过 0.02～0.05 mm,表面锈蚀磨损深度不超过 0.1～0.2 mm,阀杆螺纹完好,与螺纹套筒配合灵活; 4. 格兰与填料室间隙为 0.2～0.3 mm,格兰与阀杆间隙为 0.15～0.2 mm,填料垫与阀杆间隙为 0.1～0.2 mm; 5. 各螺栓、螺母的螺纹应完好,配合适当; 6. 各配合间隙合适,手轮完整

5. 油管路及其附件

1) 管道内壁应清洁无杂物、油垢,必要时可进行化学浸洗或循环浸洗(不可采用砂洗),新装管道应进行下列处理。

(1) 铁锈、焊渣和焊疤处要用手锤敲击干净(必要时可进行喷砂冲击管内铁锈杂质或铁销拖拉)。

(2) 用煤油浸泡后用无毛布团或钢丝刷来回拖动,清除管道内壁杂物、油垢等,清洗后的部件应用洁净油冲洗,然后封好管口。

(3) 组装就位后,应检查管内是否留有遗留物,如有应清理干净,必要时应干燥处理。

2) 法兰完整,密封面平整光洁,接触均匀,自由对正,不得歪斜、变形,相距太大时不应强行对口和强行拉拢。

3) 管道拆装时要做好记号,防止装错、装反,拆卸管道应及时支撑吊挂,并进行管口包扎工作。

4) 管子接头处应呈自由状态,不应强制连接,在对口严密压紧情况下,螺母接头应有富余的螺纹;螺栓与螺帽应符合规格,不可残缺不全,一般螺栓长出螺帽 2～3 牙左右,垫圈不超过两片;密封垫片应完整无老化,可用 0.8～1.5 mm 厚耐油纸泊板或紫铜皮(紫铜垫片应经退火处理)制作,密封垫片内径一般应比管子直径大 2～4 mm。

5) 油管路清理后,不得再行钻孔、切割和焊接,否则应重新清理。

6. 油箱

(1) 清理油箱前,检查油箱表面、放油阀应完好,无渗漏;放出内部存油后,取出油箱内部附件。

(2) 用 100 ℃左右热水将沉淀在箱底的脏物由放油阀冲净。

(3) 工作人员应穿上专用工作服,由人孔下到油箱内部,进行清理;清理时所用的擦拭物应干净，不起毛；清洗时所用的有机溶剂应清洁，并注意对清洗后残留液的清除；清洗后的部件应用洁净油冲洗。

(4) 对油箱上的焊点、焊缝中存在的砂眼等渗漏点进行补焊。

(5) 油箱防腐漆应完好，如发现防腐漆局部脱落应补漆，严重脱落时应重涂耐油防腐漆。

(6) 油位计指示正确，动作灵活，无偏差，无渗漏；浮筒应进行浸油实验查漏，异常时应进行焊补处理，组装后应灵活无卡阻。

(7) 油过滤网应清洁，无杂质，完好无破损；如果网子表面有局部破裂，可进行锡焊补，也可用该网细铜丝缝补，如果破裂严重应更换新网。对有污浊的网子(旧网)，要求网孔大些，一般采用的铜丝网为每 25.4 mm 长 30～50 孔，对新网要求孔小些，一般采用的铜丝网为每 25.4 mm 长 70～80 孔。

四、柱塞泵检修

柱塞泵结构如图 2-4 所示。

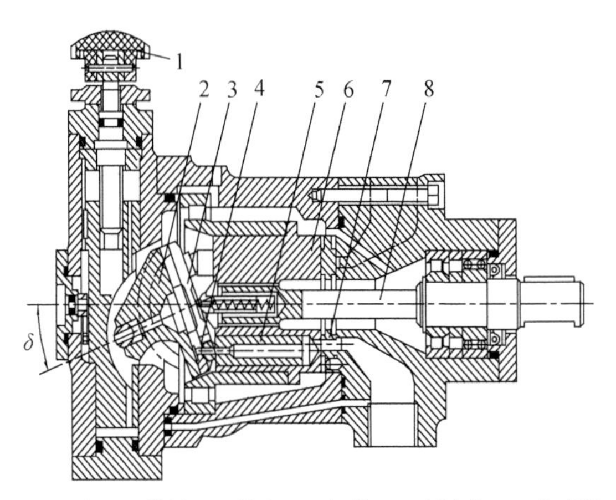

1—手把；2—斜盘；3—压盘；4—滑履；5—柱塞；6—缸体；7—配油盘；8—传动轴。

图 2-4 柱塞泵结构图

1. 拆卸

(1) 拆泵前要准备纸和笔记录拆卸顺序，将零件编号；关闭柱塞泵油泵进出油管闸阀。

(2) 拆卸电机与油泵连接的联轴器和地脚螺栓，拆泵的过程中将油盘或塑料薄膜放在泵的下面，防止油泵或管路里面的油渗出影响环境。

(3) 将泵移到检修场所，要求检修环境无尘，配备放零件的器皿。

(4) 拆卸变量端内六角螺栓；取出变量机构及变量头止推板滑靴。

(5) 拆卸定心弹簧外、内套，取出缸体；在拆卸定心弹簧时要注意观察零件的安装位置，防止弹簧的弹性将零件弹出，防止回装时发生错误。分解过程中注意拆卸顺序并做好标记。

(6) 拆卸联轴器端内六角螺栓，取出配油盘。

2. 部件检修

(1) 对泵体及分解的零部件进行检查、清洗。

(2) 检查配油盘表面、缸体的配油面、变量头、止推板和滑靴端面的磨损情况，粗糙度和平面度是否符合要求，如有损伤应按要求进行处理；检查滑靴和柱塞铆合情况。

(3) 检查曲轴各表面应光滑无损伤和明显磨损，如有伤痕应按要求进行处理，超过标准应更换。

(4) 检查十字头、滑板和导轨的表面应光滑，无毛刺、伤痕和过度磨损等缺陷；如有轻微的擦伤、沟痕可按要求进行处理。滑靴端面磨损严重、连接脱落或松动，应返厂修理。

(5) 检查柱塞表面应无裂纹、凹痕、斑点和毛刺等缺陷。有轻微擦伤，应修磨并抛光；磨损超过规定应更换。

(6) 检查滑动轴承不应有裂纹、气孔和脱壳，无明显磨损，表面光滑，如有损伤应按要求进行处理，损坏严重应更换。

(7) 检查滚动轴承的滚动体与内外滚道无坑疤、麻点、锈蚀等缺陷，保持架完好，接触平滑转动灵活无杂音；如有损伤或游隙过大应更换。滚动轴承拆卸时可用专用工具拔出，可用加热方法装配，热装机油加热温度不得超过 100 ℃。

(8) 填料和密封一般应进行更换；对不符合使用要求的其他零部件应进行处理或更换。

3. 组装

(1) 变量柱塞泵组装按拆卸的逆顺序进行，组装过程必须符合柱塞泵工艺及质量标准，在组装过程中要按原记录或记号回装。

(2) 安装配油盘，固定联轴器端内六角螺栓，放入缸体，装入定心弹簧套，装入变量机构及变量头止推板滑靴，安装变量端内六角螺栓。组装时应注意钢球，不应让其滑落。

(3) 安装联轴器，并调整与电机的同轴度，连接进出油管路。

五、齿轮泵检修

齿轮泵结构如图 2-5 所示。

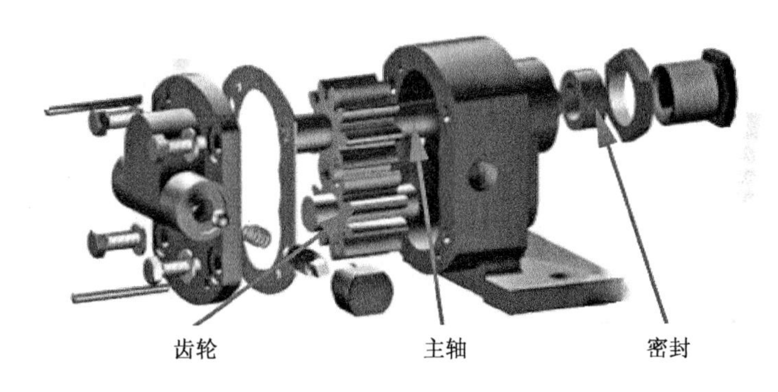

图 2-5　齿轮泵结构

1. 拆卸

(1) 拆泵前要准备纸和笔记录拆卸顺序，将零件编号；关闭齿轮油泵进出油管闸阀。

(2) 拆卸电机与齿轮油泵连接的联轴器和地脚螺栓，拆泵的过程中将油盘或专用盛油塑料薄膜放在泵的下面，防止油泵或管路里面的油渗出影响环境。

(3) 将泵移到检修场所，检修环境要无尘，配备放零件的器皿。

(4) 拆卸后端盖螺丝,取下后端盖。

(5) 拆卸压盖螺丝,将填料密封或机械密封取出,取出主、从动齿轮。分解过程中注意拆卸顺序并做好标记。

2. 部件检修

(1) 对泵体及分解的零部件进行检查、清洗。

(2) 检查主、从动齿轮磨损情况,应无损伤和过度磨损;齿轮啮合的齿侧间隙、单个齿轮宽度误差、齿轮接触面积、齿轮与轴的配合、齿轮端面与端盖的轴向总间隙和齿顶与壳体的径向间隙等应符合规定要求;如损伤和磨损严重,致使各间隙和配合等超过规定标准应更换。

(3) 检查齿轮轴、轴承及机械密封的磨损情况,如损伤和过度磨损应更换;轴承更换拆装可按前述柱塞泵检修相关要求进行。

(4) 填料和密封一般应进行更换;对不符合使用要求的其他零部件应进行处理或更换。

3. 组装

(1) 安装时按照拆卸的逆顺序进行,组装过程必须符合齿轮泵安装工艺及质量标准,在组装过程中要按原记录或记号回装。

(2) 装入主动齿轮、从动齿轮;根据齿轮泵质量标准对齿轮间隙进行测量调整,直至满足标准要求。

(3) 安装泵端盖、密封圈、填料、密封压紧盖。

(4) 安装联轴器,并调整与电机的同轴度,连接进出油管路。

六、叶片泵检修

叶片泵结构如图 4-6 所示。

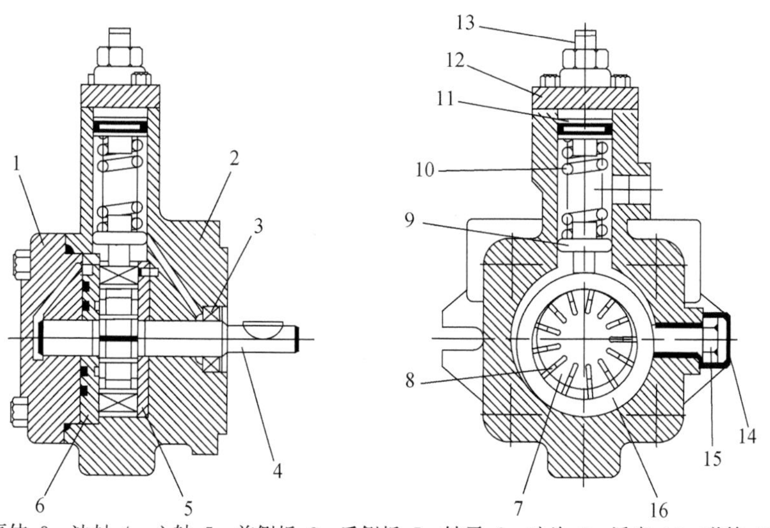

1—后盖;2—泵体;3—油封;4—心轴;5—前侧板;6—后侧板;7—转子;8—叶片;9—活塞;10—弹簧;11—推杆;12—调压柱盖;13—调压螺栓;14—防压套;15—噪音调整螺栓;16—定子。

图 2-6 叶片泵结构图

1. 拆卸

(1) 拆泵前要准备纸和笔记录拆卸顺序,将零件编号;关闭叶片泵油泵进出油管闸阀。

(2) 拆卸电机与油箱连接螺丝,将电机连同叶片泵一起吊离油箱,拆泵的过程中将油盘或塑料薄膜放在泵的下面,防止油泵里面的油渗出影响环境。

(3) 将泵移到检修场所,要求检修环境无尘,配备放零件的器皿。

(4) 拆卸联轴法兰、泵体支座紧固连接螺栓,抽出泵轴,拆卸泵芯组件,并将泵芯组件分解,分解过程中注意拆卸顺序并做好标记。

2. 部件检修

(1)对泵体及分解的零部件进行检查、清洗。

(2) 检查定子、转子、叶片、配油盘的磨损情况,应无损伤和过度磨损,轻微损伤和毛刺可用细砂纸或油石进行研磨,如较严重超过规定要求应更换。叶片在叶槽中的间隙过大亦应更换。

(3) 检查配油盘表面磨损和粗糙度,可按要求将其放在二级精度的平板上进行研磨,并用煤油冲洗干净;如损伤严重应更换。

(4) 检查轴承、传动轴及机械密封磨损情况,如磨损或损伤严重应更换。轴承更换拆装可按前述柱塞泵检修相关要求进行。

(5) 填料和密封一般应进行更换;对不符合使用要求的其他零部件应进行处理或更换。

3. 组装

(1) 安装时按照拆卸的逆顺序进行,组装过程必须符合叶片泵安装工艺及质量标准,在组装过程中要按原记录或记号回装。

(2) 将转子所有叶片装入叶片槽内,在组装后的转子上套装定子环,旋转定子环直至定位销与配油盘定位孔对正,安装配油盘,并紧固螺栓。

(3) 将轴承装入泵壳,泵轴穿入泵芯,装入油封后安装到泵体内,紧固两侧泵体端盖,并与泵支座连接牢固。

(4) 安装联轴器,并调整与电机的同轴度,连接进出油管路。

第五节　气系统检修

一、气系统的作用与组成

1. 作用

泵站气系统主要为虹吸式出水流道泵站真空破坏阀断流、主水泵叶片液压调节蓄能提供压缩空气。

2. 组成

气系统主要由空气压缩机、真空泵、电动机、真空破坏阀、压力容器、管道、闸阀、安全阀和压力检测单元等组成。

3. 空气压缩机、真空泵类型

气系统关键设备为空气压缩机、真空泵，其种类较多，在泵站常用的主要为活塞式空气压缩机、螺杆式空气压缩机及水环真空泵三种类型。

(1) 活塞式空气压缩机

活塞式空气压缩机结构简单，使用寿命长，并且容易实现大容量和高压输出。缺点是振动大，噪声大，且因为排气为断续进行，输出有脉冲，需配用贮气罐。

活塞式空气压缩机主要由气阀、气缸、活塞、活塞杆、连杆、曲轴及机身等组成。

活塞式空气压缩机外形如图 2-7 所示。

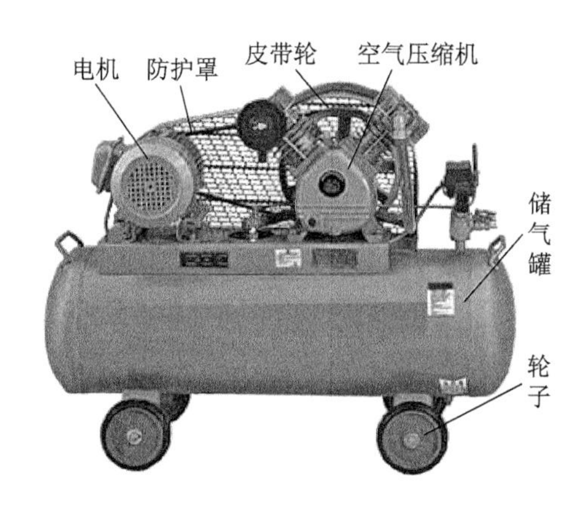

图 2-7 活塞式空气压缩机外形图

(2) 螺杆式空气压缩机

螺杆式空气压缩机是近期常采用的一种压缩机，有双螺杆与单螺杆两种。双螺杆空气压缩机的发明比单螺杆晚十几年，设计上双螺杆式空气压缩机更趋合理、先进。螺杆式空气压缩机具有结构简单、体积小、没有易损件、工作可靠、寿命长、维修简单等优点，已逐步取代易损件多、可靠性差的活塞式空气压缩机。

螺杆式空气压缩机主要由双转子、机体、主轴承、轴封及平衡活塞等组成。

螺杆式空气压缩机外形如图 2-8 所示。

(3) 水环真空泵

水环真空泵(简称水环泵)是一种粗真空泵，结构简单，制造容易，操作、维修方便。

水环真空泵主要由叶轮、分配板、泵轴及泵体等组成。

水环真空泵外形如图 2-9 所示。

二、气系统检修项目

1. 小修项目

1) 气系统小修项目

(1) 空气压缩机的清理和维修。

(2) 管道的检查及其闸阀的维修。

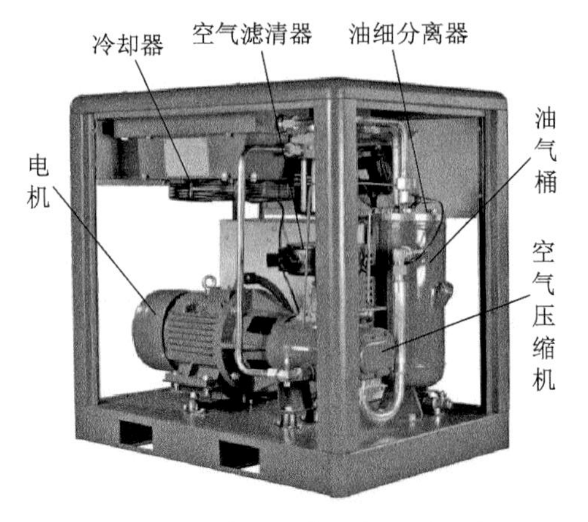

图 2-8　螺杆式空气压缩机外形图

图 2-9　水环真空泵外形图

(3) 压力容器、安全阀的检查和校验。

(4) 真空破坏阀检查、校验。

(5) 传感器、压力检测元件的检查、校验。

(6) 电机的检查及绝缘检测。

2) 空气压缩机小修项目

(1) 检查空气压缩机过滤器、过滤网。

(2) 检查润滑油。

(3) 检查冷却系统。

3) 水环真空泵小修项目

(1) 检查密封装置,压紧或更换填料。

(2) 检查更换润滑油(脂)。

(3) 检查、修理或更换易损件。

2. 大修项目

1) 气系统大修项目

(1) 空气压缩机的检查、清理。

(2) 检查机壳下部与底座的贴合面,校正机身的水平度。

(3) 管道及其闸阀的检修。

(4) 压力容器、安全阀的检查和检测。

(5) 真空破坏阀检修、校验。

(6) 传感器、压力检测元件的检修、校验。

(7) 电机的检修及绝缘检测。

(8) 系统防腐处理。

2) 活塞式空气压缩机大修项目

(1) 小修项目内容。

(2) 检查连杆、大小头瓦、曲轴、活塞销及轴承磨损情况。

(3) 检查冷却器、分离器。

(4) 检查油管、油泵。

(5) 检查、清洗曲轴箱。

(6) 检查消声滤清器。

3) 螺杆式空气压缩机大修项目

(1) 小修项目内容。

(2) 解体检查泵的转子、轴、轴承磨损情况,必要时进行无损探伤。

(3) 检查轴颈的椭圆度和不柱度,必要时进行动平衡试验。

(4) 检查或更换同步齿轮。

(5) 检查螺杆磨损的情况,确保泵的效率。

(6) 修整密封线,更换气封装置和推力轴承。

(7) 清洗润滑油系统,更换润滑油。

(8) 清理和吹扫泵内脏物,并进行除垢、喷漆。

(9) 调整各部间隙使之在允许范围之内。

4) 水环真空泵大修项目

(1) 小修项目内容。

(2) 解体检查各零件磨损、腐蚀和冲蚀程度,必要时进行修理或更换。

(3) 检查泵轴,校验轴的直线度,必要时予以更换。

(4) 检查叶轮、叶片的磨损、冲蚀程度,必要时检测叶轮平衡;检修或更换叶轮轴套。

(5) 检查、调整叶轮两端与两侧压盖的间隙。

(6) 检查泵体、端盖、隔板的磨损情况,调整、修理或更换。

三、气系统检修工艺及质量标准

气系统主设备由于型号、规格、品牌以及制造厂不同,设备的结构和部件、检修工艺及质量标准略有差别,检修工艺及质量标准应按制造厂技术规定执行,如无规定可参照以下要求执行。

1. 活塞式空气压缩机

(1) 气缸体、曲轴、活塞表面、曲轴箱内应表面光洁、无划痕。

(2) 连杆无伤痕,满足使用要求。

(3) 进、排气阀检修应满足下列要求:

①阀弹簧无断裂和变形,弹力均等;

②阀片上无污秽;

③阀座与阀片密封面应平整光滑,接触良好;

④装配前,应进行煤油试验,应无成串泄漏。

(4) 在装配时应检验各主要部件的配合间隙,并调整或修配到规定数值。

(5) 连杆小头轴瓦在装配前,用涂色法检查活塞贴合情况应在75%左右。若接触不良应研刮。两个连杆螺栓、螺帽的紧固应用公斤扳手,扳紧力矩一致。

(6) 装配活塞前,活塞表面、汽缸内壁应无损坏。安装活塞环时,开口位置按规定要求角度错开。

(7) 曲轴装配时,应将滚动轴承的内环在油里加热到 100 ℃后再装上轴颈。

(8) 更换汽缸两端垫片后,应重测各级活塞行程端面间隙(即线性余隙),并调整到规定范围内。

(9) 空气压缩机主要零部件装配间隙及行程应符合表 2-5 的规定。

表 2-5 空气压缩机主要零部件装配间隙及行程

序号	装配间隙及行程		规定数值(mm)
1	汽缸和活塞的直径间隙	一级	0.46~0.56
		二级	0.44~0.515
2	活塞环和槽底的直径间隙	一级	0.24~0.375
		二级	0.24~0.375
3	曲拐颈与连杆大头瓦直径间隙		0.06~0.08
4	活塞销与连杆小头轴衬直径间隙		0.035~0.05
5	活塞销与活塞销孔直径间隙		0.01~0.03
6	活塞行程	W-1.25/25	95
		2Z-1/25 2Z-1.25/25	55
7	活塞行程端面间隙		0.65~1.00
8	活塞环和活塞槽间隙	一级	0.04~0.06
		二级	0.04~0.06
9	活塞环开口热间隙	一级	0.40~0.60
		二级	0.30~0.50
10	油泵转子与壳体端面间隙		0.08~0.12
11	滚动轴承外圈与轴承压盖的轴向间隙		0.02~0.06
12	滑动轴承轴衬与轴的配合间隙是轴颈直径		1%~2%
13	联轴器端面间隙		2~4
14	压盖与轴的间隙		0.04~0.05
15	弹性联轴器	径向圈跳动	0.01
		端面圈跳动	0.08
16	轴颈与滑动轴承径向间隙		(0.001~0.002)D
17	轴颈最大磨损量		0.01D

(10) 气缸体、曲轴、活塞表面、曲轴箱内表面应光洁、无划痕。

(11) 空气压缩机纵横中心、标高和纵横水平偏差值应符合表 2-6 的规定。

表 2-6　空气压缩机纵横中心、标高和纵横水平偏差值

名　称	测量标准(部位)	偏差值
机组中心	设计中心	≥−10 mm ≤+10 mm
机组标高	设计标高	≥−10 mm ≤+20 mm
卧式机组 (包括对称平衡型)	机身滑道面或其他基准面	≤0.2/1 000
立式机组	拆去汽缸盖后的汽缸顶面	
其他型式机组	主轴外露部分或其他基准面	

型号	测量参数	规定数值				备注
		表压 (MPa)	温度 (℃)	声功率级 dB(A)	烈度	
W-1.25/ 252Z-1/ 252Z- 1.25/25	一级排气压力	0.4～0.48				括号内温度数值为生产厂家要求
	二级排气压力	≤2.5				
	吸气温度		≤40			
	各级排气温度		≤180			
	机身内油温		≤70 (≤40)			
	冷却水进水温度		≤30			
	冷却水排水温度		≤40			
	油泵压力	0.15～0.3				
	噪声			≤103		
	振动				≤28	

(12) 新启用的空气压缩机组运行一周后，应更换曲轴箱内润滑油，以后周期逐渐加长，低转速(1 000 r/min 以下)运行的机组每隔 500 h 更换一次新油；高转速(1 000 r/min 以上)运行的机组，每隔 1 000 h 更换一次新油。不允许用盛过汽油和其他挥发性油的器具，储存或运送压缩机油。

(13) 曲轴箱下部油池内油面高度应在油标示值的 1/3～2/3 范围内。压缩机油夏季用$19^{\#}$，冬季用 $13^{\#}$，油要纯净，严禁混入其他性质油类及杂质。

2. 螺杆式空气压缩机

(1) 机组联轴器对中找正要求：径向圆跳动值和端面圆跳动值均不大于 0.05 mm。转子排气端面与排气端座间隙值要求见表 2-7。

表 2-7　排气端面与排气端座间隙值　　单位：mm

机组型号	排气端面与排气端座安装间隙	极限值
255	0.075～0.10	0.125
321	0.30～0.35	0.375
LG12.5	0.04～0.06	0.10
LG16	0.08～0.10	0.15
LG20	0.08～0.10	0.15
L025	0.12～0.15	0.18
LG31.5	0.16～0.18	0.22
石油气螺杆机	0.10～0.15	0.25

（2）主轴承外径与机体轴承孔间隙值要求见表 2-8。

表 2-8　主轴承外径与机体轴承孔间隙值　　单位：mm

机组型号	主轴承外径与机体轴承孔间隙值	机组型号	主轴承外径与机体轴承孔间隙值
LG12.5	0.03～0.05	LG25	0.01～0.02
LG16	0.016	LG31.5	0.01～0.02
LG20	0.01～0.02		
LG16	0.03～0.08	LG31.5	0.05～0.12
LG20	0.08～0.10	石油气螺杆机	0.20～0.30

（3）主轴径与主轴孔间隙值要求见表 2-9。

表 2-9　主轴径与主轴孔间隙值　　单位：mm

机组型号	轴承间隙	极限值	机组型号	轴承间隙	极限值
LG12.5	0.02～0.05	0.08	LG31.5	0.06～0.08	0.11
LG16	0.03～0.05	0.08	WRV255	0.10～0.14	0.18
LG20	0.03～0.05	0.08	WRV321	0.13～0.17	0.23
LG25	0.04～0.06	0.09			

（4）轴承护圈与推力轴承外圆端面间隙值要求见表 2-10。

表 2-10　轴承护圈与推力轴承外圆端面间隙值　　单位：mm

机组型号	端面间隙值	机组型号	端面间隙值
WRV255	0.04～0.10	WRV321	0.04～0.15

(5) 平衡活塞与平衡活塞套的间隙值要求见表 2-11。

表 2-11 平衡活塞与平衡活塞套的间隙值 单位:mm

机组型号	活塞与活塞套间隙	机组型号	活塞与活塞套间隙
LG12.5	0.03～0.05	LG25	0.05～0.08
LG16	0.03～0.07	LG31.5	0.05～0.09
LG20	0.03～0.07		

(6) 平衡活塞套与机体孔间隙值要求(见表 2-12)。

表 2-12 平衡活塞套与机体孔间隙 单位:mm

机组型号	平衡活塞套与机体孔间隙	机组型号	平衡活塞套与机体孔间隙
LG12.5	0.06～0.09	LG25	0.02～0.07
LG16	0.06～0.13	LG31.5	0.02～0.07
LG20	0.02～0.07		

(7) 螺杆轴向窜动、啮合间隙、端面间隙、同步齿轮侧隙等各项要求见表 2-13。

表 2-13 螺杆轴向窜动、啮合间隙、端面间隙、同步齿轮侧隙等要求 单位:mm

螺杆轴向窜动	0.02～0.04	转子外圆与气缸体间隙	0.02～0.30
同步齿轮啮合间隙	0.02～0.04	止推轴承游隙	0.02～0.03
同步齿轮侧隙	0.03～0.06	吸、排气端气封间隙	0.07～0.13

(8) 转子轴颈表面粗糙度为 Ra0.8,其径向圆跳动值均应小于 0.01 mm,圆柱度不大于直径公差的 1/2。

(9) 螺杆两端面对轴心线的垂直度公差值为 0.02 mm/m,两螺杆平行度公差值为 0.02 mm/m。

(10) 滑动轴承的表面不得出现拉毛、气孔、脱壳、砂眼等缺陷。

(11) 转子表面的粗糙度为 Ra1.6,不允许有气孔、裂缝和伤痕等缺陷,其轴颈处必要时应进行表面磁粉或着色探伤。

(12) 滚动轴承不允许有脱落、锈蚀或变形等现象,其与壳体的配合应为 H7/h6 或 G7/h6,与轴的配合应为 H7/k6 或 H7/js6。

(13) 转子动平衡的精度等级应不低于 G2.5。

(14) 同步齿轮

①同步齿轮的精度等级应不低于 5 级。

②同步齿轮的啮合应良好,接触面沿齿高方向大于 50%,沿齿宽方向大于 70%。

③同步齿轮的啮合间隙不得大于螺杆啮合间隙的 1/4。

④滑阀与滑阀座孔间隙值见表 2-14。

表 2-14　滑阀与滑阀座孔间隙值　　单位:mm

机组型号	滑阀与滑阀座孔间隙	机组型号	滑阀与滑阀座孔间隙
LG12.5	0.04～0.08	LG25	0.015～0.037
LG16	0.018～0.031	LG31.5	0.02～0.04
LG20	0.0215～0.043		

(15) 机械密封

①静环密封圈不得有损伤。

②动、静环密封面不允许有划痕、烧伤、拉毛等缺陷,密封面粗糙度要求为 Ra1.6。

③轴封压盖上垫片不能有破损、裂缝等现象。

④弹簧组件不得有卡阻现象。

3. 水环式真空泵

(1) 装配时调整叶轮端面和端盖上圆盘的间隙,两边总间隙按表 2-15 规定,由泵体和端盖之间加垫获得,叶轮两端面间隙应均匀,可通过松紧轴套或背帽而移动叶轮来调整。管路应加装细网过滤装置,其孔眼不大于 0.5 mm。

表 2-15　水环式真空泵叶轮与侧盖之间的间隙　　单位:mm

最小厚度值	总间隙	侧间隙
≤200	0.25～0.3	0.1～0.2
200～500	0.3～0.4	0.12～0.28

(2) 水环式真空泵叶轮与侧盖之间的间隙应符合表 2-15 要求。

(3) 水环式真空泵泵体、侧盖的最小壁厚应符合表 2-16 要求。

表 2-16　水环式真空泵泵体、侧盖的最小壁厚　　单位:mm

水环泵口径	最小壁厚
小于 40	4.5
40～80	5
100～150	6

(4) 水环式真空泵叶片应均匀分布,叶片间的偏差应符合表 2-17 要求。

表 2-17　叶片间的允许偏差

叶轮外径(mm)	≤200	200～300	301～400	401～500
不平衡度(g)	3	5	8	10

(5) 调整轴向间隙为 0.4～0.6 mm;泵体两端压垫:聚四氟乙烯 δ=1 mm。

(6) 轴的直线度:轴颈处≤0.02 mm;轴中部:0.05～0.06 mm。

(7) 滚动轴承与轴的配合为 H7/k6;滚动轴承与轴承座配合为 J7/h6。

(8) 联轴器与轴的配合为 H7/js6。

4. 闸阀

(1)气系统常见闸阀的检修工艺及质量标准参照类似表 2-4 的闸阀规定要求。

(2)安全阀应由检测机构进行检修和检测。

5. 气管道及其附件

(1) 管路内壁应清洁无杂物、污垢;管路与空压机之间应用法兰连接。

(2) 空压机气管路系统应以额定气压进行漏气量检查,8 h 内压降值不应超过 10%。

(3) 管路拆装时要做记号,防止错、反装;管路组装时,管内应无遗留物。

(4) 密封垫应用 0.8~1.5 mm 厚的石棉橡胶板,内径应比管路直径大 2~4 mm。

(5) 法兰检修应满足下列要求。

①法兰连接时应保持平行,其偏差不大于法兰外径的 15/1 000 且不大于 2 mm;法兰密封性能应良好。

②螺栓孔中心偏差,一般不超过孔径的 5%。

③法兰连接应使用同一规格螺栓,安装方向一致,紧固后外露长度一般不宜大于 2 倍螺距,约 1~3 牙。

6. 压力容器

(1) 压力容器应清洁无锈蚀;压力容器应按设备技术文件规定,进行强度和严密性试验。

(2) 卧式的水平度和立式的铅垂度,应符合设备技术文件规定。无规定时,均应不超过 1/1 000。

(3) 压力容器安装允许偏差应符合表 2-18 的规定。

表 2-18　压力容器安装允许偏差

项　目	允许偏差	说　明
中　心	5 mm	测量设备上轴线标记与机轴线间距离
高　程	±5 mm	
水　平	1 mm/m	
垂　直	2 mm/m	

7. 真空破坏阀

(1) 真空破坏阀必须动作灵活、安全可靠。

(2) 进气口必须装设护网,并保证进气畅通。

(3) 在工作压力范围 0.6~0.8 MPa 内,真空破坏阀应能正常开启;当出水管流道压力超过 0.05 MPa 时,应能自动将其顶开。

四、活塞式空气压缩机检修

活塞式空气压缩机结构如图 2-10 所示。

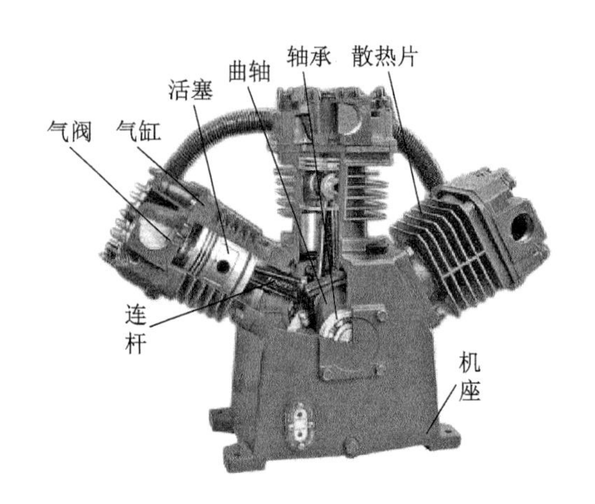

图 2-10　活塞式空气压缩机结构

1. 拆卸

(1) 拆泵前要准备纸和笔记录拆卸顺序，将零件编号。注意零部件的保护，防止碰、撞伤零件；拆卸与空压机连接管路，做好管口的防护；准备好存放拆下零部件的器皿。

(2) 放净泵体油池内润滑油，拆卸示油器和曲轴箱左右侧门，卸下阀室盖，取出吸、排气压筒，吸、排气阀。

(3) 拆卸气缸盖，拆卸连杆大小头螺母、连杆上盖，转动曲轴，将活塞推至上死点，自气缸上取出活塞连杆部件，并将连杆上盖仍然与连杆体装在一起，防止错乱；取下活塞销两端的弹簧挡圈，轻轻地打出塞销，从活塞上取下连杆。

(4) 拆卸气缸体，拆卸曲轴两端大螺母，取下大皮带轮，卸下曲轴两端轴承盖，取出曲轴。

2. 部件检修

(1) 对曲轴箱及分解的零部件进行检查、清洗。

(2) 检查连杆、大小头瓦、曲轴、活塞销磨损情况，应无明显损伤和磨损；轻微损伤可用细砂纸或油石进行修磨，严重缺陷或不满足间隙要求的应更换。

(3) 检查气缸内表面应光洁，无裂纹、气孔、拉伤痕迹等，气缸内径圆柱度公差应符合规定要求；气缸内表面只有轻微的擦伤或拉毛时，用半圆形的油石沿气缸圆周进行研磨修理；明显损伤或气缸内径圆柱度超差，需进行镗缸或更换气缸套；镗缸后，应重新配置与新缸径相适应的活塞和活塞环。

(4) 检查活塞、活塞环表面应光滑，无磨损、划伤、裂纹、变形及铸造、加工等缺陷，活动自如，间隙符合设计要求；如有明显损伤或间隙不符合设计要求应更换。活塞环安装时，相邻两活塞环的搭接口应错开 120°，且尽量避开进气口，活塞环与气缸要贴合良好，活塞环外径与气缸接触线不得小于周长的 60%，或者在整个圆周上，漏光不多于两处，每处弧长不大于 45°，漏光处的径向间隙不大于 0.05 mm。

(5) 检查气阀阀片不得有变形、裂纹、划痕等缺陷，表面光滑，阀弹簧有足够的弹力，阀板升降自由，无卡涩及倾斜现象，不符合要求应更换。

(6) 检查冷却器、分离器、油管、油泵及消声滤清器的完好情况，如有明显损坏应处理或更换。

(7) 检查轴承、传动轴及机械密封磨损情况，如磨损或损伤严重应更换。轴承更换拆装可按前述柱塞泵检修相关要求进行。

(8) 填料和密封一般应进行更换；对不符合使用要求的其他零部件应进行处理或更换。

3. 组装

(1) 安装过程按拆卸的逆顺序进行，组装必须满足活塞式空气压缩机的检修工艺及质量标准，在组装过程中要按原记录或记号回装。组装时将零部件先装配成组合件，然后再整体装配。

(2) 将轴承座、曲轴、飞轮就位，组装轴承盖和油泵，再组装气缸体。

(3) 组装活塞连杆部件；组装连杆大小头部分螺栓、螺母；组装活塞组合体，进、排气阀不得搞错，组装气缸盖。

(4) 组装填料组合件。

(5) 空气压缩机与电动机就位；组装进、排气阀；组装进、排气管路和冷却水管路及仪表附件。

五、螺杆式空气压缩机检修

单级缸螺杆压缩机结构见图 2-11。

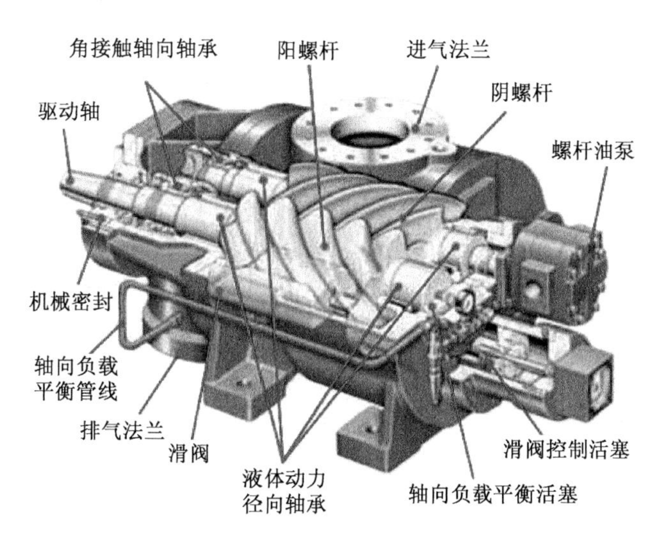

图 2-11　单级缸螺杆压缩机结构图

1. 拆卸

(1) 拆泵前要准备纸和笔记录拆卸顺序，将零件编号。拆卸联结器护罩，复查压缩机对中情况，并做好记录，然后拆连接器。

(2) 拆卸压缩机上与温度、振动和位移有关的仪表监控探头。拆卸与压缩机本体相连的所有润滑油管、气管、冷却水管，注意做好标记。拆卸下的管口要封堵好，以免异物进入。

(3) 拆卸压缩机出入口消音器，连接短管，机体上部的敞口连同消音器短管以及出入口应用合适的薄盖板封堵好。拆卸机座固定螺栓，将一、二级气罐整体拆除，吊放在一个用钢板制作的检修平台上，然后对压缩机分步解体。

(4) 压缩机排出端拆卸

虽然各制造厂的结构设计不尽相同，但工作原理一样；考虑一级压缩相较二级压缩简单，现以二级压缩机为例。

拆下排出侧的齿轮箱端盖，松开并取出主动转子齿轮缘的紧固螺栓和定位销，用拉力器拆下主动转子上的定时齿轮。取出主动转子定时齿轮锁紧螺母上的销子，松开锁紧螺母，用加热的办法逐渐升温，最高不超过 0～180 ℃，准备两根长 200～300 mm 的螺丝杆，一头旋进定时齿轮的螺丝眼内，另一头连接一块备用钢板，用千斤顶将定时齿轮从转子上顶出来，做好标记。

拆下固定推力盘外面压板的紧固螺钉，取出压板，对推力盘轻微加热，小心取下推力盘，防止推力瓦块(轴承)在取出时掉落摔坏，摘除瓦块上的温度指示线，拆卸推力轴承环和推力轴承座。将轴的一端支撑在架上，通过调整使轴心尽量与瓦心重合，以减轻轴瓦承重，用专用工具拉出轴瓦和轴承座。

(5) 机械密封拆卸

拆前，测定机械密封装配位置尺寸，并做好标记。首先用专用扳手，将密封端面的锁紧螺母松开拆掉(注意公转子螺母为左旋螺纹，母转子螺母为右旋螺纹)。拆下密封组件螺钉，将较长的螺杆拧进密封端面的螺丝孔内，这样可以把密封组件整体从密封腔内拉出。拆卸转子轴上的 O 形密封圈。至此压缩机排出端所有零部件已全部拆除，拆下的部件要做好标记，摆放整齐。

(6) 螺杆压缩机吸入端拆卸

使用专用拉力器将联轴器从轴头拆下，注意做好标记，一、二级联轴器不得混淆。拆下吸入端端盖、轴上挡油环和内部供油管，将拆下的零部件做好标记，并拆掉温度引线。将轴的一端支撑在架上，因母转子轴头与轴瓦齐平，需预先在加长轴上制作一个支撑，一端为螺纹结构，旋进母转子轴头的螺孔内，支架支撑在加长轴上，使轴瓦不再承受转子的重量。拆卸轴承座紧固螺栓，然后将顶丝拧入预留的端面螺孔内顶出轴承和轴承座，取出轴瓦与轴承座之间的防转销，将轴瓦从轴承座中取出。

拆下密封组件的锁紧螺母(注意公转子为右旋，母转子为左旋)，拆下密封组件端面的锁紧螺栓，利用长拉杆螺栓，一端旋进密封端面预留的螺丝眼内，将密封从密封腔内整体拉出，拆除过程中，要小心避免损坏密封组件，这样，除了主螺杆之外，所有零部件已拆卸完毕。若螺杆磨损、腐蚀严重，则必须拆卸，抽出螺杆检查，修理或是更换。

(7) 拆卸螺杆

将压缩机排出端向下垂直于平台上。拆下上面吸入端壳体螺栓，将吸入端壳体平稳吊装并固定好。将吊钩挂在主动转子轴头的吊环上，一边转动转子，一边起吊上升，逐渐把主转子吊离壳体，放在专用支架上，然后再将从动转子吊出。

(8) 密封组件拆卸

将密封组件垂直放在平台上，让迷宫端朝上，使用专用扳手拆下迷宫上的螺栓，拆除迷宫。制作 200 mm 直径的板，中心钻孔套丝，将密封组件垂直放在板上，并保持同心，密封腔法兰端朝上，拆除密封组件上的装配板，将一个带有方孔直径为125 mm的板放在轴肩的部位，将一个长175 mm以上的全丝螺杆通过上部方孔，拧进200 mm底板的中心螺孔内，用手拧紧螺杆上的螺母，压下密封组件，使用专用扳手从锁紧的密封组件上，拆装有衬垫的腔室法兰，并移走。小心松开螺母，随着螺母松动，密封组件内部弹簧将使板和轴肩升起，当板不再受到弹簧力作用时，可以依次拆除上板、轴肩、平面密封环和压缩弹簧，将副密封组件整体取出。拆掉两个防转销，拆下O形圈。然后按顺序拆卸保持环、波形弹簧、衬垫密封环，按拆卸顺序逐个编号，放在一个干净安全的地方。

2. 部件检修

（1）对机体及分解的零部件进行检查、清洗。

（2）检查泵的转子、轴磨损情况，表面应光滑平整，粗糙度应符合要求，无气孔、裂缝伤痕和变形等缺陷；轻微损伤可进行处理，必要时可进行无损探伤，损伤严重的应更换。

（3）检查轴颈的椭圆度和不柱度，必要时进行动平衡试验。

（4）检查螺杆的磨损情况，应无伤痕、变形和明显磨损；检查螺杆轴向窜动、啮合间隙、端面间隙和同步齿轮侧隙等，螺杆两端面对轴心线的垂直度公差值、两螺杆平行度公差值等应符合规定要求。轻微缺陷可进行处理，磨损、损伤严重或间隙不能满足规定要求的应更换。

（5）检查同步齿轮磨损情况，应无伤痕和明显磨损，同步齿轮的啮合应良好，接触面沿齿高、齿宽符合要求，啮合间隙不大于螺杆啮合间隙的1/4；滑阀与滑阀座孔间隙值符合规定要求；损伤和磨损严重或不满足规定要求的应更换。

（6）检查滑动轴承的表面，不得出现拉毛、气孔、脱壳和砂眼等现象，轻微缺陷可进行修复，损伤严重应更换。

（7）滚动轴承不允许有脱落、锈蚀或变形等现象，其与壳体和轴的配合应符合规定要求，损伤严重或配合间隙过大应更换。轴承更换拆装可按前述柱塞泵检修相关要求进行。

（8）检查所有密封件，损坏的应更换。检查定位销、防转销是否有松动和弯曲现象，若不能修复，则应更换。检查弹簧的弹性，若弹簧的弹性不一致，则需全部更换新弹簧。

（9）检查确认副密封组件是否能重新使用，一般不解体。

（10）填料和密封一般应进行更换；对不符合使用要求的其他零部件应进行处理或更换。

3. 组装

（1）安装过程按拆卸的逆顺序进行，组装必须满足螺杆式空气压缩机的检修工艺及质量标准，在组装过程中要按原记录或记号回装。

（2）密封组件重新装配

①将腔室法兰放在清洁的工作面上，销钉朝上，将衬垫密封环装入伸出销子的啮合槽内，然后将小型弹簧和保持环装在衬垫上面。

②将平面密封腔放在直径200 mm的板上，销钉面朝上，保证副密封组件装配正确。

③安装O形环，将合格的14个压缩弹簧插进平面密封腔的弹簧孔内，将平面密封环台阶面朝上，放在压缩弹簧的上面，要保证防转销与平面密封环的背面孔在同一中心线上，将轴肩密封面朝下放在密封面上，然后将125 mm板放在轴肩的背面上。

④轻轻压板，轴肩和平面密封环对准弹簧销子且一定要插进销孔，副密封组件的环也

一定要插进平面密封环孔，如果遇到阻力，不要强行装配，要查出原因，排除后再装配。用手按住板、轴肩和平面密封环，装上所有的螺栓，并拧紧全部螺母，固定好这一组件。将腔室法兰组件放到固定好的平面密封环、平面密封腔、轴肩组件上，要防止衬垫密封环与轴肩倒角损坏，将螺钉拧进腔室法兰，用扳手上紧，然后拿掉螺母、上板和螺钉。用 4 个内六角螺钉固定装配板，装配时轻轻按下并转动装配板对准螺孔后，装上 4 个螺钉并拧紧。将密封组件平面密封腔朝上放好，通过平面密封腔将迷宫插入并固定在轴肩上。将 O 形圈套在密封组件的外径槽内，到此就完成了密封的组装。

(3) 机体装配与检测

装配前确认缸体内表面、油通道干净，水夹套没有污垢、杂质，所有待装配的零部件质量合格，且已清洗干净。

将压缩机罐体垂直放在平台上，排出端在下面，将公转子装入相应的腔内，然后小心地将母转子旋入相应的腔内，转动母转子使其不要与公转子发生咬合，在吸入端装上吸入口壳体，然后将罐体水平地放在平台上，用支撑架支撑转子两端，使转子位于壳体孔的中心线位置，转子齿侧隙标准 0～0.025 mm。将 O 形环装于转子轴槽内，并涂上润滑油。将密封组件装在装配板上，用压缩机壳体上的两个螺钉作导轨，对准压缩机壳体的进出油孔，推入密封组件，密封到位后，拆下两个导向螺钉，拆卸装配板上的螺钉，拆掉装配板，将密封法兰固定到压缩机壳体上并拧紧密封，装配并紧固轴端锁紧螺母。

(4) 安装出口侧和入口侧的径向轴承

用水平仪和塞尺检查两转子的平行度及间隙的平等度，具体方法为：将四棱水平尺搭在与轴承相近的转子轴颈上，然后把水平仪放在水平尺之上，用塞尺调整水平度，比较出入口两端的塞尺厚度值，最大的平行度允许偏差为 0.038 mm。测量径向轴承与轴的装配间隙，一级罐公转子吸入侧与排出侧、母转子吸入侧与排出侧的数值，二级罐公转子吸入侧与排出侧、母转子吸入侧与排出侧数值标准：0.153～0.190 mm。测量安装入口端轴头挡油环，检测径向间隙，标准为 0.10～0.178 mm。用百分表测量转子在没有装进推力轴承时的轴向串量。

(5) 安装定距环、推力轴承和推力环

将一个与定时齿轮轴向尺寸相同的钢管套装在定时齿轮位置上，上紧锁紧螺母，重复转子轴向移动，得到排出端的间隙，标准为 0.153～0.203 mm；安装推力轴承挡板，重复轴向移动转子，即可测得推力轴承间隙，标准为 0.102～0.153 mm；若间隙值不合适，就需调整装在推力轴承座和推力挡板之间的弹性垫片。在油或蒸汽中加热公转子定时齿轮，温度在 150～180 ℃范围，将其套在相应的轴上，且要到位。预先做好标记的齿要转到靠近母转子这一侧的水平位置上，母转子定时齿轮有标记的齿也摆放到水平位置，用铜棒将母转子定时齿轮推打进去；要保证一对定时齿轮啮合齿在原装配位置不变，最后将定时齿轮锁紧螺母锁紧，用母转子上定时齿轮轮缘来微调两定时齿轮的同步；调整好后，将轮缘与齿轮壳体的螺栓锁紧。定时齿轮顶隙，标准为 0.05～0.089 mm，装配公转子轴头联结器（若热装，用蒸汽加热温度不超过 100 ℃），压缩机整体就位与电动机联轴器找正，径向≤0.05 mm，端面≤0.12 mm。

(6) 附件及管路安装

连接油气水管线,安装出入口消音器、短管等,连接管线时不得影响设备的对中。

六、水环真空泵检修

水环真空泵结构如图 2-12 所示。

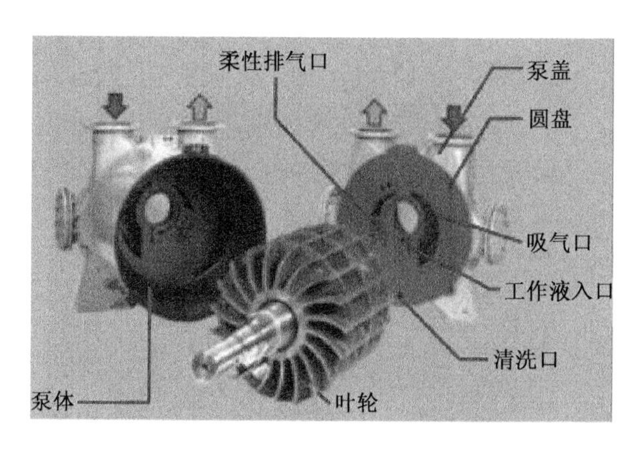

图 2-12 水环真空泵结构图

1. 拆卸

(1) 拆泵前要准备纸和笔记录拆卸顺序,将零件编号。拆泵的过程中将油盘或塑料薄膜放在泵的下面,以防止工作液渗出影响环境。准备好存放拆下零部件的器皿。

(2) 拆卸泵体与管路连接,做好管口的防护;拆卸连接电机与泵的联轴器的螺栓。

(3) 松开并取下两连通管,松开填料压盖螺帽,取下填料压盖,松开泵体和端盖的连接螺栓和泵脚处的螺栓;在泵体下加一支撑,然后从轴上取下端盖;松开另一个泵脚螺栓,从底座上取下泵头。

(4) 用卸力器取下联轴器,从轴上取下联轴器的键,取下前轴承压盖;松开轴承并帽,取下轴承架和轴承;松开填料压盖的压紧螺帽,取下填料压盖。

(5) 将轴和叶轮一同从端盖中取出,从轴上取下轴套,取下叶轮。

2. 部件检修

(1) 对泵体及分解的零部件进行检查、清洗。

(2) 检查泵轴应无明显磨损、变形和损伤;轻微缺陷可进行修复处理,损伤变形严重的应更换。

(3) 检查叶轮、圆盘完整性,应无损伤,间隙符合规定要求;损伤严重或间隙过大的应更换。

(4) 检查轴承无明显磨损,轴承间隙、与泵轴间隙应符合要求。不符合要求的应更换,轴承更换拆装可按前述柱塞泵检修相关要求进行。

(5) 对不符合使用要求的零部件进行处理或更换。

3. 组装

(1) 安装过程按拆卸的逆顺序进行,在组装过程中要按原记录或记号回装。

(2) 组装必须满足水环真空泵检修工艺及质量标准。

第六节　水系统检修

一、水系统的作用与组成

1. 作用

泵站水系统主要分为两部分，排水系统和供水系统（也称技术供水系统）。

排水系统主要用于排除站房内的各种冷却水、渗漏水及检修时主泵内积水。

供水系统主要用于提供主机组轴承润滑油冷却、主水泵填料润滑以及泵站的辅助设备冷却等的技术供水。机组检修后向流道充水，使检修闸门两侧水压平衡，便于闸门起吊。

2. 组成

系统主要由水泵、电动机、管道、底阀、闸阀、逆止阀、滤水器及冷水机组和压力检测单元等组成。

3. 水泵类型

水系统关键设备为水泵，其种类较多，在泵站常用的主要为离心泵、潜水泵及深井泵等三种类型。

（1）离心泵

离心泵有立式，卧式，单级、多级、单吸、双吸、自吸式等多种形式。在泵站一般采用立式、卧式两种单级单吸离心泵。单级单吸离心泵效率高、结构简单、制造容易、维修方便，是使用最为广泛的一种泵型。由于离心泵本身没有自吸能力，启动前在泵壳内充满水以后，方可正常运行。

离心泵主要由叶轮、泵轴、密封、轴承及泵体等组成。

离心泵外形如图 2-13 所示。

（a）立式

（b）卧式

图 2-13　离心泵外形图

（2）潜水泵

潜水泵是离心泵的一种，其电动机与水泵合为一体，不用长的传动轴，质量较轻。电动机与水泵均潜入水中，不需要安装基础，一般是用水来润滑和冷却，所以维护费用较小。潜水泵由于结构上的限制，扬程范围小，安装及维修比地面泵困难，同时电缆及密封易老化，导致漏电，故障率相应较高。

潜水泵结构与离心泵基本相同，主要由叶轮、泵轴、密封、轴承、泵体及电动机等组成。

潜水泵外形如图 2-14 所示。

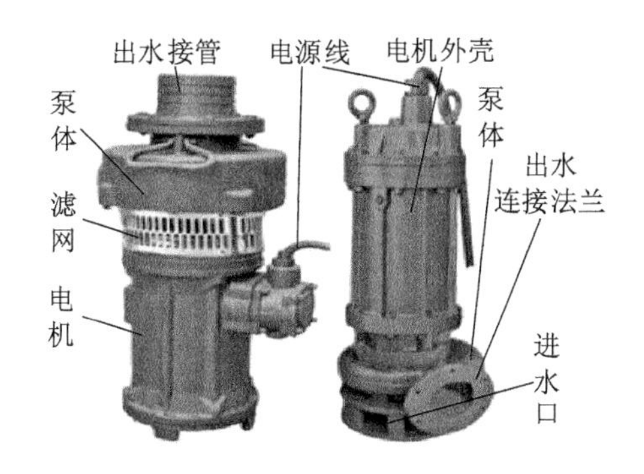

图 2-14 潜水泵外形图

(3) 深井泵

深井泵主要用于从深井中提取地下水。深井泵主要由水泵、电动机和管道三部分组成。主要用于深井，由于井深要求扬程较大，深井泵一般为分段式多级立式离心泵。由电动机安装位置不同分为两种类型，一种是电动机装配在最下部，类似于潜水泵，电动机淹没在井水面以下，此种类型也称为潜水深井泵，如图 2-15 所示；另一种是电动机安装在井口地面上，水泵在底部，中间是输水管和传动轴，此种类型称为长轴深井泵，如图 2-16 所示。

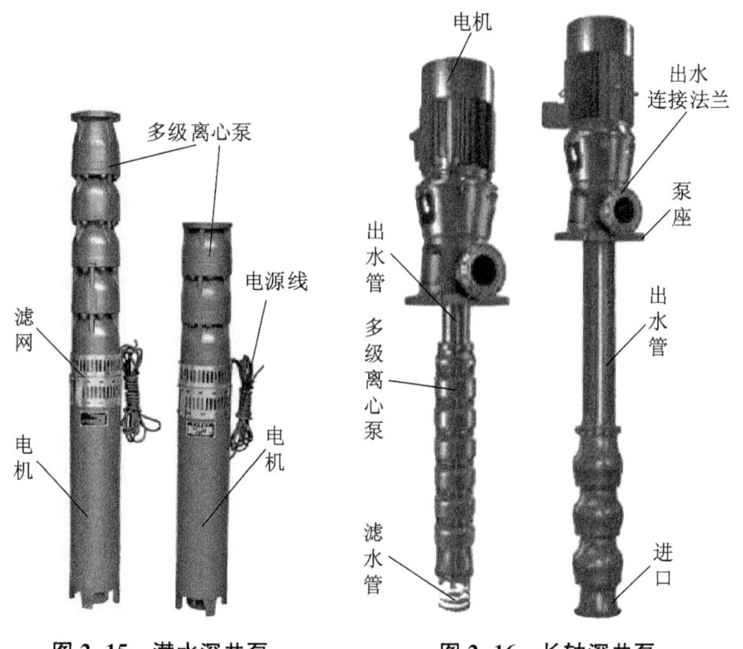

图 2-15 潜水深井泵

图 2-16 长轴深井泵

潜水深井泵除多级离心泵以外，其他结构、特点及检修要求与潜水泵基本相同。长轴深井泵，电动机在地面以上，相对于潜水深井泵故障率低，安装检修较为方便。

深井泵由泵体、叶轮、轴、管道及电动机等组成，其中泵体由多级立式离心泵组装而成。

二、水系统检修项目

1. 小修项目

1）水系统小修项目

（1）水泵的清理和维修。

（2）管道的检查及闸阀的维修。

（3）逆止阀、底阀的清理和维修。

（4）滤网、支架以及其他附件的清理和维修。

（5）电机的检查及绝缘检测。

2）离心泵小修项目

（1）检查、更换密封，进行渗漏处理。

（2）检查螺栓紧固情况。

（3）检查油位，补油。

（4）检查联轴器弹性柱销。

3）潜水泵小修项目

（1）检查螺栓紧固情况。

（2）检查、清理进水口护网。

（3）电机绝缘检测。

4）深井泵小修项目(长轴)

（1）检查、更换密封，进行渗漏处理。

（2）检查螺栓紧固情况。

2. 大修项目

1）水系统大修项目

（1）水泵的检修、清理。

（2）管道的检修。

（3）逆止阀以及其他闸阀的检修、校验。

（4）滤网、支架以及其他附件的检修。

（5）电机的检修及绝缘检测。

（6）系统防腐处理。

2）离心泵大修项目

（1）小修项目内容。

（2）解体检查各部件的磨损情况。

（3）检查或更换轴承、轴承端盖。

（4）检查或更换叶轮、挡水圈、键、填料函或机械密封。

（5）检查或维修泵体。

(6) 更换密封。

3) 潜水泵大修项目

(1) 小修项目内容。

(2) 解体检查各部件的磨损情况。

(3) 检查或更换上端盖、下端盖、上轴承、下轴承。

(4) 检查或更换定子、转子、上机械密封、下机械密封、叶轮、密封环。

(5) 检查或更换渗漏报警器。

(6) 检查或维修泵体。

(7) 电机绝缘性能检查。

4) 深井泵(长轴)

(1) 小修项目内容。

(2) 解体检查各部件的磨损情况。

(3) 检查或更换进水滤管、进水管底阀、导流壳。

(4) 检查或更换叶轮、锥体、叶轮轴、支架及轴承。

(5) 检查或更换输水管、联管器、轴承体。

(6) 检查维修泵体。

三、水系统检修工艺及质量标准

水系统主设备由于型号、规格、品牌以及制造厂不同,设备的结构和部件、检修工艺及质量标准略有差别,检修工艺及质量标准应按制造厂技术规定执行,如无规定可参照以下要求执行。

1. 离心泵

1) 填料检修应满足下列要求。

(1) 填料的根数应不少于 4 根,放入填料时接缝处要相互错开。

(2) 填料压紧的程度,以液体漏出时成滴状为宜。

(3) 更换磨损严重的填料轴套。

2) 轴承检修应满足下列要求。

(1) 泵轴轴径表面应无裂纹、损伤和过度磨损。

(2) 轴承与轴及轴承座配合松紧适宜。

(3) 轴承内外弹道应光洁、无麻点,弹夹完好,转动自如,无卡滞,无异声。

3) 叶轮检修应满足下列要求。

(1) 叶轮安装方向及方法应正确。

(2) 叶轮表面应光洁无磨损、锈蚀。

(3) 叶轮进口外缘与泵轴内缘之间间隙应适当,一般密封环处的轴向间隙控制在 0.5～1.5 mm 以内,小泵对应于小值。

4) 联轴器检修应满足下列要求。

(1) 弹性联轴器的弹性圈和栓销应为过盈配合,连接良好。过盈量一般为 0.2～0.4 mm,栓销螺栓应均匀着力,当全部栓销在联轴器螺孔一侧时,另一侧间隙应为 0.5～

1 mm。

(2) 两联轴器的同轴度及端面间隙应符合表 2-19 的规定。

表 2-19　两联轴器的同轴度及端面间隙　　单位:mm

<table>
<tr><th>水泵直径</th><th>轴向间隙</th><th>同心允许偏差</th><th>轴向允许偏差</th></tr>
<tr><td>12″以下</td><td>2～4</td><td rowspan="3"><0.1</td><td rowspan="3"><0.3</td></tr>
<tr><td>14″～20″</td><td>4～6</td></tr>
<tr><td>20″以上</td><td>4～8</td></tr>
</table>

5) 键与键槽应光滑无毛刺、塌边,键与键槽配合松紧适宜。

6) 泵轴螺纹与螺母旋进与退出自如,无错牙,无毛刺。

7) 蜗室起点处的隔舌与叶轮外径的间隙要适当。

8) 机械密封件动环与静环应光洁如镜,不得有划痕、拉毛,在安装过程中避免过度压紧。

2. 潜水泵

(1) 机械密封的组装必须在非常清洁的状态下进行,用纯净的润滑油作为组装介质。机械密封在安装过程中要避免动、静环过度压紧。

(2) 轴承表面应光滑、无划痕,转动自如无异常声音和卡滞。轴承润滑油(脂)量应为轴承腔体积的 1/3～1/2。

(3) 叶轮与耐磨圈的磨损间隙在直径方向的最大值超过 2 mm 时,应更换耐磨圈。表面应光滑、无划痕。

(4) 潜水泵电机绝缘电阻用 500 V 兆欧表测量,不小于 2 MΩ。

3. 深井泵(长轴)

(1) 输水管安装时,泵轴应在输水管中间,将轴承体旋入联轴器内,用轴承体扳手扳紧,测量轴端面至轴承体平面距离,每装一组输水管和传动轴应测量一次,数据应保持一致;若不一致,应调整;若传动轴偏斜,不在输水管中间,应将轴吊起少许,转动 180°再落下;若传动轴偏斜方向改变,则应校直轴或更换;若偏斜方向不变,应把输水管拆除,检查输水管端面及轴承体上、下平面是否平整、有无杂物,然后重新安装。

(2) 吊装时,被吊装的部件切勿与地面及其他硬物相碰撞,保证已清洁干净的零部件不磕碰划伤,不沾脏物。

(3) 凡有螺纹、止口和结合面的部位,安装时,必须均匀涂一层黄油或铅油,橡胶轴承应涂滑石粉,不能与油类接触。

(4) 传动轴与联轴器连接时,应确保两传动轴面紧密接触,其接触面应位于联轴器的中部。

(5) 防松圈、锁紧环以及其他螺纹连接部位应拧紧。

(6) 每根输水管安装完后未装轴承体前,应用样板或量具检查轴是否与管同心,如偏斜较大时,应查找原因,或更换输水管、传动轴。

(7) 每安装 3～5 节输水管后,应检查转动部分是否能用手转动,并检查轴伸出的长度是否变化，若转动困难或伸出长度变化显著时，应查明原因，进行调整。

4. 闸阀

（1）垂直上下启座的阀瓣，其上部应与导向套配合灵活，无卡涩，间隙为 0.3～0.5 mm。

（2）旋启式逆止阀其阀瓣与阀体固定端连接应灵活、可靠，抬起阀瓣后靠自重应能自由落下，并与阀座密封面密封完好，不得有可见间隙。

（3）所用填料应符合工作介质要求。密封填料应保证其总高度，填料压环套入阀盖密封体应灵活，无卡涩，以保证其对填料的压紧作用。所更换的密封填料，接口应切成45°斜形，各圈接口应错开 90°～120°，切割填料长短应适当，放入填料室内接口不得有间隙或叠加现象。

（4）水系统其余闸阀的检修工艺及质量标准参照表 2-4 类似闸阀的规定要求。

5. 水管道及附件

（1）管路拆装时要做好记号，防止错、反装。

（2）管路内壁应清洁，无垃圾、污垢。

（3）管路组装时管内无遗留物。

（4）法兰完整，密封严密，无渗漏。

（5）供水滤网清洗、修补或更换。

四、离心泵检修

卧式离心泵结构如图 2-17 所示，立式离心泵结构如图 2-18 所示。

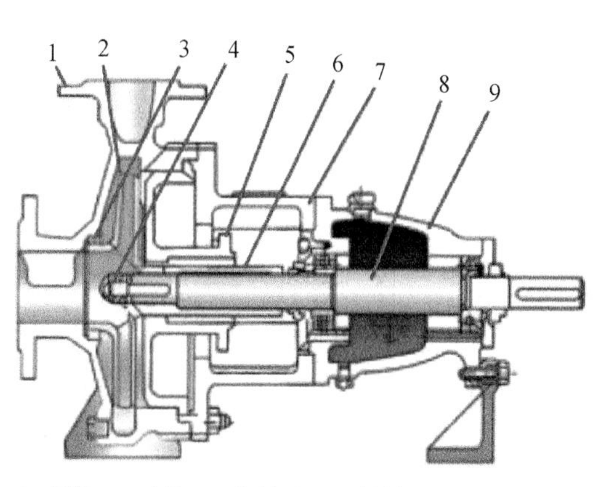

1—泵体；2—叶轮；3—密封环；4—叶轮螺母；5—泵盖；6—密封部件；7—中间支架；8—泵轴；9—悬架部件。

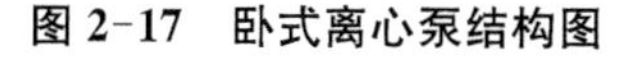

图 2-17　卧式离心泵结构图

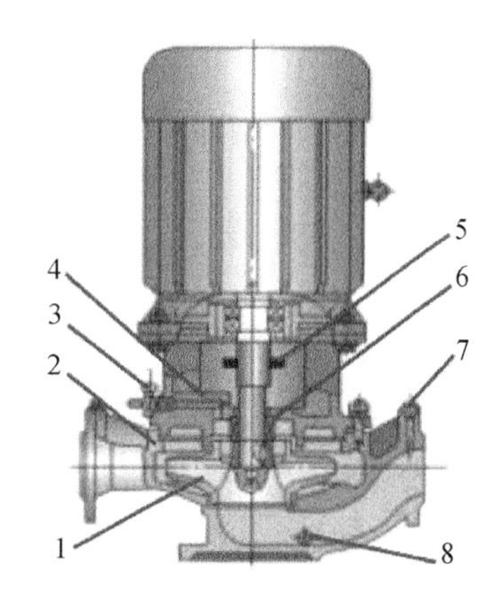

1—叶轮；2—泵体；3—放气阀；4—泵盖；5—挡水圈；6—机械密封；7—取压孔；8—放水孔。

图 2-18　立式离心泵结构图

1. 拆卸

（1）拆泵前要准备纸和笔记录拆卸顺序，将零件编号，拆泵的过程中将油盘或塑料薄膜放在泵的下面，防止水泵或管路里面的水渗出影响环境。

（2）关闭泵进出水管路闸阀，拆卸连接电机与泵体的联轴螺栓，拆卸联轴器罩及地脚螺栓，拆卸进出水管法兰螺栓、水泵地脚螺栓（卧式）。

(3) 吊出泵体至检修场地(立式),拆卸联轴器、键,放出润滑油;拆卸泵盖螺栓,拆卸叶轮室泵盖。

(4) 拆卸叶轮旋紧螺母,取下叶轮、键;拆卸轴承压盖、填料压盖、填料或机械密封;取出挡水圈、泵轴,取出密封环。

2. 部件检修

(1) 对泵体及分解的零部件进行检查、清洗。

(2) 对磨损件进行检查、修理或更换。

(3) 检查泵轴及轴径应无明显磨损、变形和损伤,磨损和损伤严重的应更换。

(4) 检查叶轮、密封环,应无明显磨损和损伤,间隙符合规定要求,磨损严重或间隙过大的应更换。

(5) 检查轴承应无明显磨损,轴承间隙、与泵轴间隙符合要求,间隙超标应更换。轴承更换拆装可按前述柱塞泵检修相关要求进行。

(6) 对不符合使用要求的其他零部件进行处理或更换。

3. 组装

(1) 安装过程按拆卸的逆顺序进行,组装必须满足单级单吸离心泵检修工艺及质量标准,在组装过程中要按原记录或记号回装。

(2) 组装泵轴、轴承后压盖、轴承、轴承前压盖;将填料压盖、挡水圈套入泵轴;装叶轮轴键、叶轮,将叶轮紧固牢靠,并锁定保险垫片;装叶轮室泵盖;加润滑油、填料密封。

(3) 装联轴器,并调整与电机的同轴度。

五、潜水泵检修

潜水泵种类较多,现以 QW 型泵为例。潜水泵结构如图 2-19 所示。

1. 拆卸

(1) 拆泵前要准备纸和笔记录拆卸顺序,将零件编号,拆泵的过程中将油盘或塑料薄膜放在泵的下面,防止潜水泵里面的油渗出影响环境。

(2) 拆卸进出水管法兰螺栓,放出油室腔内机械油。

(3) 拆卸接线盒盖;拆卸泵体与泵座连接螺栓。

(4) 拆卸叶轮、密封环;拆卸机械密封、上端盖、下端盖;取出转子(轴承随转子一起)。

2. 部件的检修

(1) 对泵体及分解的零部件进行检查、清洗。

(2) 对机械密封、密封环等进行检查、修理或更换。

(3) 检查泵轴、叶轮应无明显磨损、变形和损伤,叶轮间隙应符合规定要求。

(4) 检查轴承无明显磨损,轴承间隙、与泵轴间隙符合要求;不符合要求的应更换。轴承更换拆装可按前述柱塞泵检修相关要求进行。

(5) 检查或更换渗漏报警器(油水探头)。

(6) 检查电机绝缘性能,如不满足要求,应进行干燥和绝缘处理。

(7) 对不符合使用要求的零部件进行处理或更换。

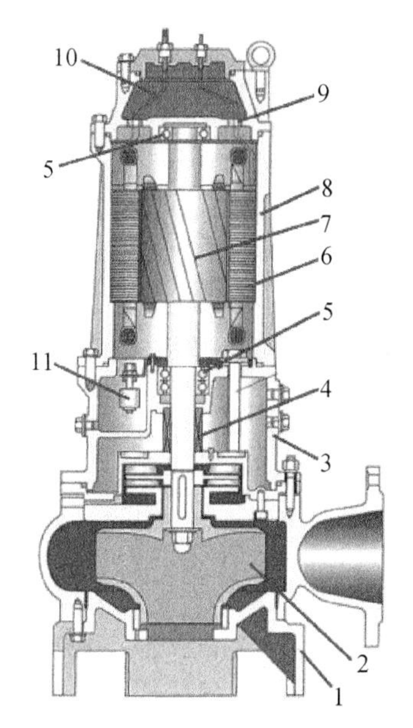

1—底座;2—叶轮;3—泵体;4—机械密封;5—轴承;6—定子;7—转子;8—电机外壳;9—信号线;10—电源线;11—油水探头。

图 2-19 潜水泵结构图

3. 组装

(1) 安装过程按拆卸的逆顺序进行,组装必须满足潜水泵检修工艺及质量标准,在组装过程中要按原记录或记号回装。

(2) 压转子上、下轴承,并在轴承内加润滑脂。

(3) 组装下端盖,将电机转子连同轴承压入下端盖,组装渗漏报警器。

(4) 吊起电机定子,引出信号线,连接电机定子与下端盖;通过试运转,检查电机运转情况。

(5) 用细砂纸带油抛光主轴机械密封部位;组装机械密封;组装叶轮并锁紧,转动叶轮手感应活动自如,无卡滞。

(6) 装密封环(耐磨圈),压入泵体后,连接电机部件与泵体。

(7) 检查主机绝缘、渗漏监控性能及进行整机气压试验(有条件时);组装起吊装置,注机械油,做好线头标识;放入水中浸泡后再进行绝缘检测。

六、深井泵检修(长轴)

深井泵结构如图 2-20 所示。

1. 拆卸

(1) 拆水泵前要准备纸和笔记录拆卸顺序,将零件编号,准备检修专用工具。

(2) 拆卸出水管法兰螺栓,拆卸电机罩壳、传动盘及钩头键和调整螺母;拆卸电机底脚螺杆,并吊离电机至检修场地。

(3) 将水泵整体吊至一定高度,用夹板夹紧输水管与传动轴,置于井口枕木上,拆卸

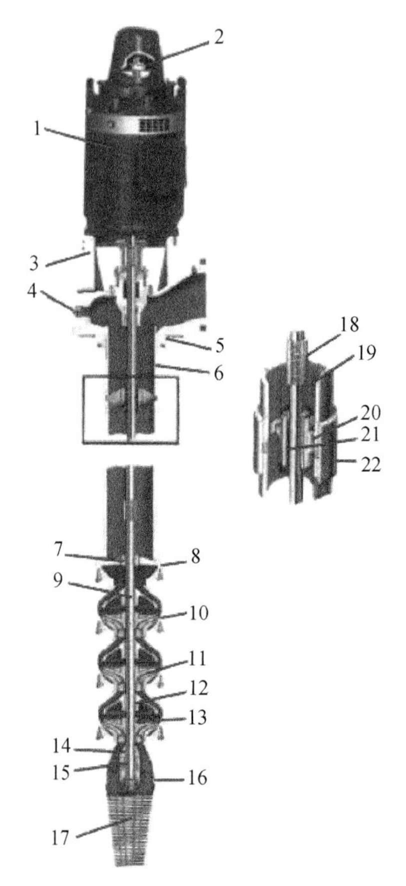

1—电机；2—调整螺母；3—泵座；4—预润丝堵；5—进水法兰；6—上短管；7—上壳轴承；8—出水壳；9—叶轮轴；10—中壳；11—叶轮；12—中壳轴承；13—锥套；14—防砂环；15—下壳轴承；16—下壳；17—滤水器；18—联轴器；19—传动轴；20—轴承支架；21—支架轴承；22—联管器。

图 2-20　深井泵结构图

输水管与泵座锁紧环，将泵座吊至检修场地。

(4) 起吊输水管至下一输水管连接处，用夹板卡住下一节输水管，拆卸联管器、联轴器，按照上述步骤，直至将输水管、泵体及进水滤水器完全分离吊出。

(5) 拆卸泵体部件；拆卸滤水器和底阀部件(当有底阀时)；分离锥套与叶轮；拆卸水泵壳体，依次拆卸泵体部件。

2. 部件检修

(1) 对泵体、管道及分解的零部件进行检查、清洗。

(2) 检查泵轴及轴径，应无明显磨损、变形和损伤，若损伤严重应加工处理或更换。

(3) 检查叶轮应无明显磨损和损伤，间隙符合规定要求，若损伤严重或间隙超标应更换。

(4) 检查轴承应无明显磨损，轴承间隙、与泵轴间隙符合要求，若磨损严重或间隙不符合规定要求应更换。轴承更换拆装可按前述柱塞泵检修相关要求进行。

(5) 所有密封件应更换；对不符合使用要求的其他零部件进行处理或更换。

3. 组装

(1) 安装过程按拆卸的逆顺序进行，组装必须满足深井泵检修工艺及质量标准，在组装过程中要按原记录或记号回装。

(2) 将滤水器和底阀(当带有底阀时)装在泵体的下端,用专用夹板夹在泵体上端,用起吊设备起吊泵体并放入井中,将夹板落在事先放在井口的两根枕木上。

(3) 将另一副夹板夹在短输水管的一端连同短传动轴一起起吊,先将短传动轴通过联轴器与叶轮拧紧,再将短输水管与已放入井中的泵体连接好,将轴承支架安放在输水管的端部,用轴承支架扳手将轴承支架旋入联管器内,并与输水管端面紧密接触。

(4) 将传动装置轴(用专用电机驱动时,则为电机传动轴)装在传动轴上端。

(5) 将最上端输水管与泵座组装在一起并紧锁紧环,吊起泵座部件置于井口上方,传动装置轴穿过深井泵座中间的填料函孔,将短管与放在井口上的输水管连接好。输水管起吊时,传动轴应固定在输水管上,联轴器应预先安装传动轴上,并拴住,逐节将输水管全部放入井中。

(6) 当用专用立式电机驱动时,将电机上端防护罩卸下,拆去调整螺母和传动盘,吊起电机,使电机传动轴穿过电机的空心轴,用螺栓将电机固定在泵座上,检查电机传动轴与空心轴的对中,若不对中,则应调整直至对中。

(7) 装好电机上端的传动盘和钩头键;将调整螺母装在传动装置轴上,并调整好转子的轴向间隙,调整螺母的螺纹均为右螺旋,调节螺母旋转一圈,传动轴提升一个螺距。

(8) 安装电机护罩。

七、逆止阀检修

逆止阀结构如图 2-21 所示。

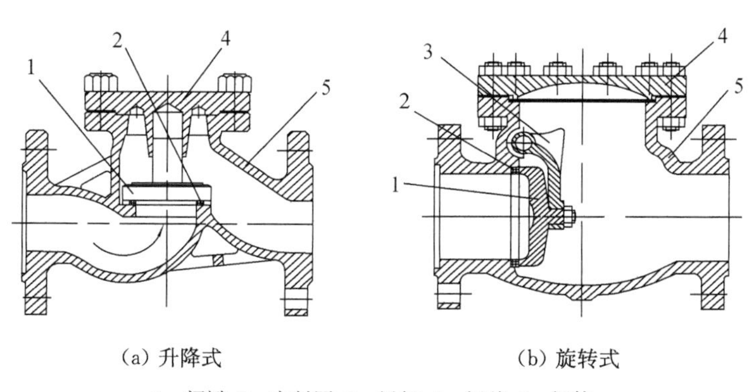

(a) 升降式　　(b) 旋转式

1—阀瓣;2—密封圈;3—摇杆;4—阀盖;5—阀体。

图 2-21　逆止阀结构图

1. 拆卸

(1) 关闭阀体与进出水管路有关的闸阀,拆卸逆止阀盖板(一般逆止阀);拆卸管道与逆止阀之间的连接螺栓,取出逆止阀至检修场地(管道式逆止阀)。

(2) 旋开阀体一侧转动芯杆定位螺丝;松开阀门与转动芯杆固定螺栓;取出转动杆;取出阀门;取出铜套。

2. 部件检修

(1) 零部件清洗、检查和修理。

(2) 检查阀杆、转轮无明显磨损、变形;阀体内侧应光滑、无砂孔;阀片与阀体接触面无锈蚀、麻点或贯穿;阀门闭合时,阀线接触良好,严密不漏。

(3) 对不符合使用要求的零部件进行处理或更换。

3. 组装

(1) 组装按拆卸逆顺序进行。

(2) 组装必须满足阀门检修工艺及质量标准。

八、电动蝶阀检修

电动蝶阀结构如图 2-22 所示。

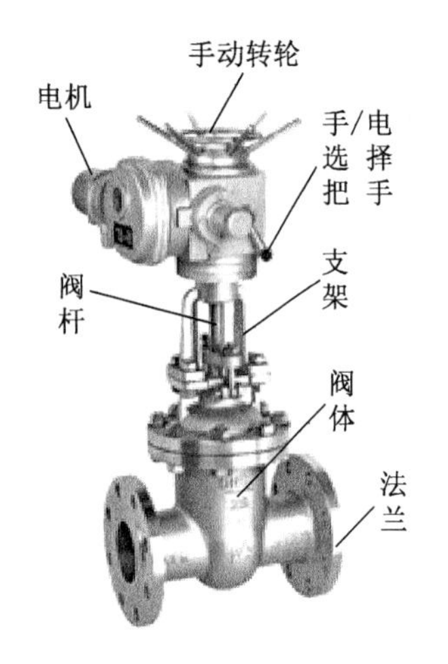

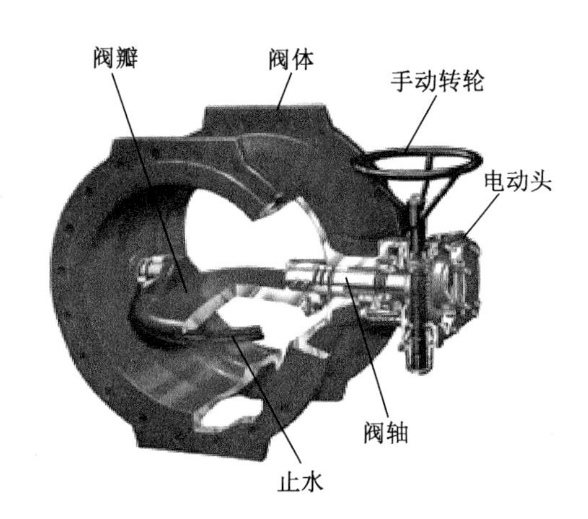

图 2-22　电动蝶阀结构图

1. 拆卸

(1) 拆电机连接螺丝及电缆,将电机吊至检修场地。

(2) 拆卸法兰与管道的连接螺栓,吊出阀体,打开填料压盖压板,取出填料。

(3) 拆卸底部阀盖,取出垫圈和轴承。

(4) 拆下轴与阀盘之间的固定螺栓,抽出阀轴、阀盘,并做好记号。

(5) 拆下阀体上的固定密封环螺栓,取下密封环。

2. 部件检修

(1) 零部件清洗、检查和修理。

(2) 检查阀体表面应完好,无裂纹、砂眼等,法兰接合面应平整;检查阀座、阀瓣的密封面应无磨损、裂纹等。

(3) 检查阀杆弯曲度、椭圆度不应超过规定值;阀杆螺纹完好,与螺纹套筒配合灵活。

(4) 对不符合使用要求的零部件进行处理或更换。

3. 组装

组装按拆卸逆顺序进行。

(1) 在阀体上装上密封环,用压板压住并用螺栓锁紧。

(2) 装阀盘、阀轴,注意流向标记;装上、下阀套、垫圈、阀盖。

(3) 将新换的填料用压盖压好,并紧固阀盖螺栓,装上传动机构。

(4) 组装必须满足阀门检修工艺及质量标准。

第七节 电动机检修

一、电动机的作用与组成

1. 作用

辅助设备电动机是泵站重要动力设备,它将电能转变为机械能以带动辅助设备运行。电动机种类较多,在泵站,一般采用低压三相异步鼠笼式电动机。

2. 组成

电动机主要由定子、转子、机座、风扇及轴承等组成。

三相异步电动机外形如图 2-23 所示。

图 2-23 三相异步电动机外形图

二、电动机检修项目

1. 小修项目

(1) 电动机检查和维修。

(2) 轴承的检查,必要时加油或清洗换油。

(3) 电动机绝缘检测。

2. 大修项目

三相异步电动机大修主要是解体检查各部件磨损及绕组绝缘情况,修理或更换新部件。

(1) 小修项目内容。

(2) 电机解体。

(3) 定子绕组的检查。

(4) 转子、轴径的检查和维修。

(5) 轴承的检查和更换。

(6) 风扇的检查和维修。

(7) 系统防腐处理。

三、电动机检修工艺及质量标准

1. 电机各处焊接良好,连接牢固,无开裂、开焊现象。

2. 铸铝型转子端部风扇齐全完好。

3. 绕组三相直流电阻阻值误差≤1%,绕组绝缘电阻≥0.5 MΩ,绕组绝缘电阻吸收比≥1.3。

4. 绕组端部绑扎固定牢固,引线接头焊接良好,无过热现象,接线盒密封良好。

5. 铁芯无变形、碰伤,无熔点、锈蚀。

6. 通风沟支持板良好,通风孔畅通。

7. 轴承内外套、保持器、滚子无变形、裂纹、麻点、锈蚀等现象。轴承间隙允许值满足表 2-20 要求。

表 2-20 轴承间隙允许值 单位:mm

轴径	20～50	55～80	85～130
轴承间隙	0.02～0.06	0.02～0.10	0.02～0.14

四、电动机的拆装

三相异步电动机结构如图 2-24 所示。

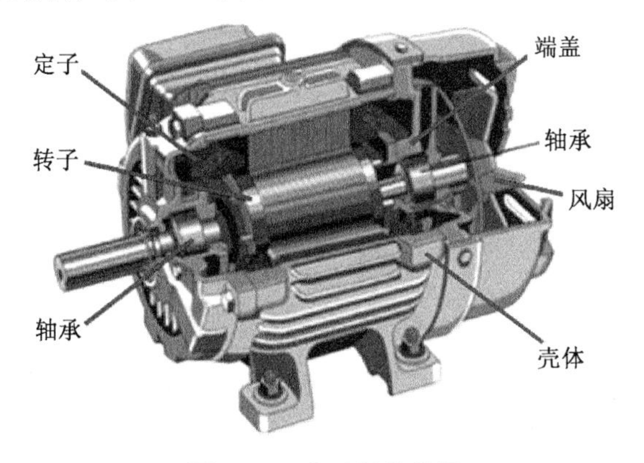

图 2-24 电动机结构图

1. 电动机的拆卸

(1) 拆卸电动机与辅助设备机泵的连接螺栓;拆卸底脚螺栓,将电机移至检修位置,并注意对地面环境的保护。

(2) 根据联轴器的大小选择合适的三爪拉马,调整拉马顶丝杆与电机轴中心一致,用力收紧。当拉力加大到一定程度仍然不能拉动联轴器靠背轮时,可用喷枪对称加热或热油浇注,注意受热均匀。在将电机靠背轮(对轮)与轴要拉至脱离开时,要注意保护好轴及对轮,防止碰伤,并做好相应键的头尾标记。

(3) 拆卸风罩及电机风叶,拆卸方法与拉对轮相同。

(4) 拆卸端盖,首先做好外轴承对端盖、端盖对机座的相对位置标志,依次拆卸外轴承盖、端盖,有顶丝孔的用顶丝方法,均匀地对角将端盖顶开,或用穿心启子、撬杠的方法,轻轻撬动,同样要两边对称用力。防止端盖歪扭和下落过程中碰伤线圈和轴。端盖要轻放,避免止口损伤。

(5) 拆卸转子,拆卸大型电机时要用专用的起吊工具抽出转子,注意不要碰伤线圈绝缘,小型电机可直接抬出转子,转子抬出后放在枕木上或专用的转子支架上,以便检修。

(6) 拆卸轴承,装好拉马或专用夹件,冷拉轴承时要对好中心,夹住轴承内套,严禁将轴承外套或油盖带出轴承。如冷拉轴比较费劲,可用不超过 100 ℃的热油均匀浇内套,同时加力迅速拉下轴承。

2. 部件检修

(1) 定子及转子检修:检查清洗定、转子,去除油污;铁芯应无变形、碰伤,无锈蚀,各紧固件牢固;线圈应无松动、变色,引出线无过热现象;槽口处绑线、垫块、固定环无松动;出线套管应干净,无裂纹、无脱胶,接线盒完好;轴径及轴承窝处光洁无损伤。

(2) 端盖检修:检查端盖是否变形和接触面是否有裂纹、变形和缺损,端盖与轴承、机体之间的配合间隙是否符合要求,如端盖与轴承或机座的配合间隙过大,对端盖进行镀磨修复或更换。

(3) 轴承检修:清洗轴承,检查轴承内外套、保持器、滚子应无变形、裂纹、麻点、锈蚀、发热变色等现象。轴承与轴、端盖配合,轴承间隙满足要求。如有损坏或不符合要求的应修复或更换。

(4) 电机绕组绝缘检查,如不满足要求,应进行干燥和绝缘处理。

3. 组装

(1) 给检查清洗或更换后的轴承加油,2 极电机油盖内加至容积的 1/2,其他转速的电机可加至油盖容积的 2/3。定、转子回装顺序与抽转子时相反。

(2) 对于检查合格的轴承,用榔头或紫铜棒敲击轴承内套,装到轴上,如冷装不上,可将轴承放入不超过 100 ℃的油中加热,取出后快速装上,并迅速打至轴肩。

(3) 待装轴承冷却后,用紫铜棒在端盖加强肋部位轻轻敲打,用长螺丝或铁细棒将端盖与内油盖螺孔对应,将端盖螺丝均匀上劲到止口处,调整端盖与原标记对应,再把端盖装入止口,均匀上紧。

(4) 装外油盖,去掉插入的长螺丝或铁棒,此时严禁转动转子,均匀对称地把外油盖螺丝装上,暂不上紧,用同样的方法装上另一端的外油盖,此端盖装到止口处后才能上紧螺丝。一边转动转子,一边上紧两端螺丝。若发现有卡阻现象,应松开油盖螺丝,直至转动灵活自如为止。

(5) 装风扇、风罩、联轴器。

(6) 测量电机线圈绝缘电阻、吸收比。

(7) 组装必须满足异步电机检修工艺及质量标准。

第八节　检修后的试验及验收

一、试验项目

1. 辅机系统检修后电动机应进行试验，容量在 100 kW 以下的交流电动机试验项目和要求应符合表 2-21 有关规定。

表 2-21　交流电动机的试验项目、周期和要求

序号	项目	周期	要求
1	绕组的绝缘电阻和吸收比	1. 小修时 2. 大修时	1. 绝缘电阻值 a. 额定电压 3 000 V 以下者，室温下不应低于 0.5 MΩ。 b. 转子绕组不应低于 0.5 MΩ。 2. 吸收比自行规定。 3. 小修时定子绕组可与其所连接的电缆一起测量，转子绕组可与启动设备一起测量。 4. 有条件时可分相测量
2	定子绕组的交流耐压试验	1. 大修后 2. 更换绕组后	1. 大修时不更换或局部更换定子绕组后试验电压为 $1.5U_n$，但不低于 1 000 V。 2. 全部更换定子绕组后试验电压为 $(2U_n+1\ 000)$ V，但不低于 1 500 V。 3. 低压和 100 kW 以下不重要的电动机，交流耐压试验可用 2 500 V 兆欧表测量代替。 4. 更换定子绕组时工艺过程中的交流耐压试验按制造厂规定
3	电动机空转并测空载电流	必要时	1. 转动正常，空载电流自行规定。 2. 空转检查的时间一般不小于 1 h。 3. 测定空载电流仅在对电动机运行存疑时进行

2. 油系统检修后应进行试验，安全阀、减压阀、压力检测元件、压力油罐等设备应按规定进行检测和调试。油泵试验项目和要求应符合表 2-22 的规定。

表 2-22　油泵试验项目

试验项目和内容	试验标准
1. 在油泵内注入少量合格的透平油，接通电源试运转	运转应平稳、灵活，声音和谐，无转子扫膛、碰壳等异声，三相电流基本平衡
2. 打油压 0.4 MPa 保持 30 min，各密封处涂白土观察（或打气压 0.25 MPa 保持 30 min，压力表无显著变化，密封处涂肥皂液观察）	各部密封良好，不渗油，无气泡，油泵转动方向正确，无异声，与其他油泵比较，负载电流无明显差异。 漆膜均匀，无漆瘤、漆泡，喷漆后擦净视窗玻璃及铭牌上的黄油

3. 空压机检修后应进行升压试验，试验项目和要求应符合表 2-23 的规定。

表 2-23 空压机试验项目和要求

序号	试验项目和内容	试验标准
1	逐渐关闭排放阀	使压力逐步升高至工作压力
2	有条件可进行升压试验	按厂家要求

4. 在工作压力下，当压力容器处于正常位置时，关闭各连通闸阀，保持 8h，压力下降值不应大于 0.15 MPa。

5. 供、排水系统及其附件经检修维护后，应进行耐压试验，其耐压值为额定工作压力的 1.25 倍。

6. 供水泵当管道较长或扬程较高时应检测水锤压力，如压力较高时，应采取消压措施，以防管道及逆止阀损坏。

二、交接验收

1. 检修竣工后应及时整理数据、图纸、图片、影音等资料。
2. 组织试运行，检验各项技术指标是否达到技术要求或满足生产运行需要。
3. 试运行合格后，按规定办理验收手续，移交生产，验收技术资料应包括下列内容。
(1) 检修质量报告。
(2) 缺陷记录。
(3) 零、部件更换清单。
4. 办理检修设备交接验收手续，提供设备检修总结报告。

第九节 辅机系统常见故障及处理

一、柱塞泵常见故障及处理方法

表 2-24 柱塞泵常见故障及处理方法

序号	故障	故障原因	处理方法
1	油泵建立不起压力、流量不足	吸入管道上的滤油器或闸阀阻力太大，吸入管道太长，或油箱液面太低；吸入通道上管路接头漏气	减小吸入通道上的阻力损失，增高油箱液面；用清洁的黄油涂于吸入管道各接头处检查是否漏气
		油的黏度太大或油温太低	更换较低黏度的油或将油箱加热
		配油盘与缸体之间有脏物，或配油盘定位销未装好，使配油盘和缸体贴合不好	拆开油泵，清洗运动副零件并重新装配
		变量机构的偏角太小，使流量太小，溢流阀建立不起压力或未调整好	加大变量机构的偏角以增大流量，检查溢流阀阻尼孔是否堵塞、先导阀是否密封，重新调整好溢流阀

续表

<table>
<tr><th>序号</th><th>故障</th><th>故障原因</th><th>处理方法</th></tr>
<tr><td rowspan="2">1</td><td rowspan="2">油泵建立不起压力、流量不足</td><td>系统中其他元件的漏损太大</td><td>更换有关元件</td></tr>
<tr><td>压力补偿变量泵达不到液压系统所要求的压力</td><td>1. 重新调整泵的变量特性。
2. 降低系统温度,或更换由于温升高而漏损过大的元件</td></tr>
<tr><td rowspan="2">2</td><td>油泵噪音过大</td><td>噪音过大的多数原因是吸油不足,应该检查液压系统:
1. 油的黏度过大,油温低于所容许的工作温度下限;
2. 吸入通道上的阻力太大,管道太长或弯头过多,油箱油面太低;
3. 吸入通道上漏气;
4. 液压系统漏气(回油管没有插在液面以下)。
如果正常使用过程中油泵突然噪音变大,则必须停止工作,其原因大多是柱塞和滑靴的铆合松动,或油泵的内部零件损坏</td><td>1. 更换符合工作温度的油液或启动前加热油箱。
2. 减小吸入通道阻力,增高油面。
3. 排除漏气(将黄油涂于接头上检查)。
4. 把所有的回油管道插入油面以下200 mm。
5. 请制造厂检修,或由有经验的技术人员拆开检修</td></tr>
<tr><td>油液和油泵温升太大</td><td>1. 油的黏度过大。
2. 油箱容积太小。
3. 油泵或液压系统漏损过大。
4. 油箱温度不高,但油泵发热可能是以下原因:
(1) 油泵长期在零偏角或低压下运转,使油泵漏损过小;
(2) 漏损过大使油泵发热</td><td>1. 更换油液。
2. 加大油箱的容积,或增加冷却装置。
3. 检修有关元件。
4. 在液压系统闸阀的回油管上分流一根支管,通入油泵下部的放油口内,使泵体内形成循环冷却;检修油泵</td></tr>
<tr><td>3</td><td>油泵回油管回油太多</td><td>配油盘和缸体,变量头和滑靴两对运动副磨损</td><td>检修这两对运动副</td></tr>
<tr><td rowspan="2">4</td><td rowspan="2">泵密封处漏油</td><td>主要是密封圈损坏老化造成,应具体检查渗漏部位</td><td>拆检密封部位,详细检查O形圈和骨架油封损坏部分及配合部位的划伤、磕碰、毛刺等,并修磨干净,更换新密封圈</td></tr>
<tr><td>轴端骨架油封处渗漏,其原因如下。
1. 骨架油封磨损。
2. 传动轴磨损。
3. 油泵的内渗增加,低压腔油压超过0.05 MPa,骨架油封损坏。</td><td>1. 更换SD或SG形骨架双唇油封。
2. 轻微磨损可用金相砂纸、油石修正,严重偏磨应返回制造厂更换传动轴。
3. 检修两对运动副,更换双唇SD或SG形骨架油封,在装配油封时应用专用工具,不允许用手锤敲击油封,唇边应向压力油侧,以保证密封。</td></tr>
</table>

续表

序号	故障	故障原因	处理方法
4	泵密封处漏油	4. 变量壳体(端盖)与泵壳连接部位渗漏: (1) O形密封圈老化; (2) 配合部位,如导入角、沟槽划伤、碰毛、不平等,造成密封件切边损坏; (3) 油箱内污垢、焊渣、铁屑等杂物未清理干净,运转中随液压油流入密封部位,损坏密封圈。 5. 变量壳体上下法兰、拉杆、封头帽、轴端法兰等O形密封圈处渗漏,其原因同4项中的(1)、(2)、(3)。 6. YCY14-1B泵变量壳体上法兰渗漏: (1) 密封青壳纸垫损坏; (2) 弹簧芯轴磨损增加,渗漏量大; (3) 法兰面不平	4. 更换O形密封圈: (1) 由有经验的人员拆开变量壳体(避免变量头脱落碰伤)更换O形密封圈; (2) 修复划伤、碰毛部位,更换新密封圈,拧紧螺钉时用力要对称均匀,防止密封圈切边; (3) 按说明书要求清洗油箱、滤清液压油并严格密封油箱,更换密封圈。 5. 拆开密封部位,处理方法同1项中的(1)、(2)、(3)。 6. 更换密封: (1) 更换青壳纸垫; (2) 更换弹簧芯轴,其配合间隙为0.006~0.01 mm; (3) 研磨法兰平面

二、齿轮泵常见故障及处理方法

表2-25 齿轮泵常见故障及处理方法

序号	故障现象	故障原因	处理方法
1	流量不足或输出压力不足	1. 吸入高度不够。 2. 泵体或入口管线漏气。 3. 入口管线或过滤器堵塞。 4. 介质黏度大。 5. 齿轮轴向间隙过大。 6. 齿轮径向间隙或侧间隙过大	1. 增高液面。 2. 更换垫片、紧固螺栓,检修管道。 3. 清理管线或过滤器。 4. 降低介质黏度。 5. 调整间隙。 6. 更换泵壳或齿轮
2	密封渗漏	1. 中心线偏斜。 2. 轴弯曲。 3. 轴颈磨损。 4. 轴承间隙过大,泵振动超标。 5. 填料材质不合格。 6. 填料压盖松动。 7. 填料安装不当。 8. 填料或密封圈失效。 9. 机械密封件损坏	1. 找正。 2. 校正或换轴。 3. 更换轴。 4. 更换轴承。 5. 重新选用填料。 6. 紧固压盖。 7. 重新安装。 8. 更换填料或密封圈。 9. 更换机械密封
3	泵体过热	1. 吸入介质温度过高。 2. 轴承间隙过大或过小。 3. 齿轮径向、轴向、齿侧间隙过小。 4. 填料过紧。 5. 出口阀开度过小造成压力过高。 6. 润滑不良	1. 冷却介质。 2. 调整间隙。 3. 调整间隙或更换齿轮。 4. 调整紧力。 5. 开大出口闸阀降低压力。 6. 更换润滑脂

续表

序号	故障现象	故障原因	处理方法
4	电动机超负荷	1. 吸入介质比重或黏度过大。 2. 泵内进杂物。 3. 轴弯曲。 4. 填料过紧。 5. 电动机出现故障。 6. 联轴器同轴度超差。 7. 排出压力过高,或排出管路阻力太大	1. 调整介质比重或黏度。 2. 检查过滤器,清除杂物。 3. 校直或更换轴。 4. 调整紧力。 5. 修理或更换。 6. 重新找正。 7. 调整溢流阀,降低排出口压力,疏通或放大排出管路
5	振动或发出噪声	1. 吸入高度太大,介质吸不上。 2. 轴承磨损间隙过大。 3. 主动与从动齿轮平行度超差,主动齿轮轴与电机轴同轴度超差。 4. 轴弯度过大。 5. 泵内进杂物。 6. 齿轮磨损。 7. 键槽损坏或配合松动。 8. 地脚螺栓松动。 9. 吸入空气	1. 增高液位。 2. 更换轴承。 3. 找正。 4. 校正或更换轴。 5. 清理杂物,检查过滤器。 6. 修理或更换齿轮。 7. 修理或更换。 8. 紧固螺栓。 9. 排除空气

三、叶片泵常见故障及处理方法

表 2-26　叶片泵常见故障及处理方法

序号	故障现象	故障原因	处理方法
1	流量不足	1. 顶盖处螺丝松动,轴向间隙增大,容积效率下降。 2. 转速过低。 3. 油位或油温过低。 4. 配油盘装反,转了 180° 5. 个别叶片滑动不灵活。 6. 定子内表面磨损,叶片不能与定子内表面良好接触。 7. 配油盘端面磨损严重。 8. 叶片与转子装反。 9. 系统内泄漏大	1. 适当拧紧螺钉,保证间隙均匀、适当(间隙为 0.04～0.07 mm)。 2. 检查电机电源电压。 3. 加油或加热。 4. 调装。 5. 清洗,若清洗后仍不灵活,应单槽调配,使叶片活动自如。 6. 定子内表面磨损一般在吸油腔处,调头试用,不行应更换。 7. 更换。 8. 使叶片倾角方向和转子的旋转方向一致。 9. 逐个元件检查泄漏,同时检查压力表是否被脏物堵塞

续表

序号	故障现象	故障原因	处理方法
2	油吸不上	1. 泵的旋转方向不对。 2. 油面过低，油液吸不上。 3. 油温过低，油液黏度过大，使叶片在转子槽内滑动不灵活。 4. 配油盘端面与壳体内平面接触不良，高低压腔串通。 5. 吸油管路进气，密封不好。 6. 吸油过滤器严重堵塞。 7. 漏装传动键。 8. 泵体内部有砂眼，配油盘端面磨损，有拉槽，高低压腔串通。 9. 流量调节螺钉调节不当，使转子和定子处在最小偏心位置	1. 调相。 2. 检查并加油到规定油标线。 3. 一般用 20# 液压油或 22# 汽轮机油。 4. 整修、研磨配油盘端面。 5. 检查管路密封、焊缝。 6. 清洗或更换过滤器。 7. 重新装配。 8. 更换。 9. 纠正调节
3	噪声过大	1. 滤油器堵塞，吸油不畅。 2. 吸入端漏气，有空气进入。 3. 油黏度过高。 4. 泵端密封磨损。 5. 泵盖螺钉由于振动而松动。 6. 泵与电动机轴不同心。 7. 转子的叶片槽两侧与其两端面不垂直。 8. 配油盘卸荷三角槽太短。 9. 花键槽轴端的密封过紧(有烫手现象)。 10. 定子内曲面划伤，过渡圆弧连接处不圆滑。 11. 泵的转速太高。 12. 油泵的吸油量不足。 13. 液压油严重污染。 14. 压力振摆	1. 清洗。 2. 用涂黄油的方法，逐个检查吸油管接头处，若噪声减少应紧固接头，或直接观察回油口处是否出现气泡。 3. 一般用 20# 液压油或 22# 汽轮机油。 4. 在轴端油封处涂上黄油，若噪声减小，应更换油封。 5. 在螺钉连接处涂上黄油，若噪声小，应紧固螺钉。 6. 重新调整使之同心。 7. 更换转子。 8. 用什锦锉适当修改，使前一叶片过卸荷槽时，后一叶片已脱离吸油腔。 9. 适当调整更换。 10. 研磨或更换。 11. 按规定转速使用。 12. 检查油液高度。 13. 拆下滤油器，检查滤油器是否破损，是否有较多固体吸附，更换滤油器和液压油。 14. 检查泵芯总压阀阀芯磨损情况

四、活塞式空气压缩机常见故障及处理方法

表 2-27　活塞式空气压缩机常见故障及处理方法

序号	故障现象	故障原因	处理方法
1	压缩机启动困难	1. 电动机有故障。 2. 电源电压偏低。 3. 电器线路接触不良。 4. 热继电器电流定值偏低。 5. 电机带负荷启动。 6. 压力控制器失灵	1. 检修或更新。 2. 待正常后启动。 3. 检查各接点并紧固。 4. 调整电流定值。 5. 将一二级分离罐排污阀打开后启动。 6. 检修或更新

续表

<table>
<tr><th>序号</th><th>故障现象</th><th colspan="2">故障原因</th><th>处理方法</th></tr>
<tr><td>2</td><td>排气量不足,压力不上升</td><td colspan="2">1. 泄漏(包括减荷阀泄漏)。
2. 阀片与阀板间密封不良。
3. 吸排气阀片破损。
4. 活塞上止点间隙过大。
5. 连杆大、小头瓦磨损过大。
6. 气缸、活塞环磨损过大。
7. 空气消声滤清器阻塞。
8. 压力表失灵、读数不准</td><td>1. 检查泄漏原因,紧固。
2. 研磨或更换新件。
3. 更换新件。
4. 调整间隙。
5. 更换新件。
6. 拆检、更换新件。
7. 清洗或更换。
8. 更换新表</td></tr>
<tr><td>3</td><td>润滑油耗量大</td><td colspan="2">1. 漏油。
2. 呼吸器阻塞。
3. 加油过量。
4. 活塞环、油环磨损过大或断裂</td><td>1. 紧固密封。
2. 拆检清洗。
3. 按规定油位加油。
4. 拆检更换</td></tr>
<tr><td rowspan="4">4</td><td rowspan="4">机器有异常声响和振动</td><td>尖锐冲击声</td><td>1. 活塞与气缸间落入金属块(如断裂的阀片)。
2. 气阀松动。
3. 活塞与气缸盖、气阀阀座相碰</td><td>1. 检查排除。
2. 锁紧气阀螺帽。
3. 检查调整上止点间隙</td></tr>
<tr><td>尖叫声</td><td>1. 摩擦面装配间隙过紧,发生拉毛、卡死现象。
2. 运行部件装配不当,两个连杆螺钉拧紧力矩不一致,使各处间隙不均匀</td><td>1. 检查调整装配间隙。
2. 检查调整</td></tr>
<tr><td>闷声</td><td>1. 连杆轴瓦磨损后间隙过大或连杆螺钉松动。
2. 轴颈椭圆度过大</td><td>1. 维修或紧固连杆螺钉。
2. 检查维修</td></tr>
<tr><td>其他声响和振动</td><td>1. 运行部件严重磨损。
2. 紧固件松动。
3. 机器安放不稳</td><td>1. 拆检、更换新件。
2. 重新紧固。
3. 重新调整</td></tr>
<tr><td>5</td><td>活塞环过快磨损</td><td colspan="2">1. 材料松软,硬度不够,金相组织不符合要求。
2. 润滑油质量低劣,不符合规定牌号。
3. 润滑油供应过多或不足。
4. 吸入空气不清洁,使灰砂进入气缸。
5. 活塞环开口处的膨胀间隙不够。
6. 活塞环或气缸的粗糙度被破坏</td><td>1. 更换。
2. 更换使用规定牌号油。
3. 调整油位到标准高度。
4. 检查空气过滤器,清洗气缸。
5. 检查维修。
6. 检查维修</td></tr>
<tr><td>6</td><td>排气温度过高</td><td colspan="2">1. 吸、排气阀泄漏。
2. 缸盖垫片密封不良,一二间串气。
3. 中冷器、气缸冷却不良。
4. 气阀、管路积炭严重</td><td>1. 调整、更换阀片。
2. 调整更换垫片,重新紧固。
3. 检查飞轮转向、清洗中冷器外表。
4. 清洗排除</td></tr>
<tr><td>7</td><td>一级超压</td><td colspan="2">1. 二级吸、排气阀泄漏。
2. 一级排气到二级管(包括中冷器)阻塞</td><td>1. 研磨或更换。
2. 清洗</td></tr>
</table>

续表

序号	故障现象	故障原因	处理方法
8	一级排气压力过低	1. 一级气阀密封不良或损坏。 2. 泄漏	1. 研磨或更换。 2. 紧固密封
9	二级超压	1. 调节阀失灵。 2. 压力开关失灵	1. 清洗、调整或更换。 2. 更换

五、活塞式空气压缩机润滑系统常见故障及处理方法

表 2-28 活塞式空气压缩机润滑系统常见故障及处理方法

序号	故障现象	故障原因	处理方法
1	油压突然降低（正常压力为0.15～0.3 MPa)	1. 机身内润滑油不够。 2. 压油管或连接管破裂。 3. 油管接头连接处松动漏气。 4. 油泵回油阀失灵，油回流到机身。 5. 油泵传动机构故障	1. 添加油。 2. 焊补。 3. 紧固连接螺帽或接头。 4. 维修或更换回油阀或其弹簧。 5. 维修油泵
2	油压逐渐降低	1. 过滤器被污物逐渐堵塞。 2. 由于磨损过甚，间隙加大，流油过多。 3. 润滑油温度过高。 4. 转子轴向间隙磨损过大，致使部分油发生回流。 5. 油泵回油阀密封不严	1. 清洗过滤网。 2. 更换轴瓦，使间隙符合要求。 3. 检查油冷却器。 4. 检修油泵体。 5. 维修或更换回油阀
3	润滑油温度过高	1. 润滑油过脏，机身内表面可能有残留的黏砂及涂的红丹剥落。 2. 运行机构发生故障或摩擦面拉毛，轴瓦的配合过紧。 3. 润滑油量不足	1. 清洗机身，更换润滑油。 2. 维修。 3. 添加润滑油
4	汽缸、活塞和进排气阀上形成焦渣	1. 吸入空气太脏，与汽缸中油的有机物生成焦化油渣。 2. 压缩终温过高，使汽缸内润滑油碳化而焦结。 3. 润滑油质量低劣，碳化	1. 清洗空气过滤器。 2. 检查维修。 3. 更换压缩机油

六、螺杆式空气压缩机常见故障及处理方法

表 2-29　螺杆式空气压缩机常见故障及处理方法

序号	故障现象	故障原因	处理办法
1	机组排气温度高	1. 机组润滑油位偏低。 2. 机组油冷却器脏。 3. 油过滤器堵塞。 4. 温控阀故障。 5. 冷却风机故障。 6. 排风不畅或阻力大。 7. 环境温度高。 8. 温度传感器故障	1. 加注润滑油。 2. 清洗。 3. 清洗。 4. 修理、更换。 5. 修理、更换。 6. 清洗、排除遮挡。 7. 降温。 8. 修理或更换
2	压缩空气含油量大	1. 润滑油油位过高。 2. 回油管堵塞。 3. 回油管安装不符合要求。 4. 油分离器滤芯损坏。 5. 排气压力低。 6. 分离管体内部隔板损坏。 7. 机组渗漏油。 8. 油变质、超期	1. 查明润滑油位升高原因，降至允许范围内。 2. 疏通管道。 3. 调整。 4. 更换。 5. 检查压力弹簧是否失效。 6. 更换。 7. 维修。 8. 更换合格油
3	机组压力低	1. 负载大。 2. 放气阀故障(加载时无法打开)。 3. 进气阀故障(打不开)。 4. 最小压力阀故障。 5. 管网有泄漏。 6. 压力开关设置偏低。 7. 压力传感器故障。 8. 压力开关故障	1. 降低负荷。 2. 修理、更换。 3. 修理、更换。 4. 修理、更换。 5. 查找泄漏点、处理。 6. 调整。 7. 修理、更换。 8. 修理、更换
4	机组排气压力过高	1. 进气阀故障。 2. 压力开关压力值设置过高。 3. 压力传感器故障。 4. 压力开关故障	1. 修理、更换。 2. 调整设定值。 3. 修理、更换。 4. 修理、更换
5	机组无法启动	1. 熔断器损坏。 2. 温度开关损坏。 3. 主机卡死或损坏。 4. 保护动作。 5. 冷却风机故障。 6. 自动控制故障	1. 更换。 2. 更换。 3. 修理、更换。 4. 检查原因、复位。 5. 修理、更换。 6. 检查原因、更换损坏件
6	机组启动电流大(跳闸)	1. 进气阀故障(开启度大或卡死)。 2. 主机故障	1. 检查原因、修理或更换。 2. 修理或更换
7	风扇电机过载	1. 排风阻力大。 2. 冷却器堵塞。 3. 热继电器故障。 4. 电机故障	1. 查明原因。 2. 清洗。 3. 复位、修理或更换。 4. 修理或更换

续表

序号	故障现象	故障原因	处理办法
8	主机卡死	1. 对轮安装不正确。 2. 轴承损坏	1. 解体、修理或更换。 2. 更换

七、水环真空泵常见故障及处理方法

表 2-30 水环真空泵常见故障及处理方法

序号	故障现象	故障原因	处理办法
1	真空度不够	1. 电机电压低、转速不够。 2. 供水量不足、叶轮与分配板之间间隙过大。 3. 密封破损导致漏气、漏水。 4. 叶轮磨损过多。 5. 循环水排不出	1. 检查供电电压。 2. 加大供水量、调整间隙。 3. 更换密封圈。 4. 更换叶轮。 5. 检查出水管路
2	启动不了或噪音大	1. 电机电压低。 2. 电机缺相。 3. 泵内锈蚀或吸入杂物。 4. 叶轮碰到分配板	1. 检查供电电压。 2. 检查接线。 3. 打开泵盖除锈及清除杂物。 4. 调节叶轮与分配板距离
3	电机过热	1. 供水量过大超载。 2. 电机缺相。 3. 排气孔堵塞。 4. 叶轮碰到其他部件	1. 减少供水量。 2. 检查接线。 3. 检查排气孔。 4. 打开泵盖，调节叶轮与其他部件间隙
4	排气量不够	1. 间隙过大。 2. 堵料、管道漏气。 3. 水环温度高	1. 调整。 2. 修理。 3. 增加供水

八、水系统设备常见运行故障及处理方法

表 2-31 水系统设备常见运行故障及处理方法

序号	故障现象	原因分析	处理方法
1.	流量不足或不出水	1. 闸阀未打开，底阀漏水。 2. 是否反转、缺相或转速较慢。 3. 管道、叶轮被堵。 4. 耐磨圈磨损。 5. 抽送液体密度大或黏度高。 6. 叶轮脱落或损坏。 7. 当多台泵共管输出时，没有安装单向阀或单向阀密封不严。 8. 吸入管漏气，管道阻力过大。 9. 吸程不够或泵选型不当。 10. 泵腔内未注满液体，有空气	1. 检查闸阀、阀芯。 2. 检查叶轮转向并调整，紧固接线。 3. 清理管道及叶轮堵物。 4. 更换。 5. 改变工况条件。 6. 紧固或更换叶轮。 7. 检查、更换或加装单向阀。 8. 紧固螺栓，减少弯头。 9. 重新选型。 10. 打开排气阀排气，注入液体

续表

序号	故障现象	原因分析	处理方法
2	泵运行不稳定	1. 叶轮损坏。 2. 叶轮不平衡。 3. 轴承损坏。 4. 电压偏低。 5. 管道支撑不稳。 6. 产生汽蚀	1. 更换。 2. 更换。 3. 更换。 4. 调整电源电压。 5. 稳定管道。 6. 增加进口压力
3	电机发热	1. 流量过大。 2. 电压偏低。 3. 碰擦	1. 调节闸阀。 2. 调整电源电压。 3. 检查排除碰擦处
4	潜水泵绝缘电阻偏低	1. 安装电缆时端头落入水中。 2. 电缆线破损引起进水。 3. 机械密封磨损或没装好。 4. 各O形圈失效。 5. 堵头螺钉松动	1. 更换电缆、烘干电机。 2. 更换电缆、烘干电机。 3. 更换机封、烘干电机。 4. 更换O形圈、烘干电机。 5. 更换堵头密封、烘干电机
5	电流过大过载或超温保护动作	1. 工作电压过低。 2. 叶轮被堵。 3. 扬程、流量与额定点偏差较大。 4. 抽送液体的密度较大或黏度较高。 5. 轴承损坏	1. 检查电源电压是否在规定范围内。 2. 清理叶轮杂物。 3. 调整流量。 4. 改变工况条件。 5. 更换
6	渗漏保护动作	1. 电机侧机械密封缺陷。 2. 堵头松动进水。 3. O形圈失效进水	1. 更换。 2. 更换堵头密封、烘干电机。 3. 更换O形圈、烘干电机
7	油室进水指示灯亮	水泵侧机械密封有故障	更换机械密封、换油
8	接线盒探头发信号	1. 进线密封盖没压紧。 2. 电缆破损	1. 压紧。 2. 更换
9	轴温保护动作	1. 轴承缺油。 2. 轴承损坏	1. 加油。 2. 更换

九、异步电机常见故障及处理

表 2-32 异步电机常见故障及处理

序号	故障现象	故障原因	处理办法
1	电机不转	1. 电源没投入或熔丝熔断、接触不良。 2. 保护定值调整不当。 3. 负载大,堵转。 4. 绕组开路、短路。 5. 电刷压力不够	1. 检查电源、保护熔丝。 2. 重新整定。 3. 卸载。 4. 检查绕组。 5. 调整

续表

序号	故障现象	故障原因	处理办法
2	电机转速低	1. 电压低。 2. 负载大。 3. 一相开路。 4. 绕线式电机碳刷压力不够	1. 调压。 2. 卸载。 3. 检查电机绕组。 4. 调整碳刷压力
3	电机外壳带电	1. 绕组受潮。 2. 外壳接地不好。 3. 绕组绝缘老化	1. 干燥处理。 2. 处理接地保护使之满足要求。 3. 重绕
4	电机轴承过热	1. 轴承配合不好。 2. 润滑油过多或过少。 3. 轴承损坏	1. 更换轴承处理配合。 2. 调整油脂量。 3. 更换轴承
5	电机温度过高	1. 负载大。 2. 通风不良或环境温度高。 3. 绕组匝间短路。 4. 电源电压低	1. 卸载。 2. 加强通风。 3. 更换绕组或电机。 4. 调整电源电压
6	电机声音不正常	1. 转子扫膛、摩擦。 2. 缺相。 3. 耦合部分松动。 4. 叶片碰壳。 5. 底脚螺栓松动。 7. 轴承损坏	1. 检修电机。 2. 检查三相电源。 3. 检查、调整。 4. 检查、调整。 5. 检查、紧固。 6. 更换轴承
7	绕线电机滑环火花大	1. 电刷型号不对。 2. 滑环污蚀、磨损。 3. 电刷压力过大或过小	1. 更换合适型号电刷。 2. 清洁、车削。 3. 调整

第三章　金属结构检修

第一节　闸门

一、闸门的作用及组成

1. 作用

闸门在泵站主要作为主机组平直管出水流道的断流装置，用以在主机组检修时封闭进水流道，排尽主水泵中的存水。

2. 组成

泵站闸门均采用平面钢闸门，平面钢闸门一般由活动的门叶、门槽埋件和启闭机械（控制活动部分位置的操作机构）等组成。泵站平面钢闸门一般采用直升式，直升式平面钢闸门外形如图 3-1 所示，结构如图 3-2 所示。

闸门按工作性质可分为工作闸门、事故闸门和检修闸门。工作闸门系指承担主要工作并能在动水中启闭的闸门，事故闸门系指当闸门的下游或上游发生事故时能在动水中关闭的闸门，能快速关闭的事故闸门，也称快速闸门，这种闸门一般在静水中开启。检修闸门系指在水工建筑物机械设备检修时用以挡水的闸门，它总是在静水中启闭。工作闸门一般配有小拍门，数量在 2～4 扇，以减少主机组开机时的启动阻力。

闸门门叶由面板、梁格、纵向垂直联结系、行走支承装置、导向装置、止水装置、吊耳等组成。

门槽埋件主要有主轨（即支承行走轨道）、反轨、侧轨、门楣、底槛、护角、护面、止水座面等。

二、闸门检修周期

闸门经过长期运行，或运行中由于种种原因，常会出现某些缺陷或故障，严重的会影响闸门的安全运行，因此不但要注意其工作状态，及时进行保养维护，还应定期进行闸门检修。

闸门的检修分为小修、大修。

1. 小修，指对闸门有计划的养护性维修，以及对在定期检查工作中发现问题进行的统一处理，小修也称岁修，每年进行一次。

2. 大修，是指对闸门功能的恢复性维修，大修应对闸门门体结构变形和腐蚀情况、行

图 3-1 直升式平面钢闸门

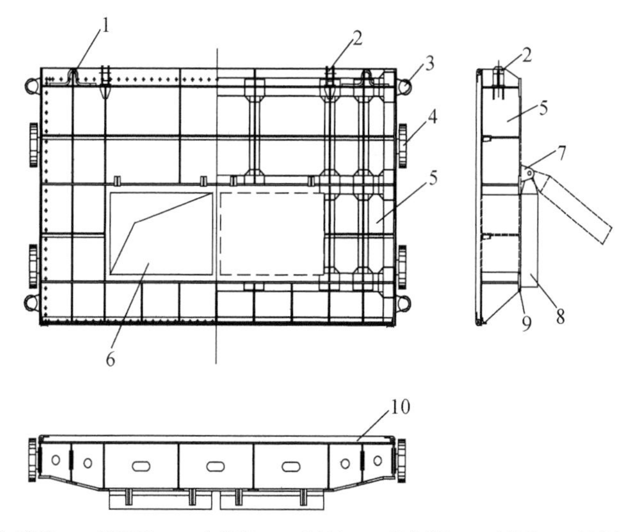

1—检修吊耳;2—工作吊耳;3—侧滚轮;4—主滚轮;5—闸门;6—拍门洞;7—门耳;8—拍门;9—拍门止水;10—闸门止水。

图 3-2 直升式平面钢闸门门叶结构

走支承装置的运行状态、止水装置的工作效果等,进行全面的技术检测和鉴定,并据此制定出大修项目内容和技术措施,一般闸门大修每 6～10 年进行一次。

三、闸门检修项目

1. 小修

(1) 闸门门体检查、清理和修理。

(2) 行走支承机构检查、清理。

(3) 止水装置检查、清理和修补。

(4) 埋件检查。

2. 大修

(1) 闸门门体检查、清理、修复和防腐处理。

（2）行走支承机构检查、清理、修复或更换。

（3）止水装置止水橡胶更换，止水压板、螺栓检查或更换。

（4）埋件检查、修复和防腐处理。

四、闸门部件检修

闸门检修就是对闸门的缺陷进行处理，闸门的缺陷主要指闸门门体缺陷、行走支承机构缺陷、止水装置缺陷和埋件缺陷。

1. 闸门门体缺陷检修

闸门门体缺陷检修主要指门体变位的处理和门叶变形与局部损坏的处理。

1）门体变位系指闸门偏离了正常工作位置，泵站采用的双吊点闸门门体不正是常见故障之一，引起的原因可能有双吊点卷扬式启闭机的两个卷筒绳槽底直径有相对误差，从而造成闸门运行中左右倾斜，或两侧钢丝绳松紧不一而引起闸门左右倾斜。双吊点的液压启闭机的同步纠偏技术没有符合设计要求，也可能导致闸门左右倾斜。

（1）对两个卷筒绳槽底直径有相对误差，从而造成运行中闸门左右倾斜，以及椭圆度与锥度等超过设计要求的卷筒，应进行更换。

（2）对于因两侧钢丝绳松紧不一而引起的闸门左右倾斜，可重绕钢丝绳或在闸门吊耳上加置调节螺栓与钢丝绳连接，以调整闸门。

（3）双吊点的液压启闭机的同步纠偏应进行重新调整。

2）门叶变形与局部损坏主要有门叶构件和面板锈蚀、外力造成的局部变形或损坏、汽蚀引起的局部剥蚀、螺栓缺损等。

（1）门叶构件锈蚀严重的，应进行补强或更新，面板锈蚀减薄后可补焊新钢板加强，也可试用环氧树脂黏合剂粘贴钢板补强。

（2）外力造成的局部变形或损坏，如果是钢板或型钢焊缝局部损坏或开裂，可将原焊缝铲掉进行补焊或更新符合原设计要求的钢材。如果门叶存在变形应先将变形部位矫正，然后进行必要的加工。

（3）汽蚀引起的局部剥蚀，剥蚀程度较轻时可进行喷镀或堆焊补强，严重的应将局部损坏的钢材加以更换。

（4）螺栓缺损，对松动或脱落的螺栓应进行更换，如螺孔锈蚀严重，可进行铰孔，选用直径大一号的螺栓代替，螺栓孔如有漏水，视其连接件的受力情况，可在钉孔处加橡胶垫，或涂环氧树脂封闭。

2. 行走支承机构缺陷检修

滚轮锈蚀卡阻的处理：拆下锈蚀的滚轮，当轴承没有严重磨损和损伤时，可将轴与轴套清洗除污，涂上新的润滑油脂后再进行装配。如果磨损过大，超过允许范围，应更换轴套。轮轴磨损或锈蚀，应将轴磨光后，采用镀硬铬工艺进行修复，当轮轴严重磨损或锈蚀时，应更换轮轴。

3. 止水装置缺陷检修

止水材料有橡胶止水和金属止水等，泵站闸门采用最多的是定型的橡胶止水，橡胶止水使用日久老化，失去弹性或严重磨损、变形而失去止水作用时，应更换新件。闸门的顶止水、侧止水的止水橡胶与门槽止水座板接触不紧而有缝隙时，可在止水橡胶固定部位的底部加垫适当厚度的垫板（橡胶板或扁铁条）进行调整。

4. 埋件缺陷检修

有一些闸门埋件经常处于水下和受高速水流冲刷及其他外力作用，很容易出现如锈蚀、变形、汽蚀和磨损等缺陷，应按不同情况分别进行处理。

第二节　液压启闭机的检修

一、液压启闭机的作用及组成

1. 作用

在泵站，液压启闭机的作用是利用液压传动来实现主机组出水闸门的启闭，从而实现主机组出水流道出水和断流。

2. 组成

液压启闭机主要由液压系统和液压缸组成，液压系统包括动力装置、控制调节装置、辅助装置等，多套启闭机可共用一个液压系统。

液压启闭机油系统如图 3-3 所示，液压站外形如图 3-4 所示，液压启闭机外形如图 3-5 所示。

图 3-4　液压站外形图

图 3-5　液压启闭机外形图

动力装置一般为液压泵，它把机械能转化为液压能。液压泵一般采用容积式柱塞泵。柱塞泵有结构紧凑、运转平稳、噪音较小、使用寿命长等优点。柱塞泵虽然价格较高，但可获得高压、大流量，且流量可调。泵站液压启闭系统普遍采用中高压，所以大多数采用柱塞泵。另外，因其重要性，液压启闭机的液压系统一般设置两套液压泵，互为备用。

控制调节装置是指液压控制阀组，包括节流阀、换向阀、溢流阀等阀组。其作用是对液压油的流量、方向、压力等方面分别起控制调节作用，以实现对液压系统的各种性能要求。启闭机上液压控制阀大多数是标准元件，并普遍采用插装技术。插装阀具有组合机能强、集成度高、噪音低、密封性好、机构紧凑、便于维护等优点。选择不同结构及形式的

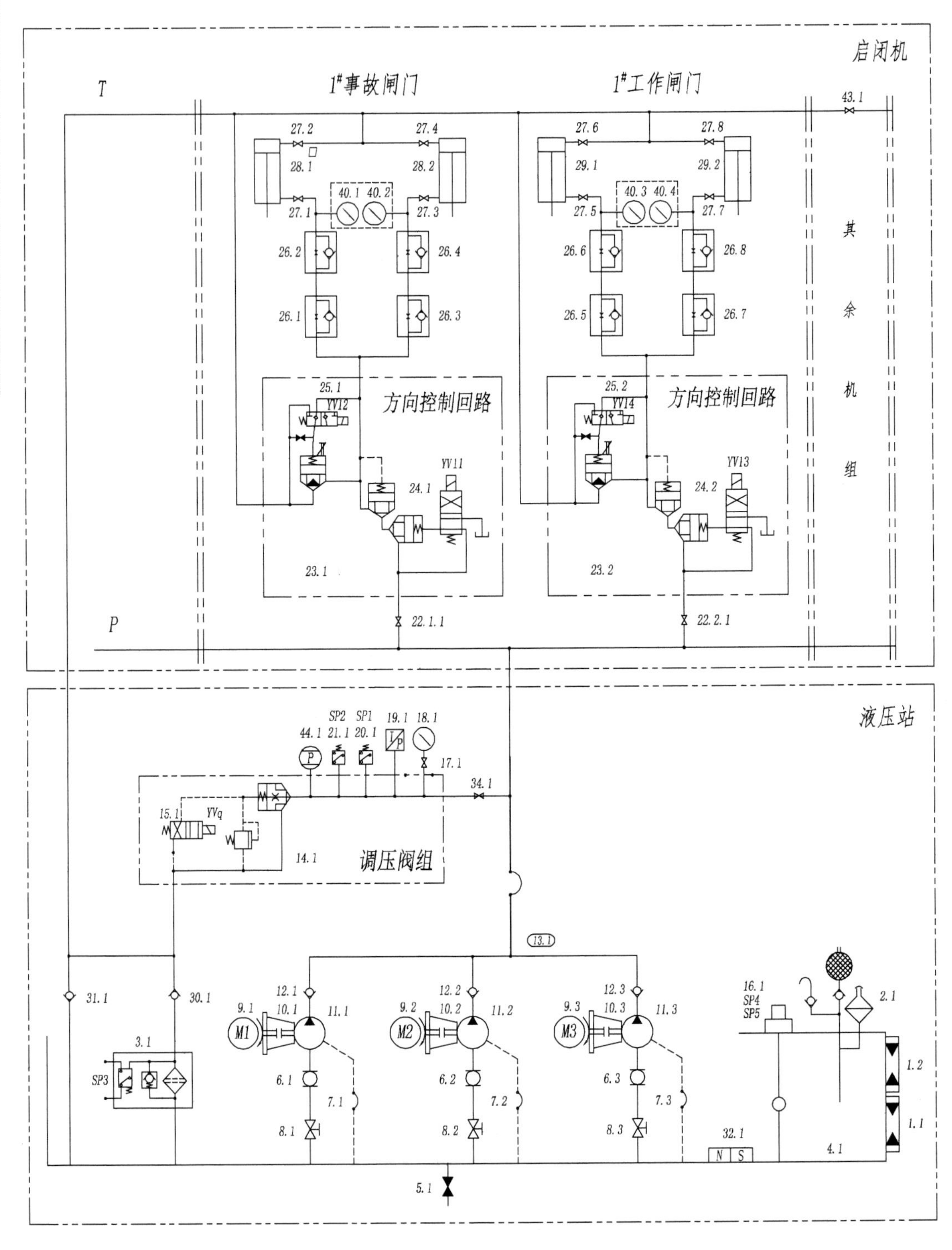

图 3-3　液压启闭机油系统图

先导控制阀、控制盖及集成块与插装件组合，便可获得具有换向、调压、调速等功能的插装阀组。双吊点的液压启闭机因不能像卷扬式启闭机一样采用机械同步，故控制阀组需考虑同步措施。

辅助装置包括油箱、油管、管接头、压力表、滤油器等。油箱的用途是储油和散热，并能沉淀油中杂质，分离油中的空气和水分等。油管、管接头把动力装置、调节控制装置、液压缸连接起来，组成一个完整的液压回路。液压油中杂质会使运动零件磨损、增加泄露和减少元件的寿命，甚至堵塞阀组等，影响液压系统的使用，应设置滤油器对液压油进行过滤。

液压缸是液压传动中的执行元件，把液压油的液压能转化为机械能。液压缸由缸体、端盖、活塞、活塞杆、吊头等零件组成。根据液压缸内压力油的作用方向可分为单作用液压缸和双作用液压缸两类。单作用液压缸通常是柱塞式或者套筒式，也可以是活塞式。双作用液压缸形成两个油腔，两个油腔都可以进出压力油。

3. 液压图形符号

液压系统图由各种液压图形符号组成，各种液压图形符号表示各种不同的液压元件。

液压系统的图形符号有结构示意图和原理性示意符号图。结构示意图的优点是结构性强、直观，但图形烦琐、绘制麻烦。原理性示意符号图的优点是简单清晰、容易绘制。

液压图形符号由符号要素和功能要素构成，或是在符号要素、功能要素的基础上组合而成（见表 3-1 至表 3-8）。

（1）符号要素

表 3-1　符号要素列表

名称	符号	用途或符号解释	名称	符号	用途或符号解释
实线	————	工作管路、控制供给管路、回油管路、电气线路	虚线	------	控制管路、泄油管路或放气管路
点划线	—-—-—	组合元件框线	双线条	═══	机械连接的轴、操纵杆、活塞杆
大圆	○	一般能量转换元件（泵、马达、压缩机）	小圆	○	单向元件、旋转接头、机械铰链滚轮
中圆	○	测量仪表	圆点	•	管路连接点、滚轮轴
正方形	□	控制元件，除电动机外的原动机	半矩形	⊔	油箱

（2）功能要素

表 3-2　功能要素列表

名称	符号	用途或符号解释	名称	符号	用途或符号解释
实心正三角形	▶	液压	空心正三角形	▷	气动，包括排气
长斜箭头	↗	可调性符号（可调节的泵、弹簧、电磁铁等）	弧形箭头	↶↷	旋转运动方向

续表

名称	符号	用途或符号解释	名称	符号	用途或符号解释
直箭头或斜箭头		直线运动、流体流过阀的通路和方向、热流方向			
其他		电气符号	其他		弹簧
		封闭油、气路或油气口			节流
		电磁操纵器			单向阀简化符号的阀座
	M	原动机			固定符号

(3) 管路、管路连接

表 3-3 管路、管路连接符号列表

名称	符号	用途或符号解释	名称	符号	用途或符号解释
管路		连接管路	管路		柔性管路
		交叉管路			

(4) 控制机构和控制方式

表 3-4 控制机构和控制方式符号列表

名称	符号	用途或符号解释	名称	符号	用途或符号解释
机械控制		弹簧控制	直接压力控制		内部压力控制，即控制通路在元件内部
直线运动电气控制		省略电气引线后的单作用电磁铁			外部压力控制，即控制通路在元件外部

(5) 泵和马达、缸、动力源

表 3-5　泵和马达、缸、动力源符号列表

名称	符号	用途或符号解释	名称		详细符号	简化符号
泵、马达		一般符号	单活塞杆缸	单作用缸	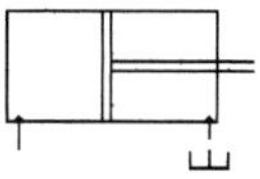	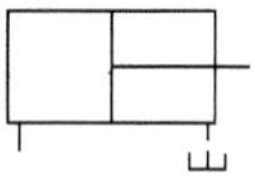
单向定量液压泵	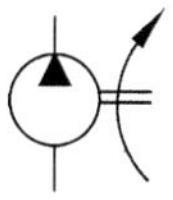	单方向流动,单方向旋转,定排量		双作用缸	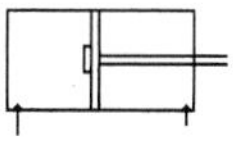 不可调单向缓冲	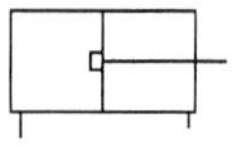
变量液压泵	 单向旋转	 双向旋转		伸缩缸	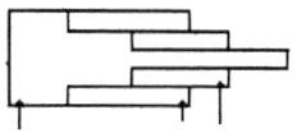	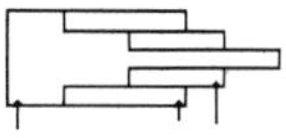
动力源		液压源一般符号	电动机		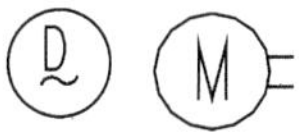	原动机（电动机除外） 

(6) 流体的贮存和调节

表 3-6　流体的贮存和调节符号列表

名称	符号	符号	符号	符号
通大气式油箱	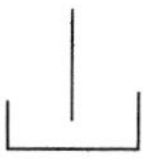 管端在液面以上	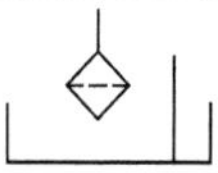 管端在液面以下带空气滤清器	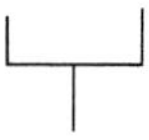 管端连接于油箱底	 局部泄油或回油
过滤器	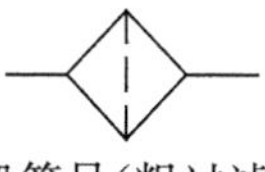 一般符号(粗过滤器)	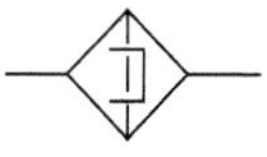 带磁性滤芯	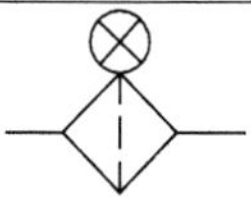 带污染指示器	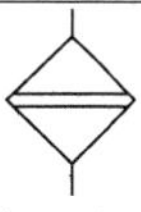 精过滤器

(7) 辅助元件器件

表 3-7　辅助元件器件符号列表

名称	符号	符号/名称	符号	名称	符号
压力检测器	 压力指示器	 压力计	 压差计	行程开关	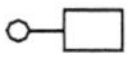
温度计		压力继电器	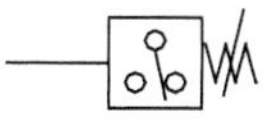	液面计	

(8) 其他图形符号

表 3-8 其他图形符号列表

名称	符号	名称	符号	名称	符号
避震接头		压力变送器	I/P	液面液位计	
回油滤油器		带单向阀的精细过滤器		液位控制继电器	
闸门开度传感器		吸湿式空气滤清器		常闭阀	

4. 液压启闭机

液压启闭机是根据液体静压原理,利用液体压力传递动力,启闭闸门。液压传动的特点是以液体为传动件,这就是说液压传动是在密封容器内利用受压液体传递压力能,再通过油缸把压力转换成机械能而传递动力。液压启闭机油缸就是将液体的压力转换为机械能量的转换装置,它可以完成机械要求的各种动作,既可以实现直线往复运动,也可实现小于 360°的回转运动。

1) 液压启闭机的分类

液压启闭机的种类很多,可以有很多种分类方式。

(1) 按照液压启闭机油缸的作用方式分类

按照液压启闭机油缸的作用方式可分为单向作用和双向作用。单向作用的液压启闭机只提供单向开启闸门的启门力,关闭闸门要依靠闸门的自重。双向作用的液压启闭机油缸既提供启门力又提供闭门力。

(2) 按照启闭闸门油缸数量分类

按照启闭一扇闸门的油缸数量可分为单吊点液压启闭机和双吊点液压启闭机。

(3) 按照液压启闭机油缸的固定形式分类

按照液压启闭机油缸的固定形式可分为浮动式、摆动式和固定式。

浮动式液压启闭机油缸上部凸缘具有球形底面,当油缸垂直置于球面或锥面底座上时,油缸可在底座上任意方向自由摆动。它的作用是在启闭平面闸门时,油缸的轴线可微量摆动,以补偿安装误差和门槽偏差。

摆动式又可分为垂直摆动式和水平摆动式。一般都是双向作用液压启闭机。垂直摆动式用于启闭弧形闸门,水平摆动式用于启闭人字闸门。

固定式是在油缸上(中部或底部)设有连接平面,固定安装在基础机架上,它适合起吊平面闸门。

(4) 按照液压启闭机油缸的型式分类

按照液压启闭机油缸的型式可分为活塞式油缸液压启闭机、柱塞式油缸液压启闭机、伸缩式套筒油缸液压启闭机。

(5) 按照液压启闭机的安装形式分类

按照液压启闭机的安装形式可分为缸体固定式和活塞杆固定式。缸体固定式为油缸固定,活塞杆运动。活塞杆固定式为活塞杆固定,油缸运动。

2) 泵站液压启闭机

(1) 泵站液压启闭机型号与主要技术参数

泵站常用液压启闭机型号为 QPKY-2×250-6,代号含义为:Q——启闭机;P——平面闸门;K——快速闸门;Y——液压传动;2——两个吊点;250——启门力(kN);6——设计行程(m)。根据不同泵站规模其启门力、设计行程有所差别,但原理和结构基本相同。

采用液压启闭机断流的泵站,一般在每台机组的出水流道上分别设有快速工作闸门和事故闸门,大型泵站的闸门一般采用双吊点。快速工作闸门和事故闸门液压启闭机主要技术参数有油缸直径、活塞杆直径、启门力、启门工作压力、闭门工作压力、启门速度、闭门时间、设计行程等。一般泵站液压启闭机采用液压启门,自重闭门。

(2) 液压启闭机结构

泵站液压启闭机结构如图 3-6 所示。

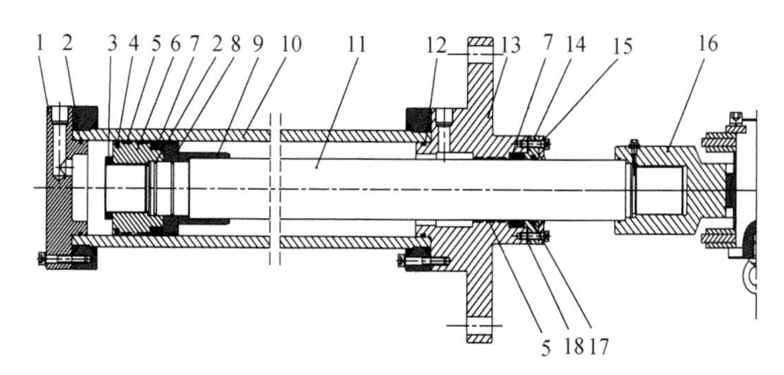

1—上盖;2—O 形圈;3—锁紧螺母;4—格莱圈;5—导向套;6—活塞;7—V 形组合密封圈;8—缓冲套;9—缸体;10—活塞杆;11—派克挡圈;12—下盖;13—密封压盖;14—刮污圈;15—活塞杆吊头;16—防尘圈。

图 3-6 泵站液压启闭机结构图

(3) 液压启闭机的主要零部件

液压缸的主要零部件有缸筒、活塞、活塞杆和活塞杆的导向套、密封和防尘、传感装置等。

① 缸筒

缸筒也称油缸,缸筒是液压缸的主要零件,它与缸盖、缸底、油口等零件构成密封的空腔,用以容纳压力油液,同时它还是活塞的运动“轨道”。缸筒能保证液压缸有足够的输出力、运动速度和有效行程,同时还必须具有一定的强度,足以承受液压力、负载力和意外的冲击力;缸筒的内表面具有合适的配合公差等级、表面粗糙度和形位公差等级,以保证液压缸的密封性、运动平稳性和耐用性。

②活塞

活塞在液体压力的作用下沿缸筒往复滑动，因此，它与缸筒的配合既不能过紧，也不能间隙过大。配合过紧，不仅使最低启动压力增大，降低机械效率，而且容易损坏缸筒和活塞的滑动配合表面；间隙过大，会引起液压缸内部泄漏，降低容积效率，使液压缸达不到要求的设计性能。

活塞通常分为整体活塞和组合活塞两类。整体活塞在活塞圆周上开沟槽，安置密封圈，结构简单，但加工较困难，密封圈安装时也容易拉伤和扭曲。组合式活塞大多数可以多次拆装，密封件使用寿命长。随着耐磨导向环的使用，多数情况下采用密封圈与导向环联合使用的方式。

活塞与活塞杆的连接有卡环型、轴套型、螺母型等多种类型。活塞的密封形式有O形密封圈、Y形密封圈、V形密封圈等。

活塞材料一般采用高强度铸铁或球墨铸铁，也有采用优质碳素钢、锡表铜等。

③活塞杆

活塞杆一般情况采用实心杆，但有时也采用空心管，活塞杆在导向套中滑动。

活塞杆的外端头部与载荷的拖动机构相连接，为了避免活塞杆在工作中产生偏心承载力，适应液压缸的安装要求，提高其作用效率，根据水利行业载荷轴线摆动的具体情况，大多采用球头、轴销、耳环等形式。

活塞杆的材料一般选用中碳钢（如45#钢），需经调质处理；但对只承受推力的单作用活塞杆，可不进行调质处理。

④活塞杆的导向套、密封和防尘

活塞杆导向套装在液压缸的有杆侧端盖内，用以对活塞杆进行导向，内装有密封装置以保证缸与有杆腔的密封。外侧装有防尘圈，以防止活塞杆在后退时把杂质、灰尘及水分带到密封装置处，损坏密封装置。

⑤传感装置

液压启闭机行程数据采集，常用结构有内置式和外置式两种。外置式主要由高精度位移传送系统、恒力装置和编码器等部件组成，内置式主要由位置传感器和磁环垫圈等部件组成，用于测量活塞的行程位置。内置式传感装置如图3-7所示。

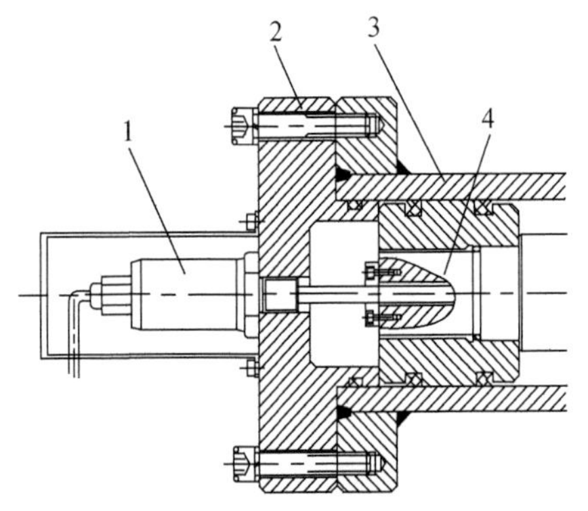

1—内置式传感器；2—上盖；3—缸体；4—活塞杆。

图3-7　内置式传感装置结构图

5. 液压控制阀

1）液压控制阀的类型

液压阀按用途分为压力控制阀、流量控制阀、方向控制阀。

（1）压力控制阀

在液压系统中，液流的压力是最基本的参数之一。液压系统中的执行元件液压缸输出力的大小，主要由供给的液压力所决定。为了对油液进行控制，并实现和提高系统的稳压、保压、减压、调压等性能或利用压力变化实现执行机构的顺序动作等，根据油液压力和控制机构弹簧力相平衡的工作原理，设计制造了各种压力控制阀，用来控制液压系统中油的压力。

泵站液压系统中应用的压力控制阀一般为溢流阀和压力继电器。

（2）流量控制阀

流量控制阀靠改变通油截面的大小来调节通过阀口的流量，以改变工作机构的运动速度，流量控制阀的类别有节流阀、调速阀、行程控制阀和分流集流阀等。

泵站液压系统中应用的流量控制阀一般为单向节流阀。

（3）方向控制阀

方向控制阀有单向阀、换向阀和压力表开关等。

2）溢流阀

溢流阀的基本作用是当系统的压力达到或超过溢流阀的调定压力时，系统的油液通过阀口溢出一些，以维持系统压力近于恒定，防止系统压力过载，保证泵、阀和系统的安全，此时的溢流阀常称为安全阀或限压阀。溢流阀有直动型溢流阀和先导型溢流阀。

（1）溢流阀的结构原理

直动型溢流阀的图形符号如图 3-8 所示。

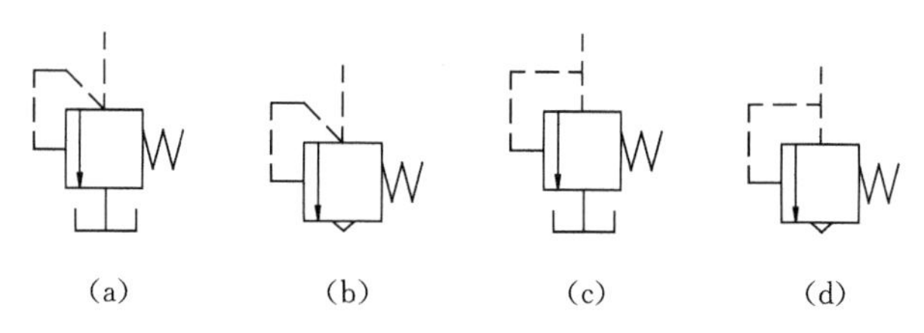

图中(a)、(b)为内部压力控制，(c)、(d)为外部压力控制。

图 3-8　直动型溢流阀图形符号

溢流阀图形符号的特点是主油路直接通回油箱，阀内为常闭通道。

液压系统图如果在图形符号上标注通道性质时，一般标在通路旁边，压力腔标注 P、P_1、…；回油腔标注 $T(O)$、$T_1(O_1)$、…；控制腔标注 K、K_1、…；工作腔标注 A、B、C、…；泄漏腔 L、L_1、L_2、…。

直动型溢流阀也称液压型溢流阀，其基本结构如图 3-9 所示。

直动型溢流阀由阀体(含阀座)、阀芯、弹簧和调压螺钉组成。阀芯的形式有锥阀式、球阀式和滑阀式。它的工作原理是利用弹簧作用力和回油回路油压力来与进口油压作用进行平衡。当系统中压力低于弹簧调定压力时，阀不起作用，当系统中压力超过弹簧所调整的压力时，滑阀被打开，油经溢油口回到油箱，所以这种溢流阀称为直动型溢流阀。溢流口的出油，流回油箱也可回到其他低压油管。

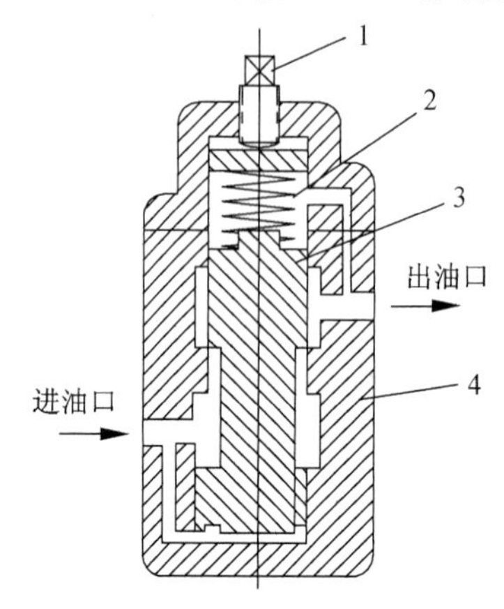

1—调压螺钉；2—弹簧；3—阀芯；4—阀体。

图 3-9　直动型溢流阀结构图

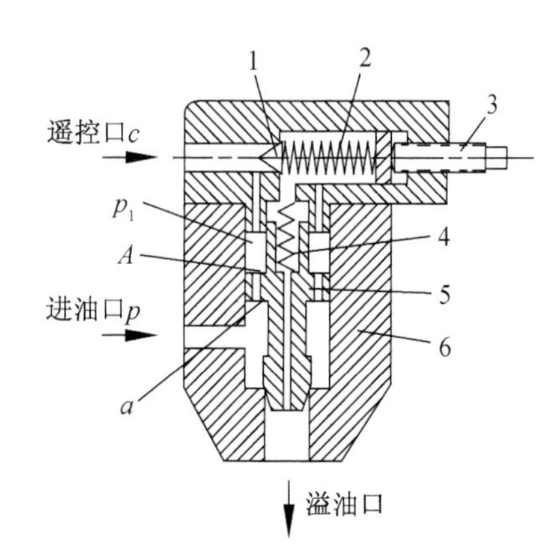

1—导阀；2—导阀弹簧；3—调压螺钉；4—主阀弹簧
5—主阀；6—阀体。

图 3-10　平衡活塞式溢流阀结构图

直动型溢流阀的特点是作用在阀芯上的系统压力直接与阀芯上的弹簧力相平衡。忽略阀芯自重和摩擦作用力，阀芯处于液压力与弹簧力相平衡状态的表示式为

$$F_s = \frac{\pi}{4}d^2 p$$

式中：F_s——弹簧力(N)；

d——阀座进油口直径(m)；

p——被控油压力(MPa)(设回油背压力为零)。

由上式可知，液压力 p 由弹簧力 F_s 平衡，当油压超过平衡弹簧力时，阀芯抬起，油液从阀口向回油腔溢流，迫使油压 p 下降，达到溢流限压的目的，调整弹簧预紧力 F_s，即可调整所控压力值 p。

先导型溢流阀有平衡活塞式(三节同心式)溢流阀和单向阀式(二节同心式)溢流阀等形式，主要由主阀和先导阀两部分组成，先导阀是一个小规格锥阀式直动溢流阀，先导阀内的弹簧用来调定主阀部分的溢流能力。主阀多为锥体，它控制溢流流量，主阀部分的弹簧不起溢流调压作用，仅是为了克服摩擦力使主阀芯及时复位而设置。平衡活塞式溢流阀的基本结构如图 3-10 所示。

平衡活塞式溢流阀在阀体内装有主阀芯，主阀芯上部小圆柱面与阀盖配合，主阀芯下部锥体与阀座配合，主阀芯中间的大直径圆柱孔滑动配合，此三处同心度要求很高，故称三节同心式。主阀芯尾部的菌状小法兰起导流作用，溢流时液流力对其作用，使阀易于中正、稳定地关闭。

平衡活塞式溢流阀的工作原理是通过调整导阀弹簧的压力，即可调整溢流阀的溢流压力。设进油压力为 p_2，通过阻尼孔后，压力为 p_1，p_2 的作用面积为 a，p_1 的作用面积为 A，主阀弹簧力为 F。当系统中压力 p_2 低于导阀弹簧调定压力时，即 Ap_1 小于导阀弹簧的压力，导阀未打开，此时，$p_1=p_2$，$Ap_1+F>ap_2$，阀不溢流。当系统中压力 p_2 大于或等

于 p_1 和导阀弹簧的调定压力时，导阀打开，压力油通过主阀轴向的阻尼孔流入油箱。由于阻尼孔的作用，此时 $p_1 < p_2$，$Ap_1 + F < ap_2$，主阀向上提起，油从溢流口流回油箱。调整导阀弹簧的压力即可调整溢流阀的溢流压力。

（2）溢流阀的应用

①作为安全阀，防止液压系统过载。溢流阀用于防止系统过载时，此阀是常闭的，当阀前压力不超过某一预测的极限时，此阀关闭不溢油。当阀前压力超过此极限时，阀立即打开，油即流回油箱或低压回路，因而可防止液压系统过载，如图 3-11 所示。

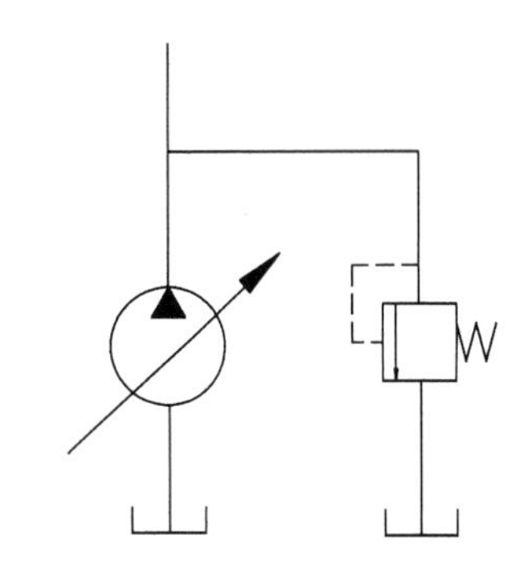

图 3-11　防止液压系统过载原理图

②作为溢流阀，使液压系统中压力保持恒定。

③作为卸荷阀。用换向阀将控制口接通油箱，主阀立即打开到最大位置，压力腔油压近于零，系统卸荷，此时该溢流阀为卸荷阀。

④远程调压。

3）插装阀

插装阀是一种用小流量控制油来控制大流量工作油液的开关式阀。它是把作为主控元件的锥阀插装于油路块中，故得名插装阀。目前生产的插装阀多为两个通路，故又称为二通插装阀。该阀不仅能实现普通液压阀的各种功能，而且具备流动阻力小、通流能力大、动作速度快、密封性能好、制造简单、工作可靠等优点，特别适合高水基介质、大流量、高压的液压系统中。

（1）插装阀的图形符号

插装阀的图形符号如图 3-12 所示。

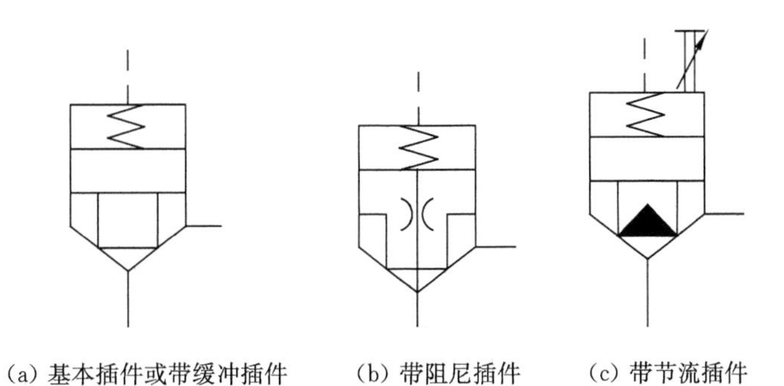

(a) 基本插件或带缓冲插件　　(b) 带阻尼插件　　(c) 带节流插件

图 3-12　插装阀图形符号

（2）二通插装阀的组成与结构

二通插装阀由插装元件、控制盖板、先导控制元件和插装块体四个部分组成。插装元件又称主阀组件，由阀芯、阀套、弹簧和密封件组成，阀芯按其结构分为座阀和滑阀两大类，座阀式阀芯又有不带阻尼孔和带阻尼孔两种结构形式。阀芯通常采用筒形、锥形座阀结构，所以也称筒形阀或锥阀。

方向控制用二通插装阀的结构如图 3-13 所示。

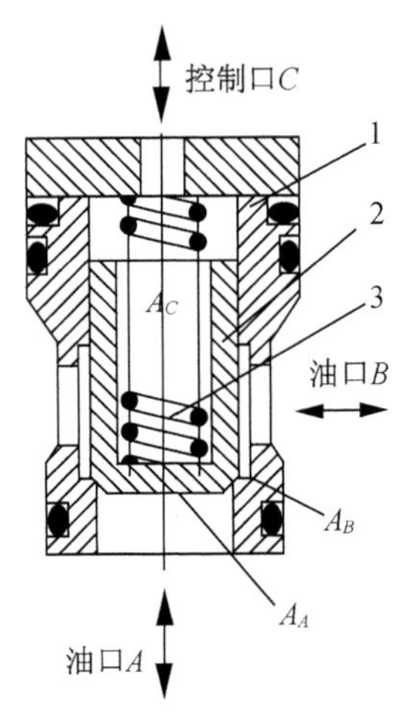

1—阀体；2—阀芯；3—弹簧。

图 3-13　二通插装阀结构图

(3) 二通插装阀的工作原理

油口为 A、B，控制口为 C。压力油分别作用在阀芯的三个控制面 A_A、A_B、A_C 上。如果忽略阀芯的质量和阻尼力、阀口液流产生的稳态液动力的影响，作用在阀芯上的力平衡关系式为

$$P_t + p_C A_C = p_B A_B + p_A A_A$$

式中：P_t——作用在阀芯上的弹簧力(N)；

p_C——控制口的压力(Pa)；

p_B——工作油口 B 的压力(Pa)；

p_A——工作油口 A 的压力(Pa)；

A_A、A_B、A_C——三个控制面的面积(m^2)。

当控制口 C 接油箱卸荷时，若 $p_A > p_B$，液流由 A 至 B；若 $p_A < p_B$，液流由 B 至 A。

当控制口接压力油时，若 $p_C \geqslant p_A$，$p_C \geqslant p_B$，则油口 A、B 不通。由此可知，它实际上相当于一个液控二位二通阀。

压力、流量控制用插装元件的阀芯结构有所不同。

插装元件插装在阀体或集成块中，通过阀芯的启闭和开启量大小，可以控制主回路液流的通断、压力高低和流量大小。

4) 单向节流阀

单向节流阀属于流量控制阀的一种，流量控制阀靠改变通油截面的大小来调节通过阀口的流量，以改变工作机构的运动速度，流量控制阀的类别有节流阀、调速阀、行程控制阀和分流集流阀等。

(1) 单向节流阀的图形符号

单向节流阀的图形符号如图 3-14 所示。

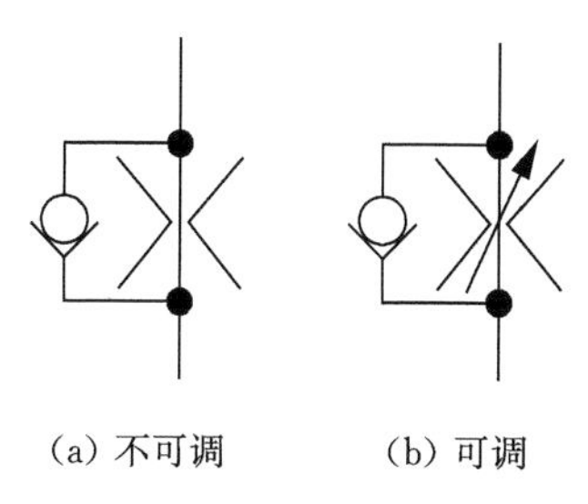

图 3-14　单向节流阀图形符号

(2) 节流阀的工作原理：固定式节流阀是个基本元件，增设了调节装置的节流阀就是可调式节流阀。可调式节流阀的图形符号较固定式节流阀多了一个可调性符号，可调性符号的箭头只允许向右上方倾斜绘制。

节流阀类同截止阀，属于轴向三角槽式节流结构。当调整调节手轮或旋转调节套时，阀芯轴向移动，节流口大小改变，从而调节流量。

单向节流阀是节流阀与单向阀组合而成的一个执行元件。

5) 单向阀

单向阀属于方向控制阀，方向控制阀有单向阀、换向阀和压力表开关等。

(1) 单向阀的图形符号

单向阀可分为单向阀和液控单向阀。

单向阀用于液压系统中使油流从一个固定方向通过，不能反向流动，单向阀的图形符号如图 3-15 所示。

液控单向阀可利用控制油开启单向阀，使油流在两个方向上自由流动，液控单向阀的图形符号如图 3-16 所示。

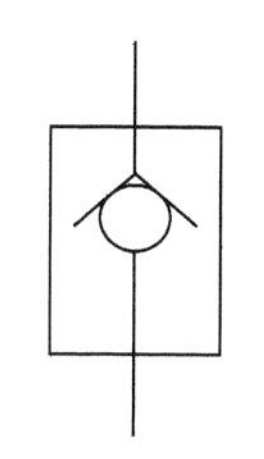

图 3-15　单向阀图形符号

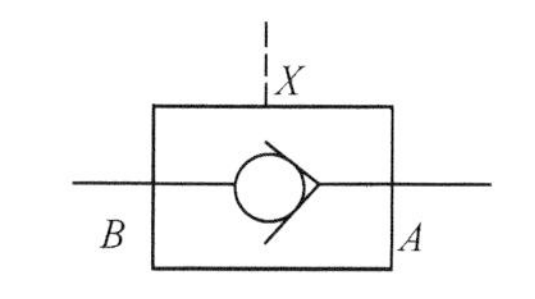

图 3-16　液控单向阀图形符号

(2) 单向阀的组成与结构

单向阀又有直通式和直角式两种结构形式，如图 3-17 所示。

单向阀的特点：直通式结构简单，成本低，体积小，但容易产生振动，噪声大；直角单向阀在同样流量下，阻抗比直通式大，更换弹簧不方便。

(3) 液控单向阀的工作原理

液控单向阀的结构如图 3-18 所示。

液控单向阀由上部锥形阀和下部活塞组成，在正常油流通路时，不操纵油压，与一般单向阀一样。

正常工作时，在设定的弹簧压力作用下，油路被阀芯堵住，油流不通。当油流压力大

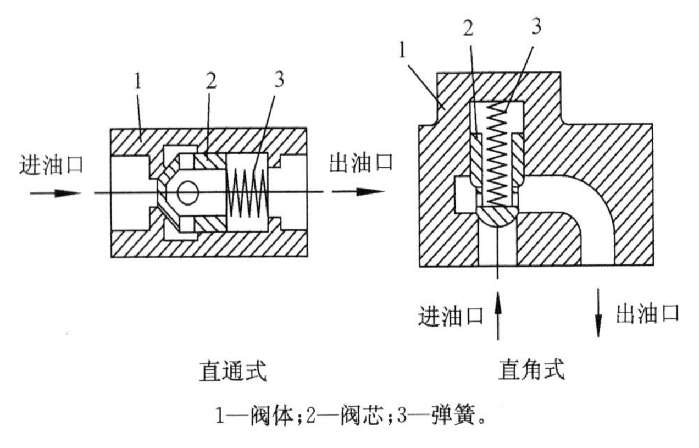

1—阀体；2—阀芯；3—弹簧。

图 3-17　单向阀结构图

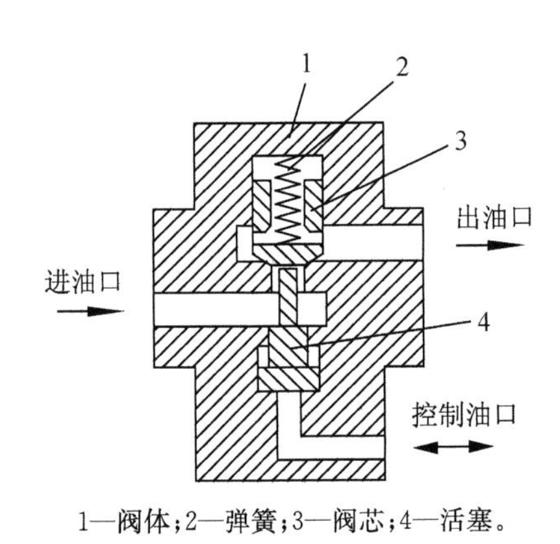

1—阀体；2—弹簧；3—阀芯；4—活塞。

图 3-18　液控单向阀结构图

于设定的弹簧压力时，油流在油压力的作用下克服弹簧压力，顶开阀芯，被堵塞的油路变成通路。当有反向油流时，阀芯被反向油流顶住，堵塞了通道。

当需要油流反向流动时，活塞下部接通控制油压，使阀杆上升，打开锥形阀，油流即可反向流动。

(4) 单向阀的应用

单向阀用于液压系统中防止油液反向流动，也可以作背压阀用，但必须改变弹簧压力，保持回路的最低压力。液控单向阀与单向阀相同，但可利用控制油开启单向阀，使油液在两个方向上自由流动。

6) 换向阀

换向阀的类型有电磁换向阀、液动换向阀、电液换向阀、机动换向阀、手动换向阀和多路换向阀等，是实现液压油流的沟通、切断和换向，以及压力卸载和顺序动作控制的阀门。

(1) 电磁换向阀的工作原理

电磁换向阀又称电动换向阀，简称电磁阀。阀芯为滑阀的电磁换向阀结构如图 3-19 所示。

电磁换向阀的工作原理是利用电磁铁推动阀芯，通过控制阀芯位置而进行工作。电磁阀是液压设备中液压控制系统和电气控制系统之间的中介转换元件。在设备运行时，

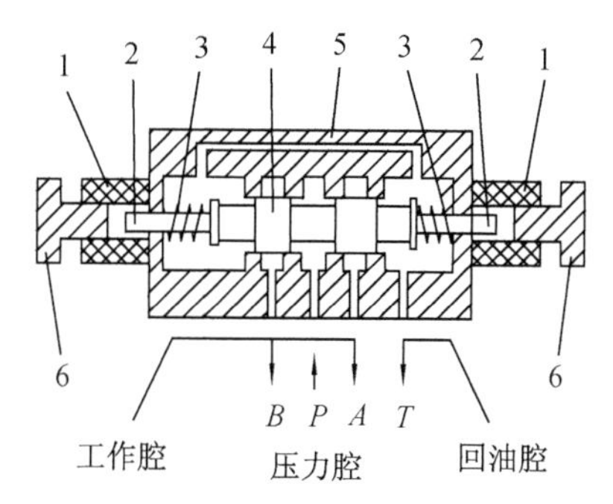

1—线圈；2—电磁铁；3—弹簧；4—阀芯；5—阀体；6—调节旋钮。

图 3-19　电磁换向阀结构图

由按钮开关、行程开关及各类继电器(时间、电流、压力等)按照设计规定发出电信号，使电磁阀通电或断电，在电磁铁吸力和阀内弹簧力的协同作用下，阀芯被推动移位，从而实现油路的通、断、切换或卸荷，由此来控制液压系统和液压设备的动作，发挥相应功能。

(2) 电磁阀的形式

电磁换向阀在各类液压阀中，品种、规格为最多。

按阀芯结构形式的不同可分为滑阀式换向阀与座阀式换向阀。

按阀芯移动换向的工位(即阀芯的工作位置)可分为二位、三位等。

电磁换向阀的图形符号如图 3-20 所示。

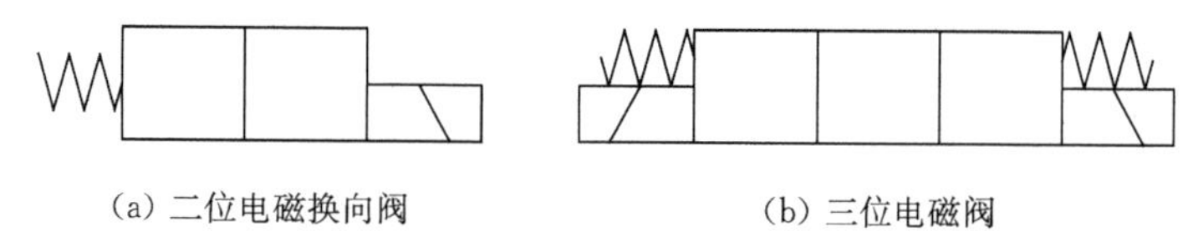

(a) 二位电磁换向阀　　(b) 三位电磁阀

图 3-20　电磁换向阀图形符号

按所控制的油口通道可分为二通、三通、四通、五通等。

将工位和通道结合起来，常称呼二位二通电磁阀、二位三通电磁阀、二位四通电磁阀、三位四通电磁阀、三位五通电磁阀等。

按阀芯换向和复位形式分为弹簧复位式、弹簧对中式、钢球定位式、无复位弹簧式等。

(3) 二位三通型电磁换向阀

① 滑阀机能二位三通型电磁换向阀

二位三通型电磁换向阀图形符号如图 3-21 所示。

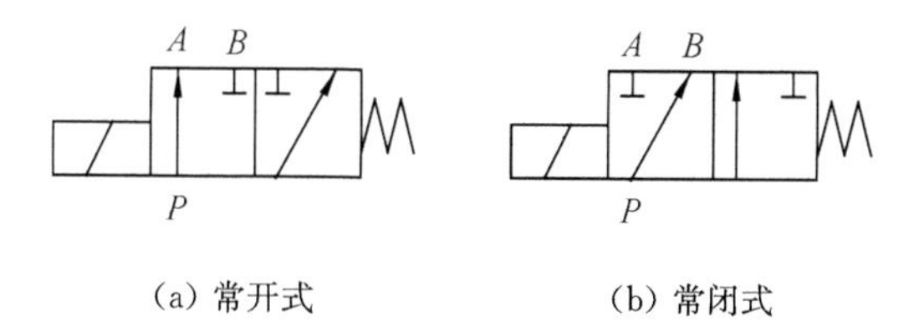

(a) 常开式　　(b) 常闭式

图 3-21　滑阀式二位三通型电磁换向阀图形符号

图 3-21(a)所示为常开式二位三通型电磁换向阀，当电磁铁未通电时，阀芯置于左半部位置，进油腔 P 与一个工作腔 A 相沟通，另一个工作油腔 B 被封闭。当电磁阀通电时，

衔铁被吸合而顶动推杆，将阀芯向右移动至右端位置时，P 腔与 B 腔相沟通，A 腔被封闭。

②钢球式二位三通型电磁换向阀

钢球式二位三通型电磁换向阀的图形符号如图 3-22 所示。

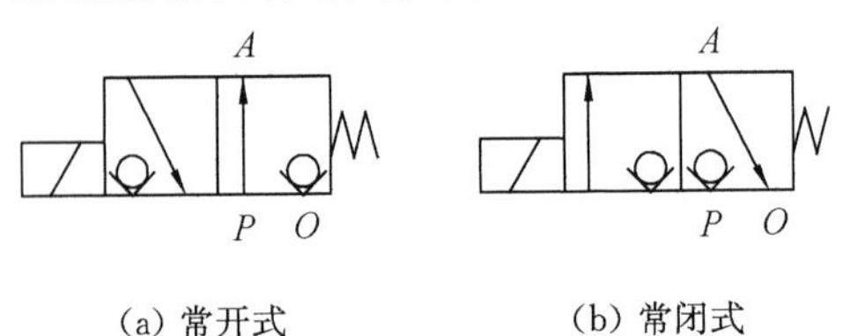

(a) 常开式　　(b) 常闭式

图 3-22　钢球式二位三通型电磁换向阀图形符号

钢球式二位三通型电磁换向阀简称电磁球阀，采用球面密封，它比传统线密封的电磁阀密封性能更好，其内部结构主要由左座阀、右座阀、钢球、弹簧、操纵杆和杠杆等零件组成。常开式二位三通型电磁换向阀，当电磁铁未通电时，球阀仅受弹簧的外力作用，进油腔 P 与工作腔 A 相通，A 腔与回油腔 O 封闭。当电磁铁通电后，衔铁吸合，油路实现切换，进油腔 P 被封闭，工作腔 A 与回油腔 O 相连通。当电磁铁断电后，球阀则在弹簧力的作用下，恢复原位。

对于常闭式二位三通型电磁换向阀，当电磁铁断电时，P 腔封闭，A 腔与 O 腔连通，当电磁铁通电时，则 P 腔与 A 腔相通，O 腔封闭。

(4) 二位四通型电磁换向阀

二位四通型电磁换向阀的图形符号如图 3-23 所示。

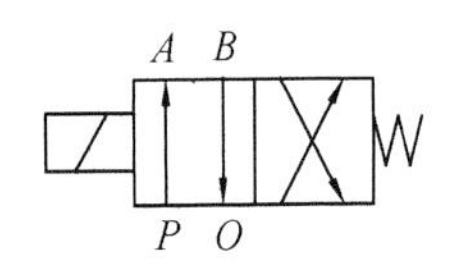

图 3-23　二位四通型电磁换向阀图形符号

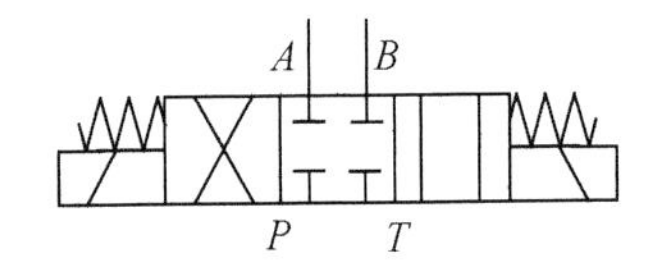

图 3-24　三位四通型电磁换向阀图形符号

对于二位四通型电磁换向阀，当电磁铁未通电时，阀内流动方向是进油腔 P 与工作腔 A 相通，工作腔 B 与回油腔 O 相通。当电磁铁通电后，衔铁吸合，油路实现切换，阀内流动方向变为进油腔 P 与工作腔 B 相通，工作腔 A 与回油腔 O 相连通。当电磁铁断电后，则在弹簧力的作用下，阀内流动方向恢复原位。

(5) 三位四通型电磁换向阀

三位四通型电磁换向阀的结构与图形符号如图 3-24 所示。

三位四通型电磁换向阀中位滑阀机能是指换向滑阀在中间位置时的通路形式，每种滑阀机能，都有它一定的作用和特点，以满足各种不同的工作要求。图 3-24 所示滑阀机能代号为“O”，表示两侧电磁铁在不得电情况下，各油口全封闭。

左侧电磁铁得电后，阀内流动方向是进油腔 P 与工作腔 B 相通，工作腔 A 与回油腔 T 相通。

右侧电磁铁通电后，油路实现切换，阀内流动方向变为进油腔 P 与工作腔 A 相通，工作腔 B 与回油腔 O 相连通。当电磁铁断电后，在弹簧力的作用下，阀内流动方向恢复原位即各油口全封闭。

7）压力继电器

压力继电器的主要用途是将油压信号转换为电气信号。有的型号能发出高、低压力两个控制信号。压力继电器的图形符号如图 3-25 所示。

图 3-25　压力继电器图形符号

（1）压力继电器一般有滑阀式（柱塞式）、弹簧管式、膜片式和波纹管式四种结构形式。

（2）滑阀式结构原理是压力油作用在压力继电器底部的柱塞上，当液压系统中的压力升高到预调数值时，液压力克服弹簧力，推动柱塞上移，此时柱塞顶部压下行程开关控制电路的触头，液压信号转换为电气信号，使电气元件（如电磁阀、电机、电磁溢流阀和时间继电器等）动作，从而实现自动程序控制和安全保护作用。

6．液压控制回路

（1）液压基本回路划分

液压基本回路是用于实现液体压力、流量及方向等控制的典型回路。它由有关液压元件组成。现代液压传动系统虽然越来越复杂，但仍然是由一些基本回路组成的。

液压基本回路划分为方向控制回路、压力控制回路、速度控制回路和其他液压回路四大类别，这四大类别按工作特性又可划分为各种类型的回路。各种类型的回路又按照所采用的液压元件不同组成不同功能的各种回路。

（2）方向控制回路

液压启闭机控制系统的方向控制回路是由电磁换向阀（也称先导阀）、电磁球阀与二通插装阀等组成的插装式控制阀组，如图 3-26 所示。

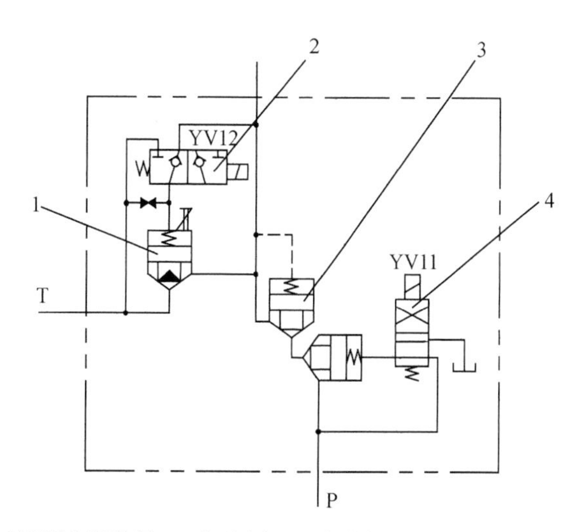

1—流量控制插装阀；2—电磁球阀；3—插装阀；4—二位二通型换向阀。

图 3-26　方向控制回路

插装式控制阀组用于控制液压启闭机的开关动作，所以该液压控制回路是液压启闭机控制系统的方向控制回路。该回路在电磁阀 YV11 通电时，下插装阀控制油流入回油箱，下插装阀打开，液压油通入上插装阀，流入启闭机下腔。当电磁阀 YV11 断电时，插装阀控制腔通压力油，插装阀关闭，则启闭机没有压力油输入。该回路只需小规格电磁阀控制，可实现大流量控制系统。

(3) 压力控制回路

压力控制回路是通过控制回路压力而使之完成特定功能的回路。压力控制回路种类很多。例如在一个工作循环的某一段时间内执行元件停止工作不需要液压时，则设计有卸荷回路；在有升降运动部件的液压系统中，则设计有平衡回路。

泵站液压启闭机压力控制回路如图 3-27 所示。

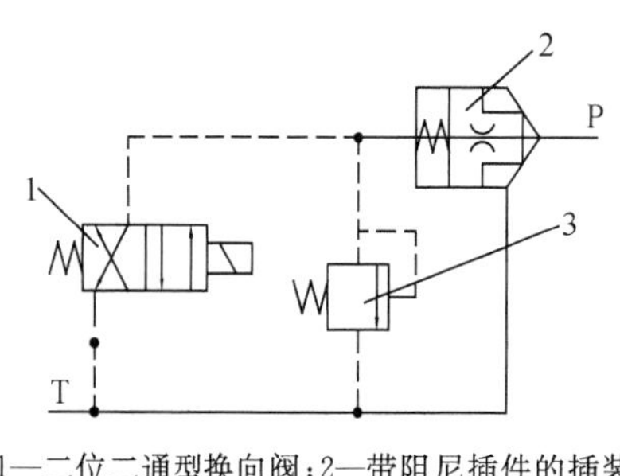

1—二位二通型换向阀；2—带阻尼插件的插装阀；3—溢流阀。

图 3-27　压力控制回路

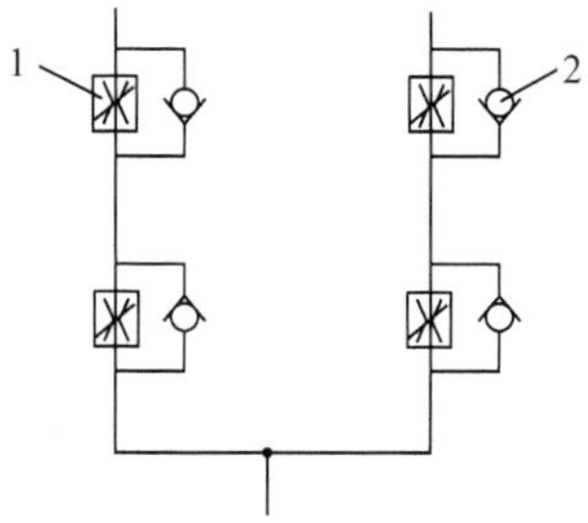

1—节流阀；2—单向阀。

图 3-28　双向节流速度控制回路

泵站液压启闭机压力控制回路属于卸荷回路，一个带阻尼插件的插装阀与溢流阀、二位二通型换向阀连接组成的插装式调压阀组，组成调压回路。

当油泵投入运行后，在油压的作用下，插装阀打开，即压力油通过调压阀组卸荷，压力油主油流全部返回油箱，压力油通过插装阀的阻尼孔进入控制腔，控制油流经二位二通型换向阀回到回油箱，油泵空载运行。

当二位二通阀电磁铁得电，插装阀的控制油流被切断，溢流阀的阀内常闭通道闭合，系统就很快(设定时间一般为 5 s)建立压力。

系统运行中压力的大小，由溢流阀调定，当系统压力超出设计系统压力，溢流阀动作，释放部分油流到油箱，保证系统稳压运行。

(4) 速度控制回路

在液压系统中利用两只单向节流阀组成同一个液压缸往复运动的双向节流速度控制回路。双向节流速度控制回路如图 3-28 所示。

当压力油从压力腔进入单向节流阀后，由节流阀节流，进入油缸有杆腔，启闭机启门。停机过程中，在闸门自重的作用下，有杆腔反向油液经单向节流阀流到无杆腔。

单向调速阀能准确地调节和稳定油路的流量，以改变液压缸的速度。两个单向调速阀的组合可以使液压缸获得正反两个方向的不同速度。

7. 系统工作原理

泵站液压启闭机系统包括液压站和油泵启停控制,工作闸门和事故门的开启、快速关闭等。

1) 液压站和油泵启停控制

液压站和油泵启停控制原理如图 3-29 所示。

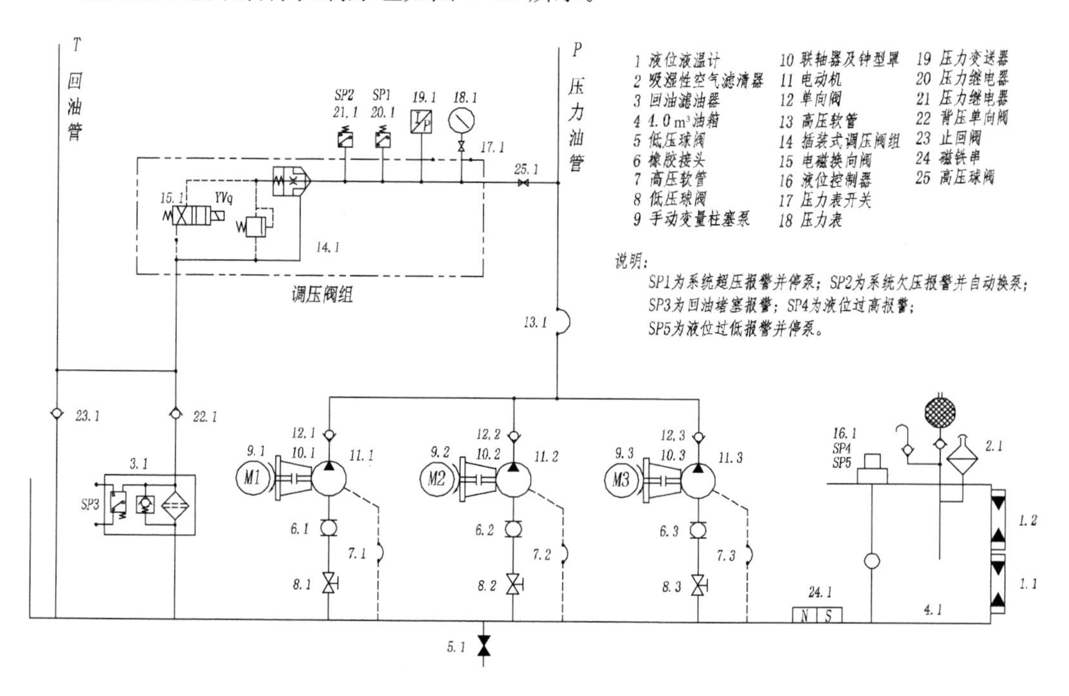

图 3-29 液压站和油泵启停控制原理图

(1) 液压启闭系统液压站

液压站由油泵装置、油箱及附件组成。

油箱为不锈钢密封式结构,设置人孔盖,用于清洗和检修油箱内部。油箱附件主要包括液位液温计 2 只、吸湿式空气滤清器、回油滤油器、液位控制器、放油球阀等。

回油滤油器用于保持液压油的清洁,SP3 在回油堵塞时报警。吸湿式空气滤清器在油液被排回或吸出油箱时,可保持油箱内与大气压强的平衡。液位控制器 SP4 为油箱液位过高报警,SP5 为液位过低报警并停泵。

油泵装置一般包括 2 台～4 台流量在 100～200 L/min,功率在 15～55 kW 的电机油泵组和单向阀,一用一备或两用一备或两用两备。

压力表用于现场显示读数;压力变送器输出相应信号用于远程电气控制;压力继电器输出信号,其中 SP1 用于系统超压报警,SP2 用于系统欠压报警并自动换泵。

按通常设计要求,油泵组"油泵启动"在卸荷状态下启动,"闸门开启"在建压工况下启门;部分泵站具有压力关门功能,一般不使用,只有在自重关门故障或检修时使用。

(2) 油泵空载运行

当接通电动机电源后,油泵启动,但所有电磁铁不得电,因调压阀组(14.1)中电磁换向阀(15.1)电磁铁 YVq 不带电,插装阀控制口无压力,溢流阀不动作,插装阀内进出口连通，油泵出油全部经插装阀返回油箱，这种回路的作用是油泵组在启动过程或运行状态但无法进行启门操作时，使油泵组以最低压力或以最小流量输出压力油，因无油压，所以油泵空载（也称卸压）运行。

（3）系统稳压运行

当进行液压启闭机操作时，接通换向阀（15.1）电磁铁，YVq 动作，插装阀的遥控油路被二位二通型换向阀（15.1）封闭，插装阀延时闭合，则系统建立压力；系统压力的大小，由溢流阀设定，泵站液压启闭机系统设计系统压力一般为 12～15 MPa，由制造厂根据启门力、启门速度等要求确定。当系统压力超出设计系统压力，溢流阀的阀内常闭通道打开，溢流阀动作，释放插装阀的控制油流到油箱，控制系统压力在设定范围内。这时溢流阀限制系统最高油压，起安全保护作用，所以它又叫安全阀。

2）闸门液压启闭机控制

（1）液压启闭机控制系统部分

泵站工作闸门和事故闸门的控制工作原理相同，工作状态存在液压泵启动、闸门启门、闸门关闭三种工况。在不同工作状态下，电动机和各个换向电磁阀也有不同的工作状态，电动机和换向电磁铁在不同工作状态下的动作状态如表 3-9 所示。

表 3-9　电动机和换向电磁铁动作表

工况＼状态＼系统		电动机			电磁铁动作情况				
		M1	M2	M3	YVq	YV11	YV12	YV13	YV14
		主泵	主泵	备泵	溢流阀	事故门关	事故门关	工作门开	工作门关
事故闸门	油泵启动	+	(+)	(+)	−	−	−	−	−
	闸门开启	+	(+)	(+)	+	+	−	−	−
	闸门关闭	−	−	−	−	−	+	−	−
工作闸门	油泵启动	+	+	(+)	−	−	−	−	−
	闸门开启	+	+	(+)	+	−	−	+	−
	闸门关闭	−	−	−	−	−	−	−	+

液压启闭机控制系统如图 3-30 所示。

（2）动作顺序（以 1# 机组为例，其他机组类似）

①油泵启动

按开机流程，液压启闭控制系统 PLC 接受“事故门启门”指令后，按设定程序进行流程控制，电动机 M1 得电，1# 液压泵启动，压力油通过插装式调压阀组（14.1）卸荷，油泵空载运行。

②事故闸门启门

电磁换向阀（15.1）的电磁铁 YVq 得电，系统建压，系统压力由插装式调压阀组（14.1）中的溢流阀调定。

插装式控制阀组（2.1）中的电磁换向阀（3.1）的电磁铁 YV11 得电，供油母管中的压力油 P 经插装式控制阀组流向机组供油管，经单向节流阀（5.1）（5.2）（5.3）（5.4）和高压

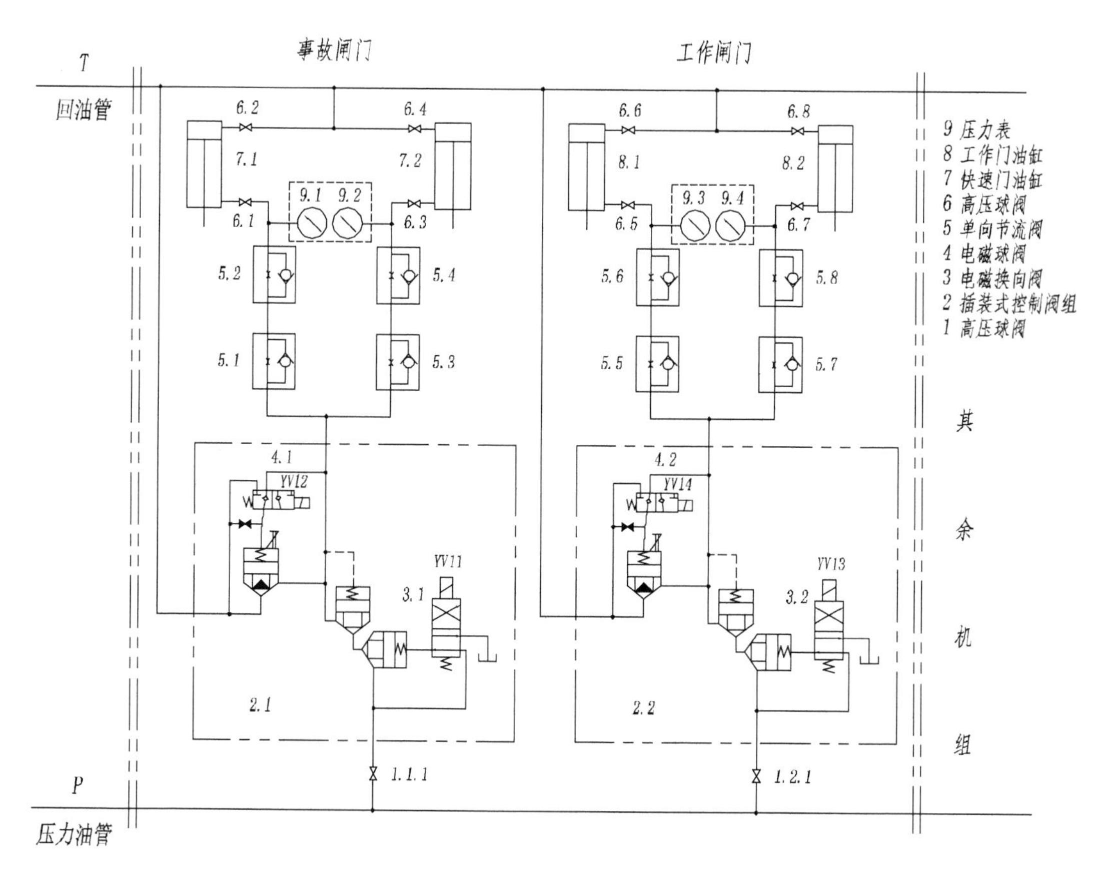

图 3-30　液压启闭机控制系统图

球阀(6.1)(6.3)分别进入 1# 事故闸门两只油缸的有杆腔,活塞在压力油的作用下沿着油缸向上运动,提升闸门。

在活塞的作用下,无杆腔内油液受压经高压球阀(6.2)(6.4)流向回油母管 T,再经单向阀(22.1)及回油滤油器(3.1)流入油箱。

事故闸门到达设定的全开高度后,控制阀组和调压阀组中的电磁铁 YV11、YVq 失电,启门停止。

③工作门启门

按开机流程,接受"工作门启门"指令后,电动机 M2 得电,2# 液压泵启动,延时约 5 s 后调压阀组(14.1)中的电磁换向阀(15.1)电磁铁 YVq 得电,系统建压,系统压力由插装式调压阀组(14.1)中的溢流阀调定。

控制阀组(2.2)中的电磁换向阀(3.2)电磁铁 YV13 得电,同事故闸门启门一样,压力油经 P 经插装式控制阀组流向机组供油管,经单向节流阀(5.5)(5.6)(5.7)(5.8)和高压球阀(6.5)(6.7)分别进入 1# 工作门两只油缸的有杆腔,活塞在压力油的作用下沿着油缸向上运动,提升闸门。

在活塞的作用下,无杆腔内油液受压经高压球阀(6.6)(6.8)流向回油母管 T,再经单向阀(22.1)及回油滤油器(3.1)流入油箱。

工作闸门到达设定的全开高度后,控制阀组和调压阀组中的电磁铁 YV13、YVq 失电，启门停止。延时约 1～2 s 后电动机 M_1，M_2 失电，液压泵停止运行。

④闸门液压自锁和跌落回升

如果动作过程中液压装置故障致使压力突然下降，或闸门启门动作完成后，机组投入正常运行，液压装置即停止工作，为了防止闸门跌落，设计了上插装阀，上插装阀控制腔的压力油来自油缸有杆腔中的压力油，当压力腔压力＞工作腔压力时，系统供油闸门上升，当压力腔压力＜工作腔压力时，上插装阀封闭，维持压力，保持启闭机停止位置的高度，这就是闸门液压自锁。

在运行过程中，上闸门因压力油泄漏，有下滑现象，当闸门下滑至设定值 100 mm 时，液压站的油泵应自动启动补油，使下滑的闸门回到设计位置；当闸门继续下滑至设定值 200 mm 时，主油泵停止，备用油泵启动，使下滑的闸门回到设计位置；当闸门继续下滑至设定值 250 mm 时，液压控制系统发出报警信号。

⑤快速关闭（简称关门、闭门）

按开机流程，接受“工作门关闭”指令后，1# 工作门控制阀组（2.2）中的电磁换向阀（4.2）电磁铁 YV14 得电，带节流插件的左侧插装阀的控制油流向回油管道，插装阀打开，在闸门自重的作用下，工作门两只油缸有杆腔中的压力油经单向节流阀（5.5）（5.6）（5.7）（5.8）和带节流插件的左侧插装阀流向油缸无杆腔，不足部分油液由回油箱经单向阀（23.1）补充无杆腔，1# 工作闸门自重快速关闭，关门到位后，YV14 失电。

由液压系统 PLC 程序设定，在工作门动作一定时间后（设计动作时间 10～20 s），1# 事故闸门控制阀组（2.1）中的电磁换向阀（4.1）电磁铁 YV12 得电，带节流插件的左侧插装阀的控制油流向回油管道，插装阀打开，在闸门自重的作用下，事故闸门两只油缸有杆腔中的压力油经单向节流阀（5.1）（5.2）（5.3）（5.4）和带节流插件的左侧插装阀流向油缸无杆腔，不足部分油液由回油箱经单向阀（23.1）补充无杆腔，1# 事故闸门自重快速关闭。关门到位后，YV12 失电。

⑥手动快速闭门

在特殊情况，如设备发生重大故障或直流电源消失等非常状态，需要快速关闭闸门，可手动打开工作闸门控制阀组（2.2）中常闭球阀，排出左侧插装阀的控制油，油缸有杆腔内的压力油动作插装阀，与“快速闭门”运行方式一样，闸门在自重作用下下落，有杆腔内的压力油经单向节流阀（5.5）（5.6）（5.7）（5.8）和左侧插装阀回到无杆腔，实现工作闸门手动快速闭门。

事故闸门操作同上，可手动打开事故闸门控制阀组（2.1）中常闭球阀，实现事故闸门手动快速闭门。

二、液压启闭机检修周期

1. 小修

每年一次，周期性地对液压启闭机及管路、阀门等部件进行重点检查修理，同时根据平时运行缺陷记录，进行缺陷处理。

2. 大修

一般每 5 年或油泵运行达 2 000～5 000 h 时进行液压启闭机系统大修，有计划地、比较全面地对液压启闭机各部件进行检查修理，同时对其存在的问题进行重点解体检修。

三、检修项目

1. 小修

（1）油泵、闸阀、管路、油缸等渗漏油检查、清洗和处理。

（2）活塞杆表面锈蚀、脱落的检查，污垢的检查清理。

（3）油箱油位、油质检查和处理。

（4）过滤器检查和清洗。

（5）电气回路、控制回路及手动、自动控制的检查。

（6）闸门启闭、同步和联动检查。

2. 大修

（1）油缸解体检查，密封件磨损情况检查或更换。

（2）油泵及电机解体检查。

（4）阀组解体检查和清理。

（5）闸门自动控制检查和调试。

（6）小修全部项目。

四、液压启闭机部件检修

液压系统拆卸前应切断电源，清理外表，做好记号，释放系统内压力；拆卸按先上后下，先外后内的一般原则进行，尽量拆成组件，小零件装回到原位上，并分类存放，不得堆压；油管拆卸后，应包扎好各接头，以防外界污染物进入。

1. 阀件检修

1）阀件拆卸

拆卸与其连接的进出口油管接头及紧固螺栓，取下阀体，注意做好记号并按一定顺序放置。

2）阀件、阀芯、阀座配合面检查和清洗

（1）有轻微划痕时，用极细的金相砂纸进行打磨，如划痕太深或有较厚附着层，则更换。

（2）阀件孔口边有毛刺，应用极细的金相砂纸进行打磨掉。弹簧如有歪斜、拉直、翘曲、裂纹或断裂应予换新。

（3）液压元件经修理后应仔细清洗，检查、疏通各通道及阻尼孔；阀芯在阀孔内移动应灵活自如，阀芯加润滑油后，应靠自重滑入阀孔。

3）阀体装配

（1）装配按拆卸的相反顺序进行，各零件按记号及顺序正确装配。

（2）拧紧螺栓后检查阀芯的运动状况，要求运动灵活无卡阻，否则应重新进行调整。

2. 缸体检修

1）缸体拆卸

（1）拆卸活塞杆与闸门的连接。

（2）用吊车或电动葫芦吊住缸体，拆卸与其连接的进出口油管接头及与底座的紧固螺栓，将缸体吊起放平；拆卸时注意缸体与底座之间的垫片和位置记号。

(3) 拆卸缸体，取出活塞杆。

(4) 在拆卸过程中注意油管和缸体内的余油收集。

2) 缸体、活塞杆的检查和清洗

(1) 缸体应无损伤、变形，若严重损伤或变形应回厂进行处理或更换。

(2) 活塞杆应表面光洁，无锈蚀、脱落、变形，如锈蚀、脱落、变形严重应回厂进行加工处理或更换。

3) 缸体装配与安装

(1) 更换新密封件，并检查新密封件规格尺寸应与原密封件相同。

(2) 密封件、活塞杆装配时应注意不能损伤密封件。

(3) 如为内开度传感器，检查传感器装配位置及性能应符合要求。

(4) 用吊车或电动葫芦吊起缸体，调整中心和垂直度，与底座紧固后，连接活塞杆和闸门。

3. 油箱检修

(1) 排出油箱内油液，打开排污阀排污；卸下盖板，用干净煤油清洗油箱内壁，再用面团粘清。

(2) 清洗、检查空气滤清器，滤网损坏应更换。

(3) 清洗完毕后，应再次仔细检查，确认清洁无异物后回装盖板。

(4) 关闭排污阀。

4. 液压油检测和处理

(1) 液压油检测应符合规定要求；如不符合要求应进行真空过滤处理，直至符合要求。

(2) 如需补油，应选用同型号液压油并经检测合格。

(3) 系统加油后 12 h 内不得开泵运转，24 h 内泵站不允许投入运行。

5. 油泵和电动机检修

油泵和电动机检修参照前述辅助设备检修相关要求进行。

6. 系统控制的检查和调试

(1) 检查主电源、控制电源和备用电源供电应可靠。

(2) 检查控制器参数设定、显示参数应正确，符合要求。

(2) 检查控制屏按钮开关、转换开关、指示灯等应控制可靠、指示正确。

(3) 调试油泵、电动机运行正常，卸荷、系统压力正常。

(4) 调试闸门的手动、自动、联动、纠偏和自回复等控制可靠、闸门启闭正常。

五、液压启闭机常见故障及处理

1. 油泵不出油

1) 原因主要如下。

(1) 电机转向错误。

(2) 油箱内液面过低。

(3) 油泵卡死或损坏。

(4) 变量泵的流量为零。

2) 处理方法如下。

(1) 调整电机接线。

(2) 油箱内加入适量的液压油液。

(3) 修理或更换油泵。

(4) 调节变量泵的变量机构。

2. 油泵电机在运转中噪音大、振动大

1) 原因主要如下。

(1) 油液的黏度过大。

(2) 泵内有空气或吸油管漏气。

(3) 油泵、电机同心度不够。

(4) 油泵内部有损伤。

2) 处理方法如下。

(1) 对油液加热或更换油液。

(2) 排尽泵内空气或更换泵吸油管的密封圈,旋紧螺栓。

(3) 油泵、电机同心度检查和调整。

(4) 修理或更换油泵。

3. 油泵的输出压力、流量不够

1) 原因主要如下。

(1) 泵发生故障或磨损较大。

(2) 油泵的参数未调整到位或发生变化。

(3) 溢流阀工作不良或损坏。

(4) 各零、部件渗漏太大。

2) 处理方法如下。

(1) 修理或更换油泵。

(2) 进行油泵参数调节。

(3) 修复或更换溢流阀。

(4) 修复或更换各零、部件。

4. 系统压力不稳定

1) 原因主要如下。

(1) 油泵发生故障。

(2) 溢流阀工作不稳定。

2) 处理方法如下。

(1) 修理或更换油泵。

(2) 修复或更换溢流阀。

5. 油液温升过高

1) 原因主要如下。

(1) 油泵泄漏量过大,发热。

（2）主油泵卸荷时间过短。

（3）环境温度过高。

2）处理方法如下。

（1）修理或更换油泵。

（2）适当延长主油泵卸荷时间。

（3）改善环境温度和散热条件。

6. 油缸提升缓慢

1）原因主要如下。

（1）油缸或管路中有气体，油缸爬行。

（2）油缸串缸。

（3）油缸内部零件损伤或磨损过度。

（4）压力偏低。

（5）闸门存在卡阻。

2）处理方法如下。

（1）排尽油缸或管路中气体。

（2）更换密封圈。

（3）修复或更换油缸。

（4）压力控制回路排除堵塞或调整溢流压力。

（5）清除闸门卡阻异物，调整同步或检修滚轮。

7. 系统有外部渗漏

1）原因主要如下。

（1）密封件过期或损坏。

（2）密封接触处松动。

（3）元件安装螺栓松紧度不均。

2）处理方法如下。

（1）更换密封件。

（2）进行紧固处理。

（3）调整元件安装螺栓的松紧度。

8. 换向阀不换向

1）原因主要如下。

（1）电磁线圈未通电。

（2）电磁线圈损坏。

（3）阀中有污垢，阀芯卡死。

（4）阀损坏。

2）处理方法如下。

（1）接通控制电源。

（2）更换电磁线圈或电磁换向阀。

（3）清洗阀体、阀芯。

（4）更换换向阀。

第三节 卷扬式启闭机的检修

一、卷扬式启闭机的作用及组成

1. 作用

在泵站，卷扬式启闭机作用是通过机械传动来实现主机组出水闸门的启闭，从而实现主机组出水流道出水和断流。

2. 组成

启闭机的种类很多，按传动方式可分为机械式和液压式，机械式启闭机是通过机械传动来实现闸门启闭，液压式启闭机是利用液压传动来实现闸门启闭。

机械式启闭机根据布置方式可分为固定式和移动式，固定式主要有卷扬式启闭机和螺杆式启闭机。在泵站机械式启闭机均采用卷扬式。

1）固定卷扬式启闭机布置形式

（1）固定卷扬式启闭机应用

固定卷扬式启闭机是水工闸门应用得最多的启闭设备。主要应用于启闭平面闸门和弧形闸门。平面钢闸门固定卷扬式启闭机结构如图 3-31 所示，弧形闸门固定卷扬式启闭机结构如图 3-32 所示。

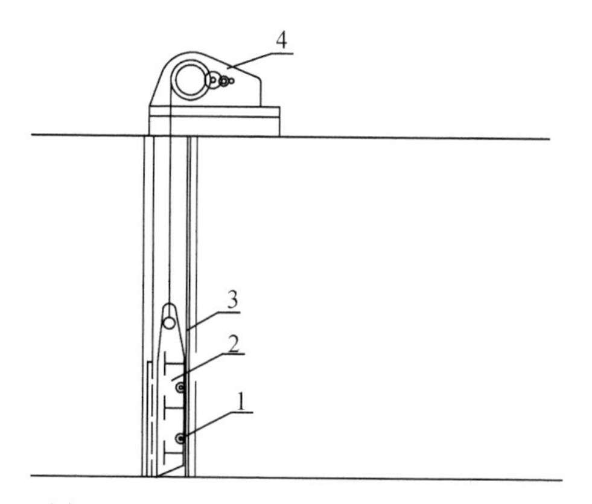

1—滚轮；2—平面闸门；3—埋设部分；4—固定卷扬式启闭机。

图 3-31　平面闸门固定卷扬式启闭机结构图

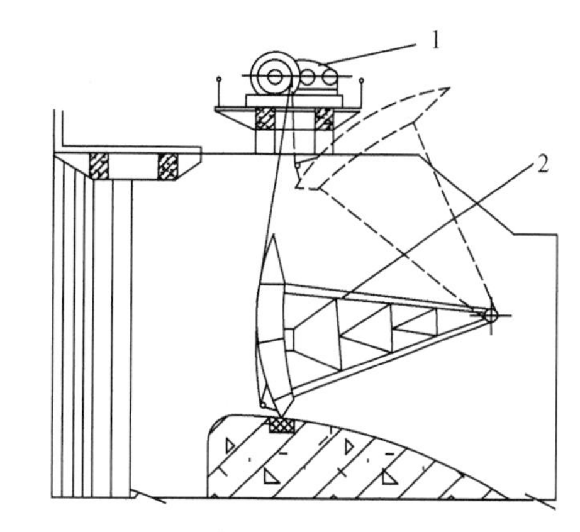

1—固定卷扬式启闭机；2—弧形闸门。

图 3-32　弧形闸门固定卷扬式启闭机结构图

固定卷扬式启闭平面闸门和启闭弧形闸门在结构及布置等方面基本都一致，所不同的有以下两点。

①弧形闸门系斜向启闭，卷筒支座受斜向力，而平面闸门则垂直上下受力，受力比较均匀。

②当弧形闸门的吊点设在面板底部时，钢丝绳末端用锥形套等固接后与闸门吊耳轴

连接，启闭过程中，由于定滑轮有一倾角，因此在相同的启闭力情况下弧形闸门启闭机的自重和驱动电动机的功率都比直升式平面闸门启闭机要大得多。

（2）固定卷扬式启闭机机架布置方式

固定卷扬式启闭机的布置形式实质上就是起升机构的布置形式。根据起升机构的布置形式和驱动方式，机架的布置方式可分为整体式、二体式和三体式。

按起升机构的驱动电动机和卷筒相对位置不同可分为同轴线布置和展开式布置。同轴线布置是电动机轴线和卷筒轴线重合，卷筒内装有行星齿轮减速器。展开式布置的电动机轴线与卷筒轴线平行，电动机与卷筒轴分别连接在减速器的输入与输出轴上。

驱动方式根据驱动电动机及卷筒的个数可分为集中驱动和单独驱动。以一台驱动电动机通过一套传动装置驱动一个或两个卷筒称为集中驱动。以两台驱动电动机各通过一套传动装置分别驱动各自的卷筒则称为单独驱动。

①整体式机架布置形式

单吊点的启闭机都采用集中驱动方式，由于只有一个吊点，不论同轴线布置还是展开式布置，都用整体式机架。整体式机架布置形式如图 3-33 所示。

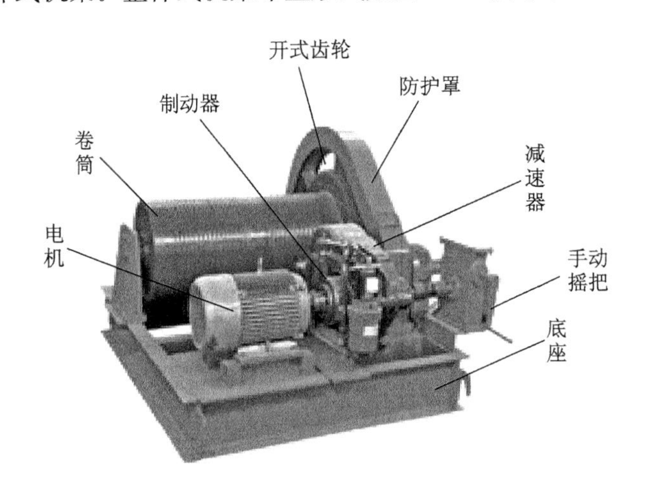

图 3-33　整体式机架布置形式外形图

②三体式机架布置形式

双吊点启闭机都采用展开式布置。其驱动方式可以是集中驱动，也可以是单独驱动。采用集中驱动这种驱动方式可以较好地保证两吊点的同步移动。

机架的布置形式当采用集中驱动时有电动机与传动装置居中布置的三体式机架，三体式机架外形如图 3-34 所示。

三体式机架结构如图 3-35 所示。

③二体式机架布置形式

机架的布置形式当采用集中驱动时也有电动机与传动装置布置在有卷筒一侧的二体式机架，二体式机架形式如图 3-36 所示，二体式机架结构如图 3-37 所示。

2）卷扬式启闭机的结构和特点

卷扬式启闭机主要由起升机构和机架组成。起升机构是使闸门等重物获得升降运动

图 3-34 三体式机架外形图

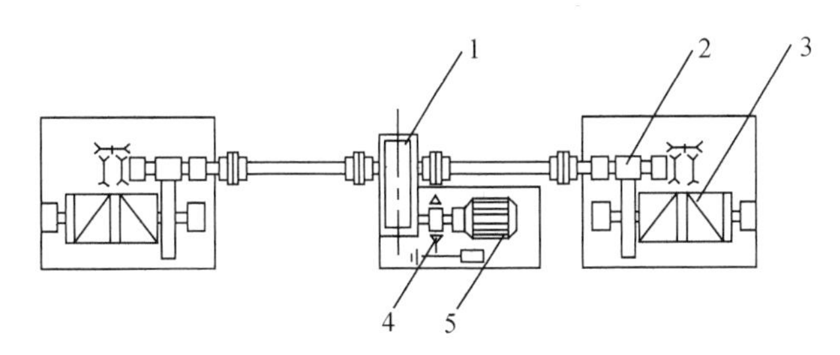

1—减速器；2—减速传动齿轮；2—开式齿轮；3—卷筒；4—制动器；5—电动机。

图 3-35 三体式机架结构图

图 3-36 二体式机架形式

的传动机构，机架由金属材料焊接而成，用来安装固定起升机构，并将起升机构的荷载传递给基础，机架用基础螺栓固定在混凝土基础上，并将启闭机的荷载传递给基础，机架将卷扬式启闭机的起升机构与闸门的吊耳连接起来，就具有启闭闸门的功能。

固定卷扬式启闭机与其他启闭机相比有以下特点。

(1) 结构简单，自重轻，运行可靠，维修方便。

(2) 钢丝绳为闸门与启闭机的连接件，启门时提供启门力，闭门时为闸门自重下落提供限速力。钢丝绳富有弹性，在承受惯性力时，对起升机构有缓冲作用。

(3) 采用双联滑轮组，在启闭过程中闸门不会左右晃动。

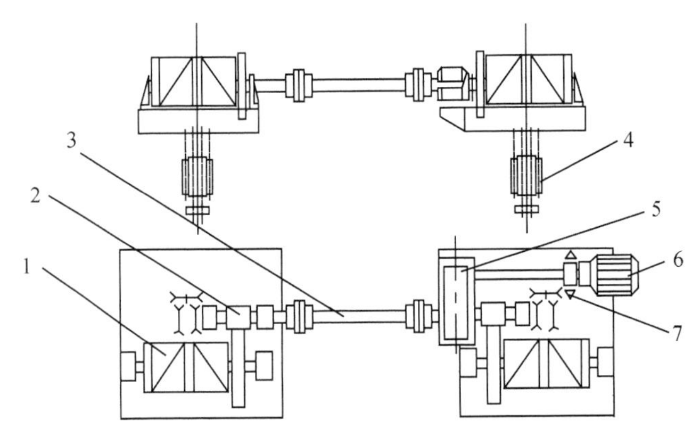

1—卷筒；2—减速传动齿轮；3—传动轴；4—葫芦；5—减速器；6—电动机；7—制动器。

图 3-37　二体式机架结构图

（4）启闭机占地面积较大，钢丝绳易磨损，在水中抗腐蚀能力差，寿命较短。

3）起升机构的主要零部件

起升机构主要由钢丝绳、卷筒组、滑轮组、制动器、联轴器、驱动传动机构、负荷控制器和行程指示等安全装置组成，如图 3-38 所示。

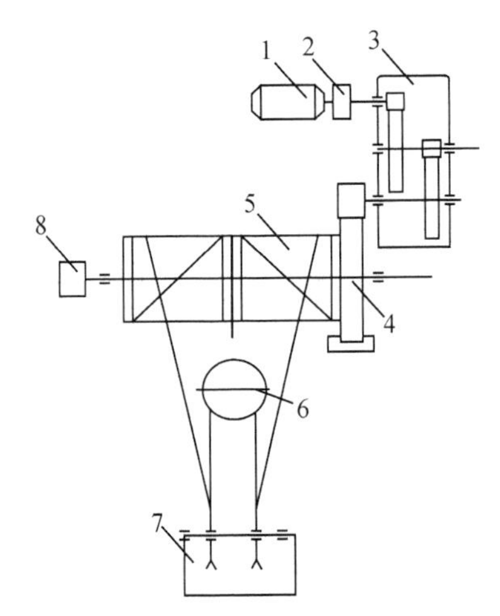

1—电动机；2—制动器；3—减速器；4—开式齿轮；5—卷筒；6—平衡轮；7—动滑轮组；8—行程限位和行程指示器。

图 5-38　固定卷扬式启闭机起升机构图

（1）钢丝绳

钢丝绳是柔性连接件，它的作用是把启闭力由卷筒传到闸门。在实际工作中，钢丝绳主要承受由闸门自重、配重、水柱压力和摩擦阻力等引起的拉伸力，钢丝绳在绕过卷筒滑轮时所受的弯曲力和钢丝绳与卷筒、滑轮接触时受到的挤压力这三种力。

启闭机常用的钢丝绳属于点接触钢丝绳，这种钢丝绳柔性好，制造工艺简单，价格低，然而由于点接触，接触应力较高，在反复弯曲工作过程中，绳内钢丝易磨损折断，使钢丝绳寿命降低，所以有被线接触的钢丝绳代替的趋势。

(2) 滑轮组

①滑轮组的组成与作用

滑轮组是起升机构的重要组成部分。它由定滑轮、动滑轮、平衡轮及其支架组成,平衡轮使固定在卷筒上的两个绳端受力均匀。滑轮组的作用是悬挂支承钢丝绳,并与钢丝绳一起组成一个机构,起减速省力的作用。

②滑轮组的倍率

倍率是滑轮组的主要特性参数,它反映出滑轮组所起作用的大小,当起升荷载一定时,与不用滑轮组相比,钢丝绳拉力要减小,吊物的起升速度变慢,相应钢丝绳的长度增加,这个变化的比率,就是滑轮组的倍率。因此,滑轮组的倍率 m 可用下式表示:

$$m=\frac{Q}{S}=\frac{V_{绳}}{V_{物}}=\frac{L}{H}$$

式中:Q——起升荷载;

S——钢丝绳理论提升力;

$V_{绳}$——钢丝绳卷绕长度;

$V_{物}$——吊物提升速度;

L——钢丝绳卷扬长度;

H——吊物提升高度。

③钢丝绳的最大拉力

在实际工作中,钢丝绳在通过滑轮时先由直变弯,再由弯变直。在这一过程中钢丝绳要克服自身的僵硬性,对钢丝绳受力而言,则增加了僵硬阻力,另外钢丝绳要带动滑轮旋转,而滑轮与轴之间有摩擦阻力,这又增加了钢丝绳的受力。由于这两个阻力的存在,滑轮绕出端钢丝绳分支拉力要大于绕入端,使钢丝绳的受力也不相同。在计算中,这两个阻力是通过滑轮组的效率来表示。这样滑轮组中钢丝绳的最大拉力 S_{max} 值可由下式确定:

$$S_{max}=Q/km\eta_n$$

式中:S_{max}——钢丝绳最大静拉力(kN);

Q——起重量(含吊具)(kN);

K——滑轮组形式系数(单联 $k=1$,双联 $k=2$);

m——滑轮组倍率;

η_n——滑轮组效率(见表 3-10)。

表 3-10 滑轮组效率

轴承种类	滑轮组倍率						
	2	3	4	5	6	8	10
滑动轴承	0.975	0.95	0.925	0.900	0.880	0.84	0.80
滚动轴承	0.99	0.985	0.975	0.97	0.96	0.945	0.915

(3) 卷筒组

卷筒组的作用是把卷筒的回转运动变成钢丝绳的直线运动，并把卷筒的转动力矩转变成钢丝绳的牵引力。启闭机中常用的卷筒组由卷筒、齿轮或齿轮联轴器、卷筒轴、轴承和轴承座等组成。

卷筒的作用是卷绕收放钢丝绳。其结构通常为中空圆柱形，两端有幅板支撑，泵站闸门启闭机一般采用单层绕卷筒，卷筒表面设有螺旋槽，螺旋槽可使钢丝绳在卷筒上排列整齐。卷筒一般选用灰铸铁、球墨铸铁、铸钢铸造而成，或采用钢板卷筒焊接而成，卷筒在钢丝绳拉力的作用下会产生弯曲、扭转和压应力。

钢丝绳固定在卷筒上的方式一般选用压板固定法，压板必须十分牢固、安全、可靠，否则会造成机械、人身事故。钢丝绳要求在卷筒上预留不少于 4 圈的安全圈，即当吊点在下极限时，留在卷筒上的圈数不少于 4 圈，其中 2 圈作为压板固定用，另外 2 圈作为安全圈，以利用钢丝绳与卷筒的摩擦力减少钢丝绳固定处的拉力，当吊点在上限时，钢丝绳不得缠绕到卷筒槽外部分。

(4) 驱动传动机构

驱动传动机构分为驱动装置和传动机构。

①驱动装置

驱动装置的作用是提供驱动力，泵站闸门启闭机一般为电力驱动。

电力驱动装置由电动机和控制设备组成，是启闭机的主要驱动方式，电力驱动具有能源方便经济，便于实现单独驱动，使传动装置简化，启动、调速、过载、正反转性能良好，控制方便，易于实现安全保护与连锁，维护简单等优点。泵站闸门启闭机一般采用全封闭自扇冷式制动电动机。制动电动机外形如图 3-39 所示。

图 3-39　制动电动机外形图

制动电动机是全封闭自扇冷式鼠笼型三相异步电动机，内部装有附加圆盘型直流制动器，它的外形与三相异步电动机相似，具有制动迅速、结构简单、可靠性高、通用性强等优点。此外制动器具有人工释放机构，被广泛应用于各种要求快速停止和准确定位的机械设备和传动装置中，替代了过去常用的绕线式异步电动机。

制动电动机的直流圆盘制动器安装在电机非轴伸端的端盖上。当制动电动机接入电源，制动器也同时工作。由于电磁吸力作用，电磁铁吸引衔铁并压缩弹簧，制动盘与衔铁端盖脱开，电动机开始运转。当切断电源时，制动器电磁铁失去磁吸力，弹簧推动衔铁压紧制动盘，在摩擦力矩作用下，电动机立即停止转动。制动器电源由电机接线盒内的整流器供给。

电动机在启闭机运行过程中有两种工况，即电动机工况和制动工况。按电动机工况运行时，电动机的输出力矩方向与电动机的旋转方向一致，电动机的转速低于同步转速；而按制动工况运行时，电动机的输出力矩与转速相反，电动机的转速略高于同步转速。当启闭机在启门时，电动机按电动机工况运行，这时电动机输出力矩用以克服闸门自重及各种摩擦阻力。当闭门时，如果闸门自重不足以克服传动系统的摩擦阻力，则为电动机工况，电动机输出力矩只用来克服传动系统的摩擦阻力；如果闸门自重能克服各种阻力，则电动机为制动工况，此时电动机输出反力矩用来限制闸门下落速度。

②传动装置

传动装置即是齿轮减速器或齿轮减速器加开式齿轮，它的作用是传递运动、降低转速、增加扭矩。减速器由传动齿轮组合在一个封闭的箱体内，它结构紧凑、传递准确且效率高、润滑可靠、维护简单，并且通用性能、互换性能好。由于启闭机减速器的齿轮都具有较大的圆周速度，因此齿面均采用密闭式油浸飞溅润滑，同时上下箱体的接合处设有集油槽，以便润滑轴承。为了减少齿轮的旋转阻力，降低减速器发热，在满足飞溅的前提下，浸入油面以下的齿轮高度越小越好，一般大齿轮浸入油面以下一个齿高为宜。对于大起重量的卷扬式启闭机，为了实现低速度和增大卷筒与电动机之间的距离，除采用减速器外，还增加 1～2 对开式齿轮传动减速，它们都是大模数直齿圆柱齿轮。

(5) 制动器

制动器是保证安全运行的重要部件。它的作用是调节重物的下降速度、制动和持住重物，使其可靠地静悬于空中。

起重机械中的提升机构常采用常闭式制动器，也就是经常处于合闸即制动状态，只有施加外力才能解除制动状态。制动器主要由压紧系统和松闸器两部分组成。压紧系统在机构需要制动时，利用弹簧产生的压紧力，使闸瓦压紧在制动轮上，以停止机构的运转。松闸器则在机构需要运转时，利用电磁力或液体压力使制动器的闸瓦离开制动轮。

启闭机常用的制动器有电磁铁瓦块制动器、液压推杆制动器和液压电磁铁制动器。

①电磁铁瓦块制动器

电磁铁瓦块制动器可分为短行程与长行程两类。

a. 短行程电磁铁瓦块制动器因衔铁的行程较短，通常小于 5 mm，所以称之为短行程。短行程电磁铁瓦块制动器的压紧系统由制动瓦、拉杆、丝杆、主弹簧、副弹簧和框架等组成。松闸器是短行程电磁铁。

短行程电磁铁瓦块制动器外形如图 3-40 所示。

短行程电磁铁瓦块制动器结构如图 3-41 所示。

短行程电磁铁瓦块制动器的工作原理如下。

当机构运行时，机构工作电动机与制动器电磁铁线圈同时通电，衔铁在电磁吸力作用下，绕其铰点顺时针方向旋转吸合，推动丝杠左移，压缩主弹簧。当主弹簧张力与电磁力相平衡时，在副弹簧和电磁铁自重偏心的作用下，两侧的拉杆同时被推开，制动器松闸。当机构停止工作时，机构工作电动机与电磁铁同时断电，电磁力消失，衔铁被释放。此时，主弹簧左推框架右推螺母 D 迫使左右拉杆将瓦块压紧在制动轮上，制动器抱闸。调整螺

图 3-40　短行程电磁铁瓦块制动器外形图

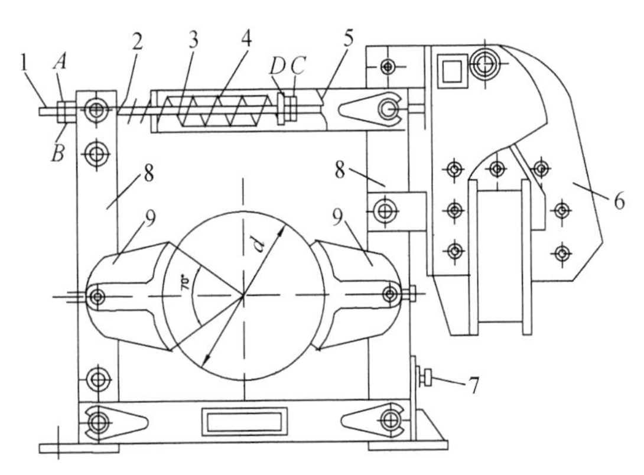

1—丝杠方头；2—副弹簧；3—丝杠；4—主弹簧；5—框架；6—衔铁；7—限位螺钉；8—拉杆；9—制动瓦。

图 3-41　短行程电磁铁瓦块制动器结构图

母 D、C 即可调整制动力矩的大小。

b. 长行程电磁铁瓦块制动器的压紧系统是弹簧杠杆系统，由瓦块、拉杆、丝杠、主弹簧、螺杆、三角形杠杆和顶杆等组成。松闸器采用长行程电磁铁。

长行程电磁铁瓦块制动器外形和结构如图 3-42、图 3-43 所示。

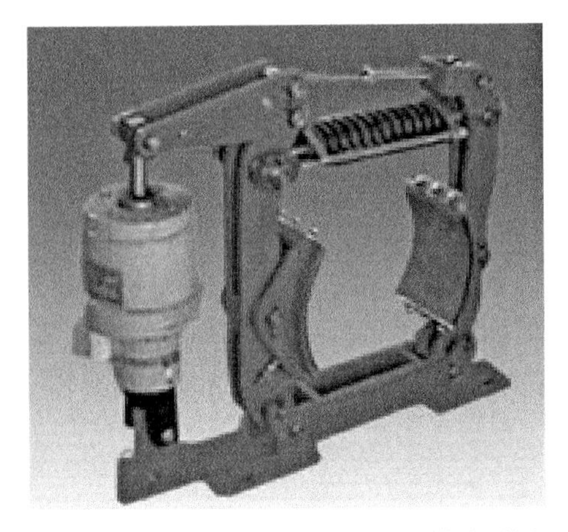

图 3-42　长行程电磁铁瓦块制动器外形图

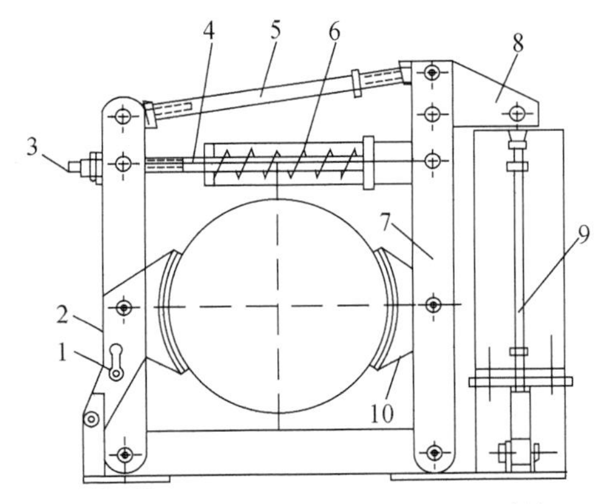

1—滚子；2—杠杆；3—丝杆方头；4—丝杆；5—螺杆 6—主弹簧；7—拉杆；8—三角形杠杆；9—顶杆；10—瓦块。

图 3-43　长行程电磁铁瓦块制动器结构图

长行程电磁铁瓦块制动器工作原理如下。

长行程电磁铁瓦块制动器的工作原理与短行程电磁铁瓦块制动器基本相同。所不同的是由螺杆、三角形杠杆和顶杆所组成的杠杆系统。在制动器松闸时，电磁铁吸合，带动顶杆上移，推动三角形杠杆逆时针方向转动，通过螺杆迫使左右拉杆带动瓦块同时离开制动轮；制动器抱闸时，衔铁被释放，在自重的作用下落下，并带动杠杆系统顺时针方向转动，主弹簧使闸瓦压紧制动轮。

②液压推杆制动器

液压推杆制动器结构如图 3-44 所示。

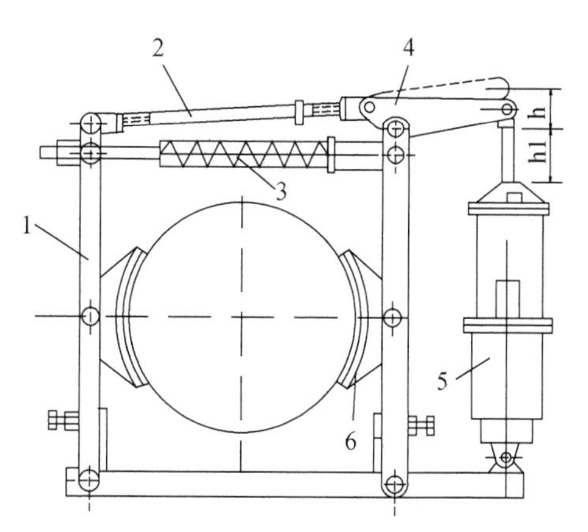

1—杠杆;2—双头螺杆;3—主弹簧;4—三角形杠杆;5—液压推杆;6—瓦块。

图 3-44 液压推杆制动器结构

液压推杆制动器的压紧系统与长行程电磁铁瓦块制动器完全相同,但松闸器采用液压推杆。液压推杆的操作油压由油泵来建立。

③液压电磁铁制动器

将液压电磁铁松闸器替代液压推杆松闸器,即成为液压电磁铁制动器。液压电磁铁制动器主要由动铁芯、固定铁芯、线圈、活塞、储油缸、齿形阀片、轴承、推杆等组成,在动铁芯和固定铁芯之间有工作间隙,其间充满油液。油从储油缸经通道和齿形阀片进入工作间隙。齿形阀片是一个单向阀。

当线圈通电时,动铁芯上升,工作间隙缩小,油压升高,齿形阀片关闭通道,于是压力油经轴承上的孔推动活塞,带动推杆上升,压缩制动器主弹簧,使制动闸松闸。

当线圈断电后,动铁芯下降,活塞下部油压减小,制动器主弹簧迫使推杆连同活塞一起下降,制动器合闸。同时齿形阀片打开,油从储油缸进入工作间隙,以补充在吸合过程中的泄漏损失。

液压电磁铁制动器的优点是在工作过程中产生的制动带和铰链的磨损能实现自动补偿。

(6) 安全行程装置

安全行程装置包括过负荷切断装置和行程指示器。常见的主要有两种类型,早期使用以机械结构为主的过负荷切断装置和行程指示器,随着电子技术的广泛应用,现在主要使用以微电脑智能控制技术为主开发出的开度荷重测控仪。

①机械式过负荷切断装置

过负荷切断装置也叫重量限制器,它的作用是当启闭机工作负荷超过额定负荷时能自动切断电源,使启闭机停止工作,以避免启闭机零部件及钢结构损坏而造成事故。过负荷切断装置有杠杆式和偏心式两种。

杠杆式过负荷切断装置如图 3-45 所示。

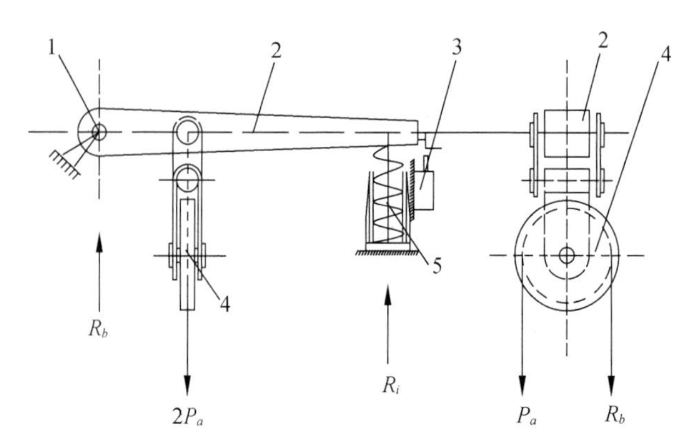

1—支点；2—杠杆；3—行程开关；4—平衡滑轮；5—弹簧。

图 3-45　杠杆式过负荷切断装置示意图

杠杆式过负荷切断装置杠杆的一端(支点端)装在定滑轮上，或用轴装在定滑轮组的支架上，另一端由装在机架上的弹簧支承，平衡滑轮固定在靠近杠杆支点的一侧，当平衡滑轮上钢丝绳受到一定拉力时，压缩弹簧则产生一定的反作用力，当钢丝绳拉力在额定范围内时，支承弹簧虽然受压缩，但不切断电源，当钢丝绳拉力超过限定范围时，弹簧进一步压缩变形，使固定在杠杆上的撞杆下降碰撞行程开关，将电源切断。

偏心式过负荷切断装置如图 3-46 所示。

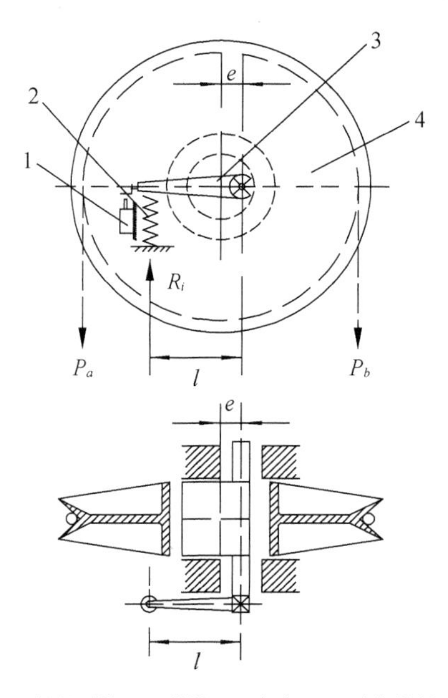

1—行程开关；2—弹簧；3—杠杆；4—平衡滑轮。

图 3-46　偏心式过负荷切断装置

偏心式过负荷切断装置是利用偏心转动原理制成，工作过程与杠杆式基本相同。

杠杆式过负荷切断装置和偏心式过负荷切断装置结构简单，安全可靠，但对弹簧的质量要求较高，需要经常检查调整和定期检验。

②行程指示器及开关

行程指示器用来指示闸门的升降位置，并通过行程开关使闸门不超越上下极限位置。

行程指示器由卷筒或减速器轴端取得运动信号，再经齿轮链条等传动，带动指针转动或移动，指示闸门位置。目前泵站闸门的行程指示器一般均采用数字显示的行程指示器，在传动的终端安装自整角发送机，通过它把机械信号转变成电信号，实现同步显示。

③开度荷重测控仪

开度荷重测控仪是目前广泛用于控制启闭机、门机等开启高度、载荷重量的微电脑智能控制专用仪器，且功能比机械装置更为齐全。

基本功能如下。

显示闸门的开度和闸门起吊的载荷重量；具有开度限位、荷重超限继电器控制输出，通过电气控制电路可实现闸门启闭控制和安全保护的作用；闸门开度、载荷重量限值可根据设计要求设定，显示数据与实际数据产生误差时可进行校正和纠偏；超限时有报警功能；开度荷重测控仪一般均配有通信功能，可实现远程的数据显示和自动控制；为提高设备运行的安全可靠性，部分开度荷重测控仪另装有行程开关。

常用开度荷重测控仪原理见图 3-47。

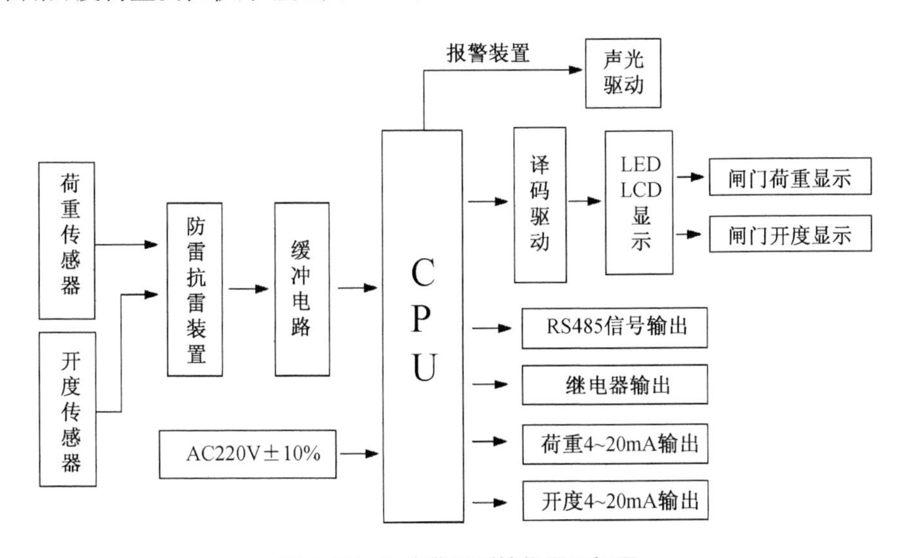

图 3-47　开度荷重测控仪原理框图

工作原理如下。

闸门的开度测量一般使用并行绝对编码传感器或 SSI 编码器，将闸门高度转变为二进制编码后，输入到控制仪处理，以数字显示测量高度。同时，按照各个报警设定值由继电器输出不同触点状态，提供控制信号。

荷重的测量是通过荷重传感器将闸门的重量转变为电信号后，输入到控制仪处理，用数字显示闸门的重量。同时，按照各个报警设定值由继电器输出不同触点状态，提供控制信号。

采用开度荷重测控仪测量启闭机开度荷重，其主要由开度传感器、荷重传感器及开度荷重测量仪等设备组成，设备安装如图 3-48 所示。

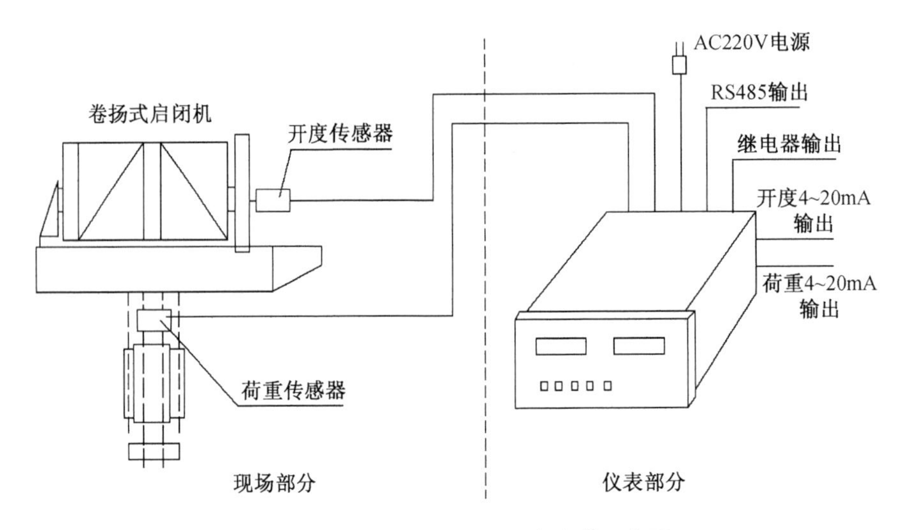

图 3-48　开度荷重测控仪设备安装示意图

(7) 排绳装置

排绳装置是卷扬式启闭机的附属机构,一般在启闭容量和起升高度都比较大时,还有当钢丝绳进出卷筒的允许偏角大于规范要求时,则需要设置排绳装置。排绳装置的主要作用是为了调整钢丝绳的排列,避免钢丝绳在进出卷筒过程中互相挤压剪切,造成钢丝绳的磨损而降低使用寿命。

3. 卷扬式启闭机的工作过程

1) 启门过程

(1) 启门前启闭机处于停止状态,电动机停转,制动器处于制动状态,闸门在某一开度或全关位置。

(2) 在远方控制或现场手动进行启门操作,其中远方控制可为中控室操作,在泵站也可为主机组启动时的联动操作。

(3) 制动器松闸,电动机转动,通过减速器将电动机的扭矩传递给卷筒,使之转动,收起钢丝绳,将闸门垂直、匀速拉起。

(4) 启门过程中,若启闭机超载,则过负荷装置切断电源,制动器制动,电动机停止转动,需要进行检查,排除故障。

(5) 在水闸闸门提到某一设定开度或在泵站闸门至全开位置时,控制器切断电源,制动器制动,电动机停止转动,闸门在空中悬吊着。如果水闸闸门在空中停留时间过长,则应投入锁定装置。

2) 闭门过程

(1) 将水闸闸门锁定装置解除。

(2) 与启门过程类似,接通电动机回路,制动器松闸,闸门在自重作用下加速下降。

(3) 电动机进入反馈制动工作状态,当电动机的制动力矩与闸门自重在卷筒上产生的下降力矩相等时,卷扬式启闭机开始匀速下降。

(4) 当水闸闸门下降到某一设定开度或在泵站闸门至全关位置时,控制器切断电源,制动器制动，电动机停止转动，闸门在空中悬吊着或在全关位置。

3）事故闭门

事故闭门仅限于泵站，当泵站主机组事故停机时，由联动方式进行闭门操作。

（1）事故停机时，如卷扬式启闭机交流电源正常，以上述闭门过程进行闭门操作。

（2）事故停机时，如全站无交流电源，则由泵站自动控制电路联动卷扬式启闭机制动器直流控制电路，由直流电源打开制动器，由闸门自重进行闭门，闸门下降至全关位置后，切断制动器直流电源。泵站卷扬式启闭机一般装有机械减速装置，在闸门自重进行闭门时，由机械减速装置限制闭门速度，以免损坏闸门或建筑物。

二、卷扬式启闭机检修周期

1. 小修，一般每年1次，新启闭机投入使用满1年，宜更换一次齿轮油。

2. 大修，一般在投入运行后的5年内应大修一次，以后每隔10年大修一次。对运行频率过高或过低的启闭机，可结合设备实际运行状况，适当调整大修时间。对运行次数少、累计时间短，并经综合检测状况良好的启闭机，可适当延长大修周期。反之，应缩短大修周期。

三、卷扬式启闭机检修项目

1. 小修主要项目

（1）根据减速器齿轮运行状况，处理渗油，检修油杯，添加润滑油或润滑脂。

（2）调整制动器间隙。

（3）调整更换联轴器弹性圈、销等。

（4）检修绳套、滑轮组。

（5）卷筒组润滑，调整钢丝绳与卷筒固定情况。

（6）钢丝绳润滑，调整双吊点钢丝绳同步。

（7）调整抓梁，检修吊钩和吊具。

（8）钢结构机架局部检修。

（9）调整各紧固件螺栓。

（10）检修电动机接线盒、散热装置等。

（11）检修接地系统、保护系统。

（12）检修调整限位指示装置和荷载保护装置。

（13）部件防腐油漆。

（14）按有关规程规定进行检测和试验。

2. 大修主要项目

（1）减速器及开式齿轮装置检修。

（2）制动器检修。

（3）联轴器检修。

（4）滑轮组检修。

（5）卷筒组检修。

(6) 钢丝绳检修。

(7) 吊钩、吊具和抓梁检修。

(8) 钢结构机架检修。

(9) 开关柜检修。

(10) 限位指示装置检修。

(11) 载荷传感器检修。

(12) 金属部件整体防腐。

(13) 大修试验和试运行。

四、卷扬式启闭机解体

1. 关闭闸门,必要时放下检修闸门,卸除启闭机负荷。

2. 能通过外观检查断定零部件的技术状况符合要求的,宜不拆。对不拆就不能检查的则必须拆卸。经检验确认技术状态良好的总成和部件应尽量不拆。

3. 拆卸一般应先外后内,先上后下,按部件逐步进行,最后解体零件。

4. 拆卸前,应先拆除电器、仪表等外部设备,同时放掉机器里的润滑油,清洗外表面。

5. 拆卸应选用合适的或专用的工具,以免造成零件损伤和变形。

6. 拆卸时,应同时考虑装配。在拆卸前做好记号,以防止装错。

7. 拆卸过程中对零件存放的要求:同一总成或同一部件的零件尽可能放在一起,认真核对并做好记号;精密度高的单独存放;不能互换的单独存放;专用螺栓戴上螺母存放;易丢失的小件放在专门的容器内。

五、卷扬式启闭机部件检修

1. 钢丝绳

(1) 钢丝绳在工作过程中存在摩擦和磨损,常在水中的部分易锈蚀,因此需要定期进行养护,周期一般为1年。养护方法:一般可用柴油先清洗钢丝绳上的污物,然后再涂抹不含酸、碱及其他有害杂质的油脂,涂抹时最好将油脂加热至80 ℃左右,涂沫要均匀,厚薄要适度。

(2) 钢丝绳在工作过程中,由于反复弯曲和摩擦,表面钢丝会因弯曲疲劳和磨损而逐渐折断,折断的钢丝越多,余下的钢丝所承受的力越大,当断丝达到一定程度时,就不能保证钢丝绳必要的安全性,这时就应更换新的钢丝绳。钢丝绳的更新报废标准为:钢丝绳在任何部位的一个节距内,交绕绳断丝数占总丝数的10%,顺绕绳断丝数占总丝数的5%。所谓节距,就是在钢丝绳上任取一点,然后沿钢丝轴线数钢丝绳的股数,并找到与这一点相对应的另一点,则这二点之间的距离就称为节距。也就是任取的一点所在的股绕钢丝绳一周之间的直线距离。

(3) 钢丝绳的外层钢丝若有严重的磨损和锈蚀,则应根据其程度适当降低报废标准中的断线数。钢丝绳表面磨损或腐蚀的折算系数见表3-11。

表 3-11　钢丝绳表面磨损或者腐蚀的折算系数

钢丝绳直径方向的表面磨损或腐蚀量(%)	折算系数(%)	钢丝绳直径方向的表面磨损或腐蚀量(%)	折算系数(%)
10	80	25	60
15	75	30	50
20	70	40	报废

2. 卷筒

(1) 卷筒是比较耐用的部件,空载时,钢丝绳在绳槽中处于松弛状态;负载后钢丝绳被拉紧,钢丝绳在绳槽中产生相对滑动,特别是由于启闭机荷载发生变化,钢丝绳的弹性伸长也随之有较大的变化。因此钢丝绳在绳槽中反复产生相对滑动,会使绳槽磨损。另外,卷筒绳槽的槽峰在缠绕中因钢丝绳的偏斜作用而发生摩擦,从而逐渐地被磨尖直至磨平,尤其是当润滑不良时,就会加速绳槽的磨损,卷筒绳槽磨损深度不应超过 2 mm,当超过 2 mm 时,卷筒应重新车槽,所余壁厚不应小于原壁厚的 85%。

(2) 卷筒发现有裂纹,横向一处长度不超过 10 mm,纵向两处总长度不超过 10 mm,并且两处的距离必须在 5 个绳槽以上。在上述范围内的裂纹,可在裂纹两端钻小孔,用电焊修补,如果超过上述范围卷筒应报废。

(3) 卷筒经过磨损后,露出了原来的铸铁缺陷,如果是单个气孔或砂眼,其直径小于 8 mm,深度不超过该处名义壁厚的 20%(绝对值不超过 4 mm);在每 100 mm 范围内(任何方向)不多于 1 处;在卷筒全部加工面上的总数不多于 5 处时,可以不焊补,继续使用。如发现的缺陷经清理后,其大小在表 3-12 所列范围内,应予以焊补。

表 3-12　卷筒允许补焊条件

材料	卷筒直径(mm)	单个缺陷面积(cm^2)	缺陷的深度	总数量
铸铁或球墨铸铁	≤700	≤2	≤25%壁厚	≤5
	>700	≤2.5		
铸钢	≤700	≤2.5	≤30%壁厚	≤8
	>700	≤3		

(4) 卷筒轴如发现裂纹应及时报废,卷筒轴磨损超过表 3-13 所列极限值时应更新。

表 3-13　卷筒轴的极限磨损

用途	不同公称直径(mm)的极限磨损(mm)				
	20～50	50～80	80～120	120～180	180～200
齿轮和钢丝绳卷筒的轴	0.3	0.4	0.6	0.8	1.0
旋转机构与运行机构滚轮和支承滚轮的轴,钢丝绳滑轮和起重臂的铰轴	0.5	0.7	1.0	1.2	1.4

3. 滑轮组

(1) 滑轮组应定期检查和润滑，正常工作的滑轮应转动灵活，轴上润滑孔和油槽应畅通，如转动不自如，应拆开检查，并清洗换油或更换轴承。

(2) 滑轮如发现裂纹，应及时报废，轮缘和轮辐板应无裂纹和破碎，如有应及时焊补或更换。

(3) 滑轮槽的径向磨损不应超过钢丝绳直径的 25%，轮槽壁的磨损不应超过原厚度的 10%，否则应修复或更换。

(4) 滑轮轴不得有裂纹，滑轮轴径磨损量达原公称直径的 5%，滑动轴承磨损量达厚度的 20%，滚动轴承如有损坏或其游隙和偏心角过大，均应更换。

4. 传动齿轮

(1) 传动齿轮包括开式传动齿轮和减速器传动齿轮，它们的作用都是传递旋转运动和力矩。齿轮传动的失效形式有轮齿折断、齿面疲劳点蚀、齿面磨损、齿面胶合和齿轮塑性变形等。

(2) 传动齿轮的检修应检查并调整齿轮孔与轴的配合，齿轮在轴上的安装误差常见的有齿轮与轴的同轴度误差、齿轴端面与轴中心线的垂直误差以及端面未贴紧轴肩等。

(3) 检查并调整两啮合齿轮的中心距和轴线平行度应符合装配图纸技术要求。

(4) 检查并调整齿侧间隙、接触面积和接触部位。

5. 轴承

轴承的故障形式：滑动轴承主要是磨损引起的轴瓦间隙、接触承压角及接触点不符合技术要求，滚动轴承主要是磨损、剥蚀和破碎。滑动轴承检修应进行轴瓦研刮，研刮后再进行装配。滚动轴承则应更换。

6. 联轴器

对联轴器的检修主要有两个方面：一是检查连接的牢固性，如连接螺栓、柱销等应无松动，齿形联轴器的内外齿及齿套应无磨损、裂纹等损坏，如有异常应予以调整或更换；二是同轴度的检查调整，同轴度误差应符合技术要求。

7. 制动器

(1) 检查制动带与制动轮的接触，其面积不应少于制动带总面积的 80%，制动带的磨损不应超过原厚度的 1/2，否则应予以更换，新换制动带应与闸瓦铆合，铆钉头埋入制动带的深度为带厚的 1/2～3/5。

(2) 检查制动轮表面应光洁，无凹陷、裂纹、擦伤及不均匀磨损等缺陷。当制动轮在直径方向磨损超过 3 mm 时，应重新车削加工并热处理，以恢复其原来的粗糙度和硬度。制动轮壁厚因磨损减小到原厚度的 2/3 时，必须更换。

(3) 检查制动轮与轴连接必须牢固，不得有松动现象，与制动架中心的偏差应小于 3 mm，制动轮的摆动误差应符合表 3-14 的规定。

(4) 检查弹簧是否完好，如因变形、断裂等失去了弹性，必须更换。

(5) 检查制动架、杠杆不应有裂纹和弯曲变形，销、轴连接必须牢固可靠，转动灵活，不应有过量磨损和卡阻。

表 3-14 制动轮的允许摆动误差

摆动方向	轮径<200 mm	轮径 200～300 mm	轮径 300～500 mm
径向摆动	0.08	0.10	0.15
轴向摆动	0.15	0.25	0.35

(6) 油液制动器的油液应定期检查，应无变质和机械杂质，必要时应拆洗换油。

(7) 电磁铁不应有噪音，温升不得超过 105 ℃，衔铁和铁芯的接触面必须清洁，不应有锈蚀和脏污，其接触面积不小于 75%，线圈绝缘必须良好。

(8) 制动器的调整应符合启闭机说明书的要求，此外应保持适宜的制动距离，即加闸后，所吊物体移动的距离。一般制动距离对于行走机构来说约为运行速度的 1/15，对于起升机构来说约为起升速度的 1/100。

六、卷扬式启闭机组装

1. 对需要装配的零件，均应符合质量要求，特别是新加工或购置的零件必须满足技术要求，应有合格证；对承受扭曲、弯曲、拉力、压力及冲击负荷较大的零件，可用放大镜或探伤仪等进行探伤检测，若发现缺陷，应进行修理或更换。

2. 零件装配前必须清理和清洗干净，不得有毛刺、飞边、氧化皮、锈蚀、切屑、油污、着色剂、防锈油和灰尘。对于经过钻孔、铰削等的机械加工件，应把金属屑末、棱角毛刺清除干净。油道管路应用高压空气或油冲洗干净。相对运动的配合表面应注意洁净，不应有任何脏物或尘粒。

3. 装配前应对零、部件的主要配合尺寸，特别是过盈配合尺寸及精度进行复查。

4. 装配过程中，零件不允许有磕碰、划伤和锈蚀。

5. 装配后无法再进入的部位应先进行油漆，油漆未干透的零部件不得进行装配。

6. 密封胶垫及垫片应更换；经过修理后长轴、长丝杆、细长零件等应进行平衡试验，检查其直线度和同轴度。

7. 装配时应严格按照事先制定好的装配工艺顺序进行，避免漏装。

8. 组装完成各部件后，应紧固所有固定螺栓。控制各零部件的圆度、直线度、同轴度、平行度、平面度、垂直度等偏差以及积累偏差应在技术要求限度内。

9. 装配中遇到困难，应分析原因加以排除。装配时应核对零件的装配记号，防止装错。每一部件装完后，应仔细检查和清点以防止遗漏。特别应防止将工具、多余零件遗留在箱壳内。

10. 部件装配后，恢复电气操作箱和电动机的外部电气连接引线，封闭所有罩壳。

七、卷扬式启闭机组装质量标准

1. 减速箱应加入合格的润滑油，其油位不得低于高速级大齿轮最低处的齿高，但不应高于两倍齿高，其油封和结合处不得渗油。轴承、液压制动器等转动部件的润滑应根据使用工况和气温条件，注入合适的润滑油脂。

2. 钢丝绳应按照有关规定的要求涂抹润滑油脂。当吊点在下极限时，钢丝绳留在卷筒上的缠绕圈数应不小于 4 圈，其中 2 圈为固定圈，另外 2 圈为安全圈。当吊点处于上极限位置时，钢丝绳不得缠绕到卷筒绳槽以外，应有序地逐层缠绕在卷筒上，不应挤叠、跳槽或乱槽。

3. 无排绳机构启闭机的螺旋绳槽卷筒、折线卷筒钢丝绳的返回角应符合设计要求。若采用排绳机构的启闭机，应保证其运动协调，折返平顺。

4. 启闭机安装纵、横向中心线与起吊中心线之差不应超过±3 mm，平台水平偏差不应超过±0.5 mm，平台高程误差不应超过±5 mm，双卷筒串联的双吊点启闭机吊距偏差不应超过±3 mm，全行程范围内不应超过 30 mm。

5. 高度指示器的示值精度不低于 1%，应具有可调节定值位置、自动切断主回路及报警功能，仪表的显示应具有纠正指示及调零功能，行程检测元件应具有防潮、抗干扰功能，且各项功能正常。

6. 荷载控制装置的系统精度不低于 2%，传感器精度不低于 0.5%，当载荷达到 110%额定启闭力时，应自动切断电源并报警。仪表的显示应满足启闭机容量的要求。有两个以上吊点时，仪表应能分别准确显示各吊点启闭力。

7. 起升机构带机械锁定功能的启闭机，其锁定装置应灵活可靠、操作方便，且与起升机构连锁可靠。手电两用启闭机的互锁机构应工作可靠。

八、卷扬式启闭机组装后的检查和调试

1. 检查电动机、控制回路绝缘应大于 0.5 MΩ。

2. 检查控制屏按钮开关、转换开关、指示灯等应控制可靠、指示正确。

3. 调试电动机运行正常，电流、功率、振动和声音正常。

4. 检查和调试行程开关、连锁装置等动作应正确可靠。

5. 高度指示和荷重指示（或显示）应准确反映行程和重量，到达上下极限位置时，行程开关应能发出信号并自动切断电源，使启闭机停止运转。

6. 调试闸门的手动、自动和联动等控制可靠，闸门启闭正常。

7. 所有机械部件运转时，均无冲击声和其他异常声音，钢丝绳在任何部位均不得与其他部件相摩擦。

8. 制动闸松闸时闸瓦应全部打开，闸瓦与制动轮的间隙应符合 0.5～1.0 mm 的要求；制动器应无打滑、无焦味和冒烟现象。

9. 对快速闸门启闭机，利用直流松闸时，应分别检查和记录松闸直流电流值，应不大于名义最大电流值，松闸持续 2 min 电磁线圈的温度应不超过 100 ℃。

10. 所有轴承和齿轮应有良好的润滑，轴承温度应不超过 65 ℃。

九、卷扬式启闭机常见故障及处理

1. 启闭机突然停车

1）原因主要如下。

（1）停电。

（2）熔丝熔断。

(3) 行程开关错误动作。

(4) 过流保护动作。

(5) 自动化控制系统故障。

2) 处理方法如下。

(1) 启动备用电源。手电两用启闭机无备用电源时,采取人工启闭。启闭时将摇把安装好并握住,一人将电磁刹车衔铁推进(液压制动器将弹簧压紧),然后用力转动摇把,均匀启闭。闭门时严禁松开制动器使闸门自由下落,以免损坏闸门或建筑物。

(2) 检查线路是否短路或接地,先处理短路或接地情况,再更换同型号的熔丝。

(3) 极限位置不动作,调整极限准确位置。行程开关故障未动作,则更换。

(4) 应检查闸门是否倾斜、卡阻,制动器有否过紧现象。调整闸门位置,清除卡阻物;调整电磁刹车,满足力矩要求,然后恢复保护装置。

(5) 检查 PLC 和各传感器工作是否正常,通信是否畅通,酌情处理故障,使其恢复正常。

2. 电动机不工作

1) 原因主要如下。

(1) 控制回路故障。

(2) 交流接触器接触不良或损坏。

(3) 按钮失灵。

(4) 线路不通。

(5) 电动机损坏。

2) 处理方法如下。

(1) 行程开关未复位。用手指轻摁行程开关触头,使其正常。

(2) 接触不良应维修,工作不良应更换。

(3) 接触不良应维修或更换。

(4) 接通线路或重新布线。

(5) 维修或更换。

3. 制动器失灵,闸门下滑

1) 原因主要如下。

(1) 制动器闸瓦间隙较大。

(2) 制动力矩较小。

(3) 闸瓦磨损或铆钉凸出,并磨损制动轮。

2) 处理方法如下。

(1) 调整间隙使之符合规定。

(2) 调整工作弹簧的长度,增加夹紧力。

(3) 应更换制动闸瓦或按照技术规定要求重新铆固铆钉。

4. 减速器振动

1) 原因主要如下。

(1) 减速器对中不好。

(2) 连接件松动。

(3) 动平衡破坏。

2) 处理方法如下。

(1) 检查调整机组对中。

(2) 紧固松动螺栓。

(3) 检修转子动平衡。

5. 减速器噪音过大

1) 原因主要如下。

(1) 润滑不良。

(2) 齿轮啮合不良。

(3) 部位配合精度降低,磨损严重。

2) 处理方法如下。

(1) 检查更换润滑油。

(2) 检修齿轮啮合。

(3) 检查调整配合精度或更换。

6. 减速器密封泄漏

1) 原因主要如下。

(1) 轴封、机封磨损。

(2) 油位过高。

2) 处理方法如下。

(1) 更换轴封、机封。

(2) 调整到规范要求的油位。

7. 减速器轴承温度高

1) 原因主要如下。

(1) 润滑不良。

(2) 磨损严重。

(3) 轴承或轴颈损坏。

(4) 装配质量差。

2) 处理方法如下。

(1) 检查油位、油压或油质。

(2) 更换轴承。

(3) 更换轴承或轴。

(4) 检查调整装配间隙。

第四节 缓闭蝶阀检修

一、缓闭蝶阀的作用及组成

1. 作用

缓闭蝶阀主要用于高扬程离心泵泵站，在水泵停机过程中消除、抑制水锤的发生，同时控制水泵的反转速度和反转时间，保障水泵及管网系统的安全可靠运行。

2. 组成

缓闭蝶阀按蓄能方式可分为重锤式、蓄能器式。

其主要由阀门本体、传动机构、液压站、蓄能机构、控制系统等组成。

其中阀门本体由阀体、蝶板、阀轴、滑动轴承、密封组件等主要零件组成；重锤式缓闭蝶阀另有正常关阀或紧急关阀用蓄能重锤；蓄能器式缓闭蝶阀另有正常关阀或紧急关阀用液压蓄能器；控制系统一般配有 PLC，可实现自动控制和远程监控。

重锤式缓闭蝶阀外形如图 3-49 所示，蓄能器式缓闭蝶阀外形如图 3-50 所示。

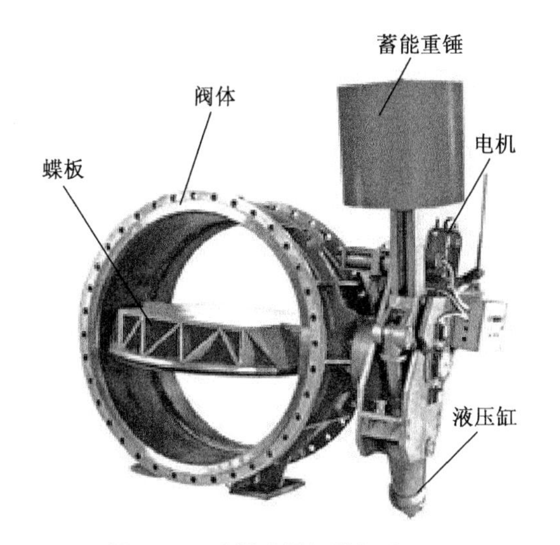

图 3-49 重锤式缓闭蝶阀外形图

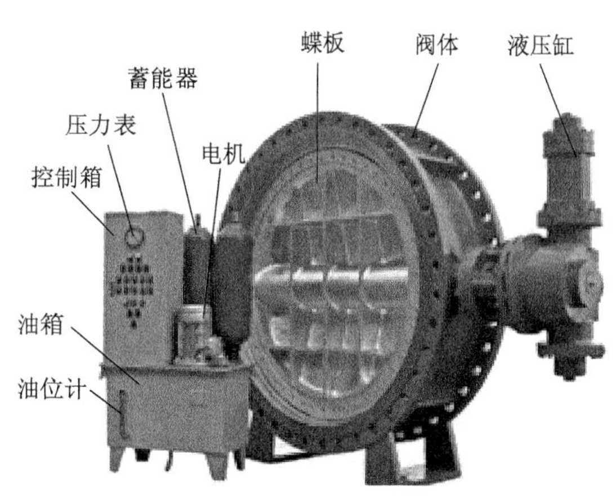

图 3-50 蓄能器式缓闭蝶阀外形图

3. 缓闭蝶阀的主要技术参数

开阀时间：20～120 s；

快关时间：6～30 s；

慢关时间：20～90 s；

快关角度：70°±10°；

慢关角度：20°±10°；

密封试验压力：1.1 倍；

强度试验压力：1.5 倍；

额定油压:16 MPa(或按厂家要求);
保压范围:12～16 MPa(或按厂家要求)。

二、缓闭蝶阀检修周期

1. 小修,每年进行1次维护性小修。
2. 大修,结合主机组大修或每10年进行一次。

三、缓闭蝶阀检修项目

1. 小修
(1) 外观检查和清理。
(2) 蝶阀蝶板密封性检查。
(3) 轴端密封性检查。
(4) 油系统管路、液压缸、蓄能器及元器件等渗漏检查和处理。
(5) 仪表、管路、阀门及行程开关检查。
(6) 油位检查、液压油检测,必要时过滤。
(7) 控制系统检查,应电源正常、控制可靠,无不正常报警。
(8) 手动、自动开启和关闭蝶阀,开启、关闭时间和角度与设计相符。
(9) 系统自动保压检查。
2. 大修
(1) 外观检查和清理。
(2) 蝶阀蝶板及密封检查和更换。
(3) 蝶阀轴承检查或更换。
(4) 轴端密封更换。
(5) 油系统管路、液压缸、蓄能器及元器件等渗漏检查、处理或更换。
(6) 仪表、管路、阀门及行程开关检查。
(7) 蓄能器及氮气压力检查和补充。
(8) 液压缸解体检修。
(9) 操作机构解体检修。
(10) 油箱清理及液压油检测、过滤或更换。
(11) 控制系统检查,应电源正常、控制可靠,无不正常报警。
(12) 检查手动、自动开启和关闭蝶阀功能。
(13) 检查和调整开启、关闭时间和角度与设计相符。
(14) 检查系统自动保压。

四、缓闭蝶阀大修工艺步骤及质量标准

1. 一般注意事项和要求
(1) 检修人员必须熟悉设备、图纸,明确检修任务,熟悉检修工艺及质量标准。
(2) 需拆卸的部件应有清晰的编号和位置记号。拆下的螺钉、螺栓、垫圈等零件应存

放在器皿内，应记录不同型号、规格零件的原始装配位置。

(3) 设备较大零部件存放时应用方木或其他物体垫好以免损坏地面及零部件加工面。

(4) 拆卸时应先卸螺栓，后拔销钉；安装时先打销钉，后紧固螺栓。

(5) 在零件拆卸过程中，随时进行检查，发现异常和缺陷，应做好记录，以便修复或更换。

(6) 部件拆卸后留下的窗口、孔洞、管口应打上木塞或用布包上。

(7) 部件组合面、键、键槽、内外螺纹等处的毛刺、伤痕应予修刮，打磨处理好。

(8) 轴颈的工作面应涂抹凡士林或黄油，防止受潮生锈。在回装时，在轴瓦、活塞杆上均涂少许透平油以便装入。

(9) 切割管垫、法兰盘垫时，其内外径应适合，内径应力求光滑，无损伤。盘根接头接好、接牢，可采用楔形叠接或鸠尾拼接，外形应修整好；多层盘根填料其接头应错开放置。

(10) 在拆装调整过程中，不可直接用榔头敲打部件，应垫上紫铜棒或铅板、木板等物后锤击，以免损坏部件。

(11) 检修前后及处理过程中，应测定各有关技术数据，做好各种技术记录。

2. 蝶阀的动作试验

(1) 在检修前后，对蝶阀进行动作试验。

(2) 测量蝶阀的启、闭时间，以便验证蝶阀的动作时间是否合格。

(3) 试验分别在无水和静水情况下进行。

(4) 在最大可能负荷下的动水关闭时间应符合设计要求。

3. 工作密封检修

(1) 工作密封采用金属弹性硬密封结构，在蝶阀全关时用 0.05 mm 的塞尺通划一周不能通过。

(2) 若蝶板密封环磨损严重，使密封间隙过大，应将密封环、密封座重新加工，按标准装配。

4. 蝶阀轴承检修

(1) 准备工作。在蝶阀两侧轴承处搭好工作平台，拆去接力器锁定装置，并进行检查。将蝶板置于全开位置，用方木或千斤顶将接力器垫平固定。

(2) 分解。分解并吊出拐臂，拔出拐臂与活塞杆的连接销轴，把活塞放到接力器底部。在轴头，拔出拐臂与轴头连接的两半键，然后用吊车吊出拐臂慢慢外移，离开轴头后即可吊出。如用上述方法不能拆出销轴两半键或拐臂，则可用气焊均匀地加热外围，再将其拔出。

(3) 拆除轴密封装置。拆卸下阀轴端盖及密封，拆卸上阀轴填料压盖、填料及密封。

(4) 顶牢蝶板，测四周间隙。用 4 个千斤顶顶起蝶板，使轴颈四周均有间隙，用方木、斜铁等将阀体垫牢，用塞尺测出轴承间隙。

(5) 拔出轴瓦，进行检查。用拆瓦专用工具将轴承拔出，检查瓦面磨损情况。如磨损严重或轴承间隙过大，则应考虑更换新瓦。

(6) 安装。安装时，可用千斤顶将轴承压进轴头。测定轴承间隙，合格后，依次装配下阀轴密封及端盖，上阀轴密封、填料及填料压盖，拐臂及拐臂销，并注入黄油润滑。

5. 液压站检修

(1) 液压操作系统所有阀组应当进行分解、清洗并进行严密性试验,应无渗漏。

(2) 进行液压油过滤和检验,如不合格应进行处理或更换。液压油补充或更换,应使用同一型号液压油。

(3) 油箱清理并做渗漏试验。

(4) 油泵分解检修,油泵及电机中心距不大于 0.08 mm。油泵试运转,100%的额定压力下运行 15 min 无异常,油泵振动不超过 0.05 mm,轴承温度不超过 60 ℃,输出油量不大于设计值。

(5) 油压装置压力整定值在±2%设计值范围内,在工作压力下保持 8h 油压下降不超过 0.15 MPa。

(6) 在系统无压力时,使用专用工具检查蓄能器内氮气压力,压力一般应在 4～10 MPa(按厂家要求)范围内,<4 MPa(按厂家要求)时应补充氮气。

(7) 检查油位不低于 60%,否则应进行补油。

6. 控制系统检修

(1) 电气设备外观检查、清理,元器件完好、清洁,接线牢固。

(2) 控制电源、动力电源检查,电压正常

(3) PLC 控制可靠,信号正常,无不正常报警

7. 锁定检修

(1) 液压锁定检修(油缸分解,管路清扫)。

(2) 检查机械锁定动作是否灵活,触点是否磨损,磨损严重时,应堆焊处理。

8. 蝶阀无水状态动作调试

(1) 油压装置充压,检查接力器、密封装置、蝶阀控制柜以及各管路、接头应无渗漏现象。

(2) 手动开启蝶阀,检查接力器及管路应无漏油现象,测量蝶阀开启时间。手动关闭蝶阀,测量蝶阀关闭时间,检查蝶阀全关应到位。在手动操控蝶阀时将蓄能器下方截止阀临时关闭。

(3) 手动开启和关闭蝶阀动作可靠后,蝶阀操作柜电源投入,进行蝶阀自动动作试验,在操作柜上开启蝶阀,检查各元件动作应正确可靠,测量蝶阀开启时间。蝶阀关闭时测量关闭时间。在蝶阀自动开启和关闭的状态下检查各行程开关指示应正确,指示与实际位置一致。

9. 蝶阀静水状态动作调试

(1) 管道充水,在向管道内充水过程中检查连接法兰和管路等连接处应无漏水现象。

(2) 自动开启和关闭蝶阀,测量调整蝶阀开启、关闭时间和角度应与设计相符。如不符合设计要求,应进行调整。

(3) 调整开阀时间可通过旋转液压控制箱上流量控制阀的手轮来实现。顺时针旋转,速度变慢;逆时针旋转,速度变快。

(4) 快、慢关时间和角度调整可通过旋转油缸尾部调节螺杆来实现。调节螺杆共有三个,分别为快、慢关阀角度调节螺杆、快关速度调节螺杆和慢关速度调节螺杆。

①快、慢关阀角度调节螺杆:顺时针旋转时快关角度减小,逆时针旋转时快关角度增大。

②快关速度调节螺杆:顺时针旋转时快关时间变长,逆时针旋转时快关时间变短。

③慢关速度调节螺杆:顺时针旋转时慢关时间变长,逆时针旋转时慢关时间变短。

10. 系统自动保压检测

在开阀状态,检查压力保持应符合规定要求;用截止阀缓慢放油,检测油泵应能自动启动保压。

五、缓闭蝶阀常见故障及处理

1. 工作密封面泄漏

1) 原因主要如下。

(1) 工作密封副间夹杂污垢、泥沙或其他异物。

(2) 工作密封圈磨损或损坏。

(3) 工作密封面接触过盈量太小或紧定螺钉松动。

2) 处理方法如下。

(1) 清洗工作密封副。

(2) 修整或更换工作密封圈。

(3) 均匀拧紧螺钉。

2. 阀轴密封泄漏

1) 原因主要如下。

(1) 填料压盖螺栓松动。

(2) 填料或密封磨损或损坏。

2) 处理方法如下。

(1) 拧紧填料压盖螺栓。

(2) 修整或更换填料或密封。

3. 系统无压力

1) 原因主要如下。

(1) 手动截止阀未关紧。

(2) 油泵运转方向不正确。

(3) 吸油管中上滤油器堵塞。

(4) 溢流阀压力调得太低或失效。

2) 处理方法如下。

(1) 关紧截止阀。

(2) 调整运转方向。

(3) 清洗或更换滤油器。

(4) 调整溢流阀以及修理或更换。

4. 油泵噪音、振动大,油中有泡,严重时油为乳白色及系统无压力

1) 原因主要如下。

(1) 油位低。

(2) 吸空引起,严重时管道振动。

(3) 泵架或电机固定螺栓不紧。

(4) 柱塞和滑靴的铆合松动或油泵内部零件损坏。

2) 处理方法如下。

(1) 增高油箱油位。

(2) 检查油管有无漏气,吸油管路上滤油器是否堵塞,吸油管口和泵进油口是否堵塞,查明原因后消除。

(3) 紧固泵架或电机固定螺栓。

(4) 重新铆合或更换油泵内部零件。

5. 无自动保压功能

1) 原因主要如下。

(1) 全开位行程开关未动作。

(2) 压力控制器未调整好。

2) 处理方法如下。

(1) 调整全开位行程开关。

(2) 调整压力控制器。

6. 保压性能降低,油泵电机启动频繁

1) 原因主要如下。

(1) 截止阀未关紧。

(2) 电磁阀、手动泵或主油路中单向阀密封面有杂物。

(3) 蓄能器气压力不足。

(4) 液压管路有泄漏。

2) 处理方法如下。

(1) 关紧截止阀并拆下清洗或更换。

(2) 开机多次冲去杂物。

(3) 检查蓄能器气压力,不足应补气。

(4) 消除液压管路泄漏。

7. 油泵开泵时间过长或不能停泵

1) 原因主要如下。

(1) 滤网堵塞,吸油管漏气。

(2) 流量控制阀调得太小或堵塞。

(3) 溢流阀调得太低或失效。

(4) 全开行程开关未到位。

(5) 高压力控制器未调整好或损坏。

2) 处理方法如下。

(1) 检查滤油器是否堵塞,油管有无漏气。

(2) 调整流量控制阀,检查是否堵塞。

(3) 调整或清洗溢流阀。

(4) 检查调整全开行程开关。

(5) 调整或更换高压力控制器。

8. 不能开阀

1) 原因主要如下。

(1) 油泵反向旋转。

(2) 常闭截止阀未关闭。

(3) 流量控制阀被关死或堵塞。

(4) 溢流阀压力调得太低或失效。

(5) 电磁阀组阀芯卡阻。

(6) 其他液压阀外泄。

2) 处理方法如下。

(1) 调整油泵电机转向,应顺时针方向旋转。

(2) 常闭截止阀应关闭。

(3) 流量控制阀应打开慢慢上调;如堵塞应进行清洗。

(4) 调高溢流阀压力,若失效需检修或更换。

(5) 电磁阀组阀芯卡阻,应拆下检修和清洗。

(6) 调整或检修泄漏液压阀。

9. 重锤不能落下

1) 原因主要如下。

(1) 常开手动阀关闭。

(2) 电磁阀芯卡阻。

2) 处理方法如下。

(1) 开启常开手动阀。

(2) 电磁阀芯卡阻,拆下检修。

(3) 紧急状态下,可开启常闭手动阀使重锤落下。

10. 电气控制失灵

(1) 原因主要如下。

相关中间继电器、交流接触器的触头和行程开关接触不良或损坏。

(2) 处理方法如下。

修理或更换相关中间继电器、交流接触器的触头和行程开关。

第五节 清污机检修

一、清污机的作用及组成

1. 作用

清污机是集拦污栅体和杂物清除设施于一体的连续清污装置,广泛应用于大中型泵站工程进水河道中杂物的清除。

2. 组成

1）主要类型和结构

清污机主要有回转式、耙斗式及抓斗式三种类型。

抓斗式、耙斗式清污机在大型泵站运用不多，经使用实践，不太适合水草杂物较多的泵站。

回转式清污机也称格栅清污机，较适应于过栅流速低于 2 m/s 取水口的泵站或水电站，清污效率较高，在泵站应用较为广泛。

回转式清污机主要由机架、基础支墩、驱动装置、传动轴装置、齿耙装置、栅条、传动链条和水下传动轴承等组成。回转式清污机外形如图 3-51 所示，回转式清污机结构如图 3-52所示。

图 3-51　回转式清污机外形图

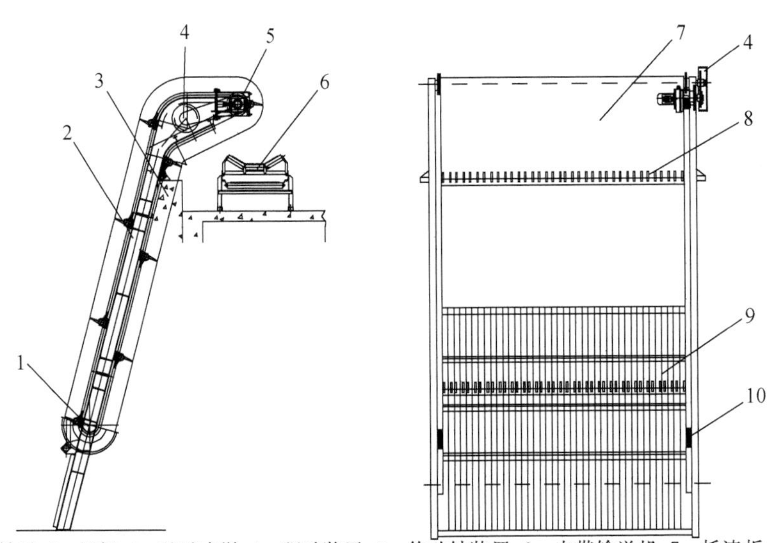

1—水下传动轴承；2—机架；3—基础支墩；4—驱动装置；5—传动轴装置；6—皮带输送机；7—托渣板；8—齿耙装置；9—栅条；10—传动链条。

图 3-52　回转式清污机结构图

工作时，在驱动装置的带动下由固定于传动链条上的清污齿耙装置将水下栅条部分截留的污物捞上，清污齿耙依靠两侧传动链条同步由栅后至栅前做顺时针回转运动，当齿耙转到机体上部时，由于转向导轨及导轮的作用，污物落入配套的皮带输送机中。

2）清污机主要部件

（1）机架

清污机的机架也称栅体，主要由槽钢和型钢焊接成框架，在两型钢梁之间间隔一定距离设置足够数量的槽钢横撑，并焊接成一刚性整体框架。在框架内焊接栅条，栅条采用扁钢，最后形成具有多个竖向格栅的整体机架，也是整个清污机的固定基础。格栅在高程方向根据结构需要可分段，每段间通过边梁的连接板用不锈钢螺栓进行连接。

清污机的机架应具有很高的强度和刚度，要求在承受栅前后大于 1 m 水位差时，格栅上的主梁和栅条挠度小于孔口宽度的 1/600。要求栅条间距偏差不大于 4 mm，累积偏差不大于 6 mm，整体平面度不大于 5 mm，对角误差不大于 7 m。

（2）驱动装置

清污机驱动装置位于格栅机架的上部，动力装置为电动机，减速装置由摆线针轮减速器和一级链传动组成。驱动装置如图 3-53 所示。

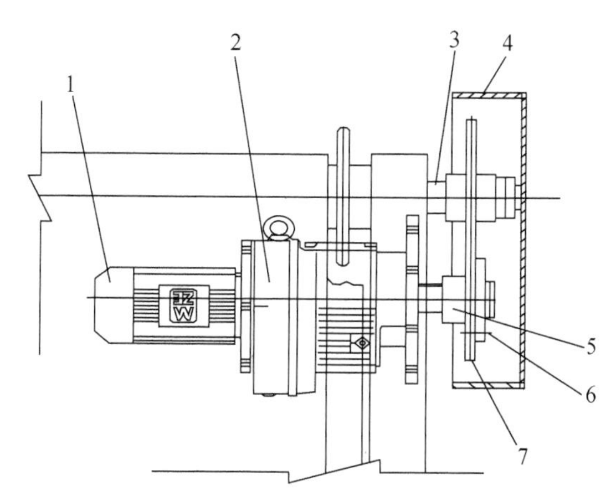

1—电动机；2—减速器；3—主轴；4—传动链轮防护罩；5—定位套轴；6—安全过载销；7—主动链轮。

图 3-53 驱动装置

驱动装置设有链条张紧机构、机械过载保护机构、防护罩等。

清污机一般均设有机械、电气双重过扭矩保护装置，机械过载保护机构采用安全销结构形式，一旦格栅过载，装在从动链轮上的安全销将被切断。另外格栅还设有电控过载保护装置，一旦安全销被切断，链轮上的拨叉触动行程开关使电机停止工作。

（3）齿耙装置

清污机齿耙装置如图 3-54 所示。

清污机齿耙装置设计成能伸入栅条式，它与格栅栅条啮合设计成与栅条垂直方向具有一定的夹角以防止污水内较小的污物积聚，并能刮清栅条的前表面及侧边的垃圾。格栅的齿耙为刚性连接，采用链条在格栅两侧导轨内移动的方式，将齿耙沿栅条前面向上牵引，在运行中不与栅条及托渣板相碰。

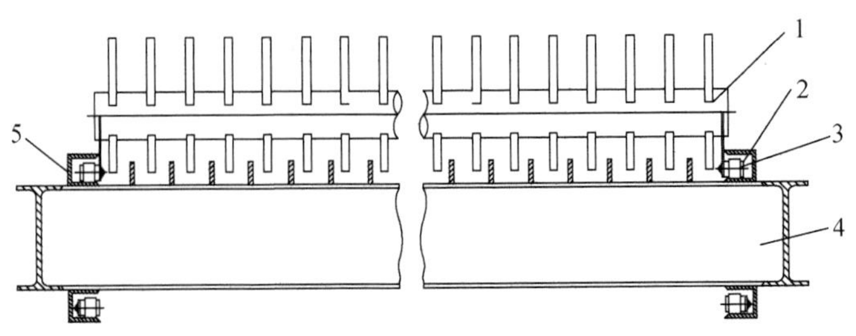

1—齿耙;2—固定销轴;3—链条;4—清污机格栅体;5—导轨。

图 3-54 清污机齿耙装置

(4) 传动轴承

传动轴承结构如图 3-55 所示。

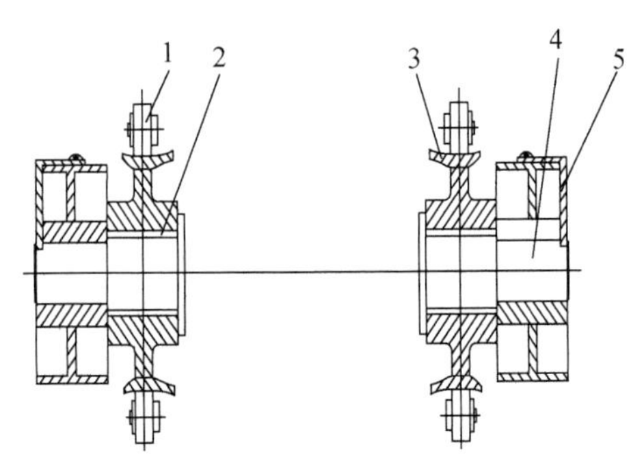

1—链条;2—水下滑动轴承;3—被动平导轮;4—被动导轮轴;5—锁块。

图 3-55 传动轴承装置

清污机的传动轴承主要由滑动轴承、被动平导轮、被动导轮轴等组成。

(5) 传动链

清污机的传动链主要由链条板、销轴、滚轮、平垫、开口销等组成。

传动链结构如图 3-56 所示。

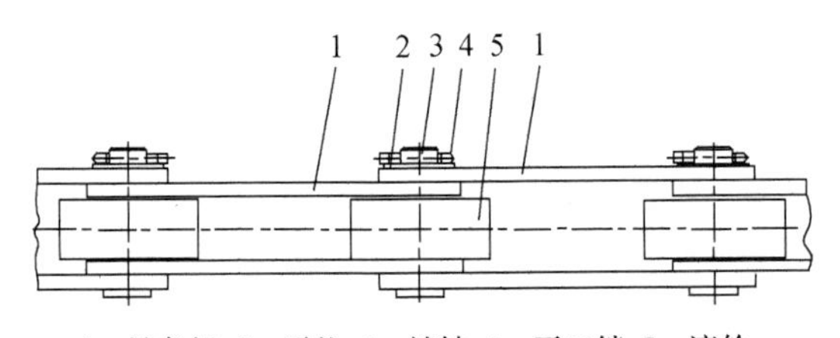

1—链条板;2—平垫;3—销轴;4—开口销;5—滚轮。

图 3-56 传动链结构图

二、清污机检修周期

1. 小修,一般每年应进行一次

2. 大修,一般每 3~5 年进行一次,可根据运行频率、水草杂物及设备运行状况适当调整大修时间。

三、清污机检修项目

1. 小修

(1) 传动齿轮、链条、安全销检查或更换。

(2) 齿耙检查、修理或更换。

(3) 栅体的检查和维修。

(4) 减速器检查、机油加注。

(5) 输送机检查和维修。

(6) 操控装置及电源线与控制检查。

(7) 电机检查和绝缘检测。

(8) 设备清理和局部防腐。

2. 大修

(1) 传动齿轮、链条销、轴磨损检查或更换。

(2) 齿耙检查、校正、维修或更换。

(3) 栅体的检查和维修。

(4) 减速器检查、清洗,轴承检查或更换。

(5) 输送机皮带、滚轮、限位等检查、维修或更换。

(6) 电机检查、清洗,轴承检查、清洗或更换,电气试验。

(7) 电气一、二次回路检查、清理和调试。

(8) 设备清理和防腐。

四、清污机部件检修

1. 机架检修

(1) 拆除清污机机架与预埋支架的连接柱销和电机电源连接线,整体吊出机架。

(2) 检查、清理栅体、滑槽,如有变形、脱焊、开裂应进行修复,并进行除锈、防腐处理。

(3) 检修后吊装至原位。

2. 驱动装置检修

(1) 电动机检修按前述辅助设备检修相关要求进行。

(2) 减速器检修。

①拆卸减速器,进行检查、清理。

②本体检查,应无裂纹、夹渣、铸砂、气孔等;减速器齿轮齿面应光洁,无损伤、锈蚀、裂纹。

③齿轮检查,沿齿高接触面积应大于 65%,沿齿长接触面积应大于 75%,齿侧间隙符合设计要求。

④轴承检查,轴承应无锈蚀与损伤,转动灵活、不松旷。

⑤如有不符合使用要求的零部件应更换。

⑥装配按拆卸的相反顺序进行,各零件按正确顺序及记号回装。结合面按水平结合面用 0.05 mm 的塞尺不能通过,油路、油室通畅无泄漏,油位在两刻度之间。

3. 齿耙装置检修

(1) 检查齿耙装置,齿耙杆、耙齿应无明显变形、开裂、磨损;齿耙杆与牵引链条连接螺孔不应过度磨损、变形和晃动。

(2) 如有不符合使用要求的零部件应修复或更换。

4. 传动轴承检修

(1) 检查传动轴承应无明显磨损、表面完整,间隙符合要求,加油孔无堵塞;如有不符合使用要求的零部件应修复或更换。

(2) 回装时注入润滑油脂,运行时应经常注入润滑油脂。

5. 传动装置检修

(1) 传动齿轮、牵引链条、固定销轴、螺母与开口销应完整,连接牢固;如有不符合使用要求的零部件应修复或更换。

(2) 检修装配完成后,调整牵引链条应保持适当的张紧力且两边一致,调节时两边的调节螺杆要均匀移动,调好后应将螺母锁紧。

(3) 调节螺杆应经常注入润滑油脂。

6. 输送机检修

(1) 检查和紧固螺栓及易松动件,检查油量、油质是否符合标准。

(2) 检查胶带输送机架子是否平直,皮带、上下托滚的运转是否有卡阻、跑偏等情况。

(3) 检查皮带有无严重开裂和磨损,接头有无松动和开裂现象。

(4) 检查减速器、电机、滚筒、连轴接运转状况是否正常,有无异常声音;检查和处理设备安全防护设施是否可靠等。

(5) 如有不符合使用要求的零部件应进行调整、修复或更换。

7. 操控装置检修

(1) 电气一、二次回路检查、整理和调试。

(2) 绝缘检测,绝缘电阻不小于 0.5 MΩ。

(3) 正反转控制应正常,运行指示应正确。

五、试运行

清污机整体检修完成后,应进行试运转,运转时电机运行平稳,三相电流平衡,电气设备无异常发热现象,限位、保护、连锁装置动作正确可靠;机械部件无冲击声及异常声响,构件连接处无松动、裂纹和损坏;传动齿轮、链条、滑轮等运转灵活,无卡阻;电机、轴承运行温度小于 65 ℃。

六、清污机常见故障及处理

1. 安全销剪断

1) 原因主要如下。

(1) 水草杂物过多。

(2) 有过大杂物卡阻。

(3) 齿耙杆、耙齿变形或齿耙杆与牵引链条连接螺孔过度磨损、变形,造成卡阻或牵引链条脱槽。

(4) 牵引链条一侧断裂。

2) 处理方法如下。

(1) 减少水草杂物,或减小进水流速。

(2) 杂物卡阻,可来回转动多次,如不能清除,则吊出栅体进行清除。

(3) 齿耙杆、耙齿变形或连接螺孔过度磨损、变形,则拆卸修复或更换。

(4) 查明牵引链条损坏原因,修复断裂的牵引链条,如断裂在水下则需吊出栅体修复。

2. 牵引链条断裂

1) 原因主要如下。

水草杂物过多、过大或齿耙杆、耙齿变形等形成卡阻,安全销未可靠剪断。

2) 处理方法如下。

(1) 清除过多、过大的水草杂物。

(2) 对齿耙杆、耙齿变形进行修复。

(3) 查明原因后修复断裂的牵引链条,如牵引链条在水下断裂则需吊出栅体修复。

3. 皮带机跑偏

1) 原因主要如下。

(1) 拉紧装置拉力不平衡。

(2) 皮带接口不正。

(3) 头尾滚筒中心不正。

(4) 胶带支承托辊轴线同胶带机中心线不垂直。

2) 处理方法如下。

(1) 调整拉紧装置。

(2) 重新胶结或连接皮带。

(3) 调整头尾滚筒及机架。

(4) 将托辊重新调正。

4. 皮带打滑

1) 原因主要如下。

(1) 皮带过负荷。

(2) 皮带的非工作面有水、油和冰。

(3) 初张力太小。

(4) 胶带与滚筒摩擦力不够。

(5) 启动速度过快。

2) 处理方法。

(1) 减少负荷。

(2) 清除皮带的非工作面上的水、油和冰,必要时可在滚筒上撒松香。

(3) 调整拉紧装置,加大初张力。

(4) 增加张紧力。

(5) 可点动两次启动,可有效地控制打滑现象。